Produktentwicklungs projekte – Aufbau, Ablauf und Organisation

Josef Schlattmann · Arthur Seibel

Produktentwicklungs projekte – Aufbau, Ablauf und Organisation

2. Auflage

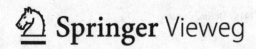

Josef Schlattmann
Rheine, Deutschland

Arthur Seibel
Hamburg, Deutschland

ISBN 978-3-662-67987-6   ISBN 978-3-662-67988-3 (eBook)
https://doi.org/10.1007/978-3-662-67988-3

Die Deutsche Nationalbibliothek verzeichnet diese Publikation in der Deutschen Nationalbibliografie; detaillierte bibliografische Daten sind im Internet über https://portal.dnb.de abrufbar.

Planung/Lektorat: Axel Garbers
Springer Vieweg ist ein Imprint der eingetragenen Gesellschaft Springer-Verlag GmbH, DE und ist ein Teil von Springer Nature.
Die Anschrift der Gesellschaft ist: Heidelberger Platz 3, 14197 Berlin, Germany

Das Papier dieses Produkts ist recycelbar.

Vorwort zur zweiten Auflage

Produktentwicklungsprojekte sind der Motor der Innovation. Sie treiben Unternehmen voran, ermöglichen die Erschaffung neuer Produkte und dienen als Grundlage für das Wachstum und den Erfolg von Organisationen. In einer sich ständig wandelnden und wettbewerbsintensiven Geschäftswelt ist es von entscheidender Bedeutung, dass Unternehmen in der Lage sind, effektive Methoden und Strategien für die Entwicklung ihrer Produkte einzusetzen.

Dieses Buch widmet sich genau diesem Thema. Es bietet einen umfassenden Leitfaden für Produktentwicklungsprojekte und richtet sich sowohl an erfahrene Praktiker als auch an aufstrebende Entwickler, die ihr Wissen erweitern und ihre Projekte optimieren möchten. Obwohl moderne Methoden wie Lean Startup, Design Thinking etc. in der heutigen Zeit zweifellos an Relevanz gewonnen haben, sollte man nicht vergessen, dass auch das klassische Vorgehen nach wie vor seine Bedeutung besitzt. Insbesondere für mittelständische Betriebe kann es eine wertvolle Option sein.

Im Vergleich zu anderen Werken zur Produktentwicklung konzentriert sich dieses Buch neben den Methoden für die technische Entwicklung insbesondere auch auf menschliche und organisatorische Aspekte, um einen ganzheitlichen Ansatz für Produktentwicklungsprojekte zu bieten. Dabei wird sowohl auf die theoretischen Grundlagen als auch auf die praktische Umsetzung eingegangen. Gleichzeit soll allerdings betont werden, dass jedes Unternehmen einzigartig ist und dass Flexibilität und Anpassungsfähigkeit Schlüsselfaktoren für den Erfolg sind. Entsprechend sollen die Erkenntnisse aus diesem Buch lediglich als Ausgangspunkt verwendet werden, um eigene, an die jeweiligen Organisationsstrukturen angepasste Ablaufpläne zu gestalten.

An dieser Stelle möchten wir uns ganz herzlich beim Springer-Verlag für die Ermöglichung dieser Neuauflage sowie bei unserem Lektor, Herrn Axel Garbers, für seine durchgehende Unterstützung bedanken.

Hamburg
im Sommer 2023

Josef Schlattmann
Arthur Seibel

Vorwort zur ersten Auflage

Entwicklungsprojekte müssen sich bei entsprechendem Aufbau und entsprechender Organisation nicht zwangsläufig komplex gestalten; sie werden es jedoch häufig, wenn die Überschaubarkeit für den Projektleiter/die Projektmitarbeiter an natürliche Grenzen stößt bzw. wenn Koordination und Projektführungsfragen nicht eindeutig festgelegt und für alle Beteiligten nachvollziehbar sind. Hinzu kommt, dass das Führen von Mitarbeitern sowie Projekten gelernt sein muss, andernfalls bleibt es meist einem gewissen Zufall überlassen; in der üblichen Hochschulausbildung kommt es bis heute noch viel zu kurz.

Der Aufbau dieses Handbuchs orientiert sich an der Organisation und dem Ablauf eines Entwicklungsprojekts, wie es etwa in einem mittleren Maschinenbaubetrieb anzutreffen ist. Die Organisation betrifft dabei alle von der Idee bis zum marktreifen Produkt unmittelbar beteiligten Bereiche und enthält neben allen planmäßig festgelegten Schritten (*methodisches* Vorgehen) auch die zugehörigen ausführenden Stellen, sodass sie in ihrer Gesamtheit als *System* und der entsprechende Ablauf als *systematisch* bezeichnet werden können.

Es existieren viele methodische Hilfsmittel und Vorgaben für eine systematische Vorgehensweise. Die wesentlichen Vorteile dabei sind unter anderem

- insbesondere die bessere Überschaubarkeit des Konstruktionsprozesses,
- Methoden als Werkzeuge können die Arbeit ganz wesentlich unterstützen,
- zielgerichtetes Vorgehen schafft entsprechenden Freiraum für kreatives Handeln,
- der Ausbau der Musterbildung und insbesondere die Förderung der Kreativität der Mitarbeiter erhöhen die Wahrscheinlichkeit des kreativen Sprungs.

Folglich kann die Bedeutung der systematischen Vorgehensweise in der Produktentwicklung nicht hoch genug eingeschätzt werden.

Dieses Handbuch möchte in der industriellen Praxis bewährte und in zahlreichen Vorlesungen und Seminaren gelehrte Methoden einem größeren Publikum nahebringen, um insbesondere in kleinen bis mittleren Maschinenbaubetrieben die Innovationsarbeit des Produktentwicklers wesentlich effektiver zu gestalten. Entscheidend dabei ist die Erkenntnis, dass neue Produkte nicht einfach nur durch „Konstruieren" und „Organisieren" entstehen, sondern von Menschen geschaffen werden, denn hinter technischen Schwierigkeiten verbergen sich faktisch immer menschliche Probleme, die nicht ausschließlich durch funktionale Maßnahmen bewältigt werden können.

An dieser Stelle möchten wir uns ganz herzlich bei Herrn Professor Dr.-Ing. Walter Jorden bedanken, den ehemaligen Leiter des Laboratoriums für Konstruktionslehre der Universität Paderborn, auf dessen „Paderborner Konstruktionsschule" dieses Handbuch großenteils fußt. Dem Verlag gilt unser Dank für die stets hervorragende Zusammenarbeit und im Speziellen Herrn Dr. Rainer Münz für die Initiierung dieses Handbuchs.

Hamburg   Josef Schlattmann
im Sommer 2016   Arthur Seibel

Inhaltsverzeichnis

1   Einleitung 1

2   Einführung in die Produktentwicklung 5

3   Organisation eines Produktentwicklungsbereichs 23

4   Aufbau und Ablauf eines Produktentwicklungsprojekts 39

5   Grundlagen der Produktplanung 65

6   Methodische Produktentwicklung 77

7   Entfaltung der Kreativität 117

8   Bewertung und Auswahl 153

9   Führen von Mitarbeitern 165

10 Erfolgreiche Teamarbeit 183

11 Vorschlags- und Schutzrechtswesen 201

12 Grundlagen der Produkthaftung 229

13 Aspekte der Nachhaltigkeit 241

Nachwort 247

Stichwortverzeichnis 249

Einleitung

1

1.1 Allgemeines

In der heutigen Wirtschaftswelt spielt die Produktentwicklung eine entscheidende Rolle, da sie maßgeblich zum Unternehmenserfolg beiträgt. In einer Zeit, in der die technologische Entwicklung rasch voranschreitet und die Kundenbedürfnisse ständig im Wandel sind, ist es von wesentlicher Bedeutung, dass Unternehmen schnell auf neue Anforderungen und Trends reagieren können. Eine systematische und methodische Produktentwicklung kann dabei helfen, den steigenden Kundenbedürfnissen gerecht zu werden, die Qualität der eigenen Produkte zu steigern sowie die Marktposition des Unternehmens zu stärken.

In diesem Buch wird ein Modellablaufplan für Produktentwicklungsprojekte vorgestellt (Kap. 4), der gerade in kleinen und mittelständischen Betrieben eine systematische und methodische Produktentwicklung ermöglichen soll. Dieser ist in insgesamt 38 Tätigkeiten gegliedert und unterteilt sich in drei Phasen (Planen, Entwerfen, Ausarbeiten) mit drei Bearbeitungsebenen (Bearbeiten, Steuern, Entscheiden), wobei jede der Phasen mit einer Entscheidung bezüglich der Weiterführung des Projekts endet. Innerhalb der Phasen treten wiederum die Aktivitäten der methodischen Produktplanung (Kap. 5) und -entwicklung (Kap. 6) auf und werden durch Methoden zur Entfaltung der Kreativität (Kap. 7) sowie der Bewertung und Auswahl von Lösungsalternativen (Kap. 8) ergänzt.

Darüber hinaus werden im Buch weiterführende organisatorische Inhalte vermittelt, die für eine erfolgreiche Projektdurchführung notwendig sind. Dazu gehören die Organisation des Produktentwicklungsbereichs (Kap. 3), die Mitarbeiterführung (Kap. 9), die Teamarbeit (Kap. 10) sowie die Organisation des Vorschlags- und Schutzrechtswesens (Kap. 11). Weitere Aspekte wie die Produkthaftung (Kap. 12) sowie die Berücksichtigung der Nachhaltigkeit (Kap. 13) runden die Inhalte ab.

J. Schlattmann and A. Seibel, *Produktentwicklungsprojekte - Aufbau, Ablauf und Organisation*, https://doi.org/10.1007/978-3-662-67988-3_1

Das Buch ist als Nachschlagewerk so konzipiert, dass die Informationen blockweise (als Beschriftung plus Text) aufbereitet sind. Dies dient dem Zwecke der Übersichtlichkeit, hilft aber auch bei der Überführung der Inhalte in entsprechende Folien o. Ä. für Vorlesungs- oder Weiterbildungszwecke. Zum besseren Überblick ist jedem Kapitel auch eine entsprechende Kurzfassung vorangestellt. Darüber hinaus beinhaltet das Buch an entsprechenden Stellen gut memorierbare Leitregeln, die zur Unterstützung des Produktentwicklers bei seiner täglichen Arbeit dienen sollen.

1.2   Aufbau des Buchs

Das Kap. 2 gibt einen groben Überblick über den Produktentwicklungsprozess und betont die Notwendigkeit einer schnellen Entwicklung. Anhand eines Praxisbeispiels wird die Umsetzung eines Produktentwicklungsprojekts in der Praxis demonstriert.

Das Kap. 3 befasst sich mit der Organisation eines Produktentwicklungsbereichs. Es werden verschiedene Aufbau- und Strukturprinzipien (wie die Linien-, Stabslinien- und Matrixorganisation) sowie das „Simultaneous Engineering" und die „Lean Production" vorgestellt. Die Betrachtung eines gezielten Wissensmanagements im Betrieb rundet das Kapitel ab.

Das Kap. 4 beschreibt den Aufbau und den Ablauf eines Produktentwicklungsprojekts. Es wird ein Modellablaufplan mit insgesamt 38 Tätigkeiten innerhalb von drei Phasen (Planen, Entwerfen, Ausarbeiten) und entlang von drei Bearbeitungsebenen (Bearbeiten, Steuern, Entscheiden) eingeführt. Weiterhin wird beschrieben, wie man eigene Ablaufpläne erstellt und das Vorgehen anhand eines Praxisbeispiels illustriert.

In Kap. 5 wird auf Grundlagen der Produktplanung eingegangen. Es werden die Suche nach neuen Produkten sowie die Verbesserung bestehender Produkte behandelt. Hierbei werden verschiedene Methoden wie die Wertanalyse, ABC-Analyse und Funktions-Kosten-Matrix vorgestellt. Zudem werden das Marktverhalten und die Diversifikation als Suchfelder für neue Produkte beschrieben.

In Kap. 6 wird die methodische Produktentwicklung behandelt. Dabei wird detailliert auf die einzelnen Aktivitäten im Produktentwicklungsprozess eingegangen, wie das Klären und Präzisieren der Aufgabenstellung, das Ermitteln von Funktionen und deren Strukturen, die Suche und Auswahl von Wirkprinzipien, die Gestaltung von Konstruktionselementen sowie das Finalisieren der Gesamtkonstruktion.

In Kap. 7 wird die Entfaltung der Kreativität in Produktentwicklungsprojekten betrachtet. Nach der Beschreibung des kreativen Prozesses werden verschiedene Kreativitätsmethoden vorgestellt und an einigen Beispielen illustriert, wobei zwischen intuitiv und logisch betonten Methoden unterschieden wird. Weiterhin werden Blockaden der Kreativität beschrieben und Wege zur Förderung des kreativen Verhaltens aufgezeigt.

Das Kap. 8 beschäftigt sich mit der Bewertung und Auswahl von Lösungsalternativen. Es werden zunächst verschiedene Methoden wie die verbale Bewertung sowie

Punktwert- und Kennzahlmethoden vorgestellt und im weiteren Verlauf spezifische Punkt-wertmethoden wie die einfache Punktbewertung, die Bestimmung der technischen und wirtschaftlichen Wertigkeit und die Nutzwertanalyse näher erläutert.

Das Kap. 9 befasst sich mit der Führung von Mitarbeitern und behandelt grundle-gende Aspekte wie den menschlichen Wesensaufbau, unterschiedliche Persönlichkeits-typen sowie Einflussgrößen zur Menschenführung. Zudem werden Kriterien und die Durchführung der Leistungsbeurteilung beschrieben.

Das Kap. 10 widmet sich der Teamarbeit in Produktentwicklungsprojekten. Es wird erklärt, wie sich gruppendynamische Effekte gezielt nutzen lassen und die notwendige Harmonie für die Teamarbeit hergestellt werden kann. Zudem werden das Verhalten von Teammitgliedern sowie die Organisation und der Ablauf von Teambesprechungen behandelt.

In Kap. 11 wird das Vorschlags- und Schutzrechtswesen in Unternehmen bespro-chen. Es werden die Grundlagen des Patentrechts sowie verschiedene Schutzrechte, wie das deutsche Patent, Auslandspatente und Gebrauchsmuster, beschrieben. Außerdem wird erläutert, wie Ideen von Mitarbeitern als Verbesserungsvorschläge oder Erfindungen vergütet werden können.

In Kap. 12 werden die Grundlagen der Produkthaftung behandelt. Dabei werden die entsprechenden Rechtsgrundlagen sowie die Verantwortung des Herstellers und seine Pflichten bei der Entwicklung neuer Produkte erläutert. Ein Praxisbeispiel zum Thema Schraubenverbindungen rundet das Kapitel ab.

In Kap. 13 geht es um die Auswirkungen der Technik auf unsere Zukunft. Das Kapitel untersucht einige Aspekte der Nachhaltigkeit und wie diese in die Produktentwicklung integriert werden können, einschließlich der Ökobilanzierung und des Öko-Audits.

Einführung in die Produktentwicklung

2

Im industriellen Alltag rückt der Produktentwicklungsprozess zunehmend ins Blickfeld der Unternehmensleitung. Dies begründet sich im Wesentlichen durch große Einflussmöglichkeiten der Produktentwickler auf die Produktgestaltung und damit die Beeinflussung und Festlegung der wesentlichen Einflussgrößen Qualität, Zeit und Kosten des zu gestaltenden Produkts. In diesem Kapitel wird ein grober Überblick über den Produktentwicklungsprozess gegeben; eine detailliertere Betrachtung findet in den nachfolgenden Kapiteln statt.

2.1 Allgemeines

Bedeutung Unter dem Begriff „Produktentwicklung" wird die Gesamtheit aller Tätigkeiten verstanden, um, ausgehend von einer technischen Aufgabe, zu einem ausgereiften Produkt zu gelangen. Der Begriff umfasst die beiden klassischen Begriffe *Entwicklung* und *Konstruktion,* die sich nicht scharf abgrenzen lassen.

Begriffsbildung Der Begriff Produktentwicklung entstand unter zunehmender Anwendung einer *systematischen* und *methodischen* Arbeitsweise, um das bisherige vermehrt intuitive Vorgehen bei der Entwicklung technischer Erzeugnisse besser *planbar* und *nachprüfbar* zu machen, vgl. dazu Pahl et al. (2007).

Nachprüfbarkeit der Entwicklung Sie hat vor dem Hintergrund der Qualitätssicherung und der veränderten Produkthaftung in der Vergangenheit erheblich an Bedeutung gewonnen. Die *systematische* Vorgehensweise reflektiert dabei vor allem auf eine schrittweise Bearbeitung mit entsprechend überschaubaren Schritten, während das methodische

© Der/die Autor(en), exklusiv lizenziert an Springer-Verlag GmbH, DE, ein Teil von Springer Nature 2024
J. Schlattmann and A. Seibel, *Produktentwicklungsprojekte - Aufbau, Ablauf und Organisation*, https://doi.org/10.1007/978-3-662-67988-3_2

Bearbeiten eher den gezielten Einbezug von Methoden (d. h. hilfreichen Werkzeugen) anstrebt.

Bedeutung des methodischen Vorgehens Die methodische Produktentwicklung untersucht den Ablauf des Produktentwicklungsprozesses und gliedert ihn in logisch aufeinander folgende Schritte, damit der Produktentwickler (Jorden, 1983)

- nicht bei der *erstbesten* Lösung bleibt (sie ist nie die beste), sondern weitere findet;
- bei *neuen* Aufgaben überhaupt Lösungen finden kann;
- vorhandene Lösungsansätze *weiterentwickelt* und *optimiert;*
- sich selbst und anderen *Rechenschaft* über den Produktentwicklungsablauf geben kann (wichtig z. B. für Dokumentation, Produkthaftung u. Ä.).

Gute und erfahrene Produktentwickler gehen immer methodisch vor – häufig unbewusst. Die Methodik hilft dem Unerfahrenen, diese „Kunst" zu erlernen. Sie ist ein Hilfsmittel (und kein Selbstzweck), das jeweils anzupassen ist. Sie erstrebt Rationalisierung

- infolge besserer Qualität der konstruktiven Ergebnisse,
- infolge größerer Sicherheit gegen Fehler und Fehlentwicklungen,
- infolge Aufteilung in „algorithmische" Schritte (Computeranwendung) und „heuristische" Schritte (Intuition und Entscheidung des Produktentwicklers).

Falsch dagegen sind folgende Aussagen zur methodischen Produktentwicklung:

- „Sie kostet Zeit; das können wir uns nicht leisten." (Bei richtiger Anwendung spart sie Zeit für Irrwege u. Ä.)
- „Sie behindert die Kreativität." (Richtig ist: Sie legt nur die Reihenfolge der Schritte fest; deren Inhalt aber gibt gezielt den Raum für Kreativität frei.)
- „Sie führt den Produktentwicklungsprozess auf logisches Denken zurück." (Richtig ist, dass sie eine „gesteuerte Intuition" beinhaltet, eine sinnvolle Kombination von Logik und Intuition.)

Die methodische Produktentwicklung wird ausführlich in Kap. 6 behandelt.

Leistungsfähigkeit eines Produktentwicklers Während das *Wissen* auf Erfahrung und vorhandenen Kenntnissen über Eigenschaften, Methoden usw. (Stand der Technik) beruht, baut der individuelle Denkvorgang auf den persönlichen *Fähigkeiten* des Produktentwicklers bzw. des Produktentwicklungsteams auf. Zu den individuellen Fähigkeiten zählen räumliches Vorstellungsvermögen sowie die Gestaltgebung durch Analyse, Abstraktion, Assoziation usw. Zusammengenommen kann hier auch von dem *Können* des Produktentwicklers gesprochen werden. Dieses ist zu einem gewissen Grad erlernbar, wie beispielsweise auch die Kreativität erlernt werden kann, siehe Kap. 7. Hieraus lässt sich jedoch nicht zwangsläufig ableiten, dass das „Können" allein die Leistungsfähigkeit des Produktentwicklers ausmacht. Vielmehr beschreibt − stark vereinfacht betrachtet − erst das *Produkt aus Motivation und Können* die *Leistungsfähigkeit des Produktentwicklers*. Dies zeigt sich auch bei einer einfachen Grenzbetrachtung: Würde beispielsweise die Motivation gegen Null gehen, hilft das Wissen bzw. die Fähigkeit allein kaum weiter. Umgekehrt gilt es genauso: Wenn die Fähigkeiten gegen Null gehen, dann wird auch eine hohe Motivation keinen Lösungsweg bieten. Erst ein weitgehender Gleichklang dieser Größen auf möglichst hohem Niveau schafft eine gute Voraussetzung für neue bzw. verbesserte Produktlösungen.

Werden die Begriffe weiter aufgeschlüsselt, so zeigt sich für das Können als Größe für Wissen und Fähigkeiten, dass hier der *Wissenserwerb* von individuellen Größen (z. B. Intelligenz, Beharrlichkeit) abhängt. Die Vorgabe von geordnetem und in Schritten aufbereitetem Wissen kann hierbei die Lernzeit erheblich verkürzen, während Fähigkeiten durch Übung und Training verbessert werden können. Letzteres wiederum bedingt die hierzu notwendigen individuellen Voraussetzungen. Abb. 2.1 zeigt schematisiert die Zusammenhänge.

Beispiel Fußballspielen (Coyle, 2009)*:* „Natürlich kann ich zusehen, wie andere Menschen Fußball spielen. Ich kann auch im Internet darüber nachlesen. Aber wirklich lernen kann ich es nur, indem ich es versuche, Fehler mache, mir die Fehler klarmache, es wieder versuche und so immer wieder im gleichen Kreislauf."

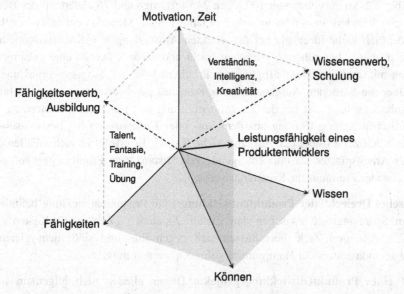

Abb. 2.1   Vereinfachte modellhafte Darstellung der Leistungsfähigkeit eines Produktentwicklers

Quellen für den Produktentwickler Grundsätzlich gibt es für den Produktentwickler drei wesentliche Quellen bei seiner Arbeit:

- *Erfahrung:* Dazu zählen Produktkenntnisse, Kenntnisse der Fertigung sowie Kenntnisse von Risiken und Fehlschlägen; sie sind notwendig, aber es besteht die Gefahr der „eingefahrenen Gleise", siehe Abschn. 7.3.1.
- *Ideenreichtum* (Kreativität): Er (sie) ist Grundlage jeder Neuentwicklung bzw. Verbesserung.
- *Kooperation:* Ein einzelner kann unmöglich alles wissen; deswegen ist Teamarbeit gefragt, siehe Kap. 10.

Ideenfindung Neue Ideen zu finden, wird zunehmend schwieriger. Der „Erfindertyp" reicht dazu lange nicht mehr aus. Statistiker sagen, dass aus ca. 100 brauchbar erscheinenden Ideen nur ein erfolgreiches Produkt resultiert. Etwa 80 % des Umsatzzuwachses von Unternehmen beruhen auf neuen Ideen und nur 20 % auf allmählichen Produktverbesserungen. Folgerung: Wir brauchen

- mehr Ideen, d. h. *systematische* Suche;
- bessere, sichere und schnellere Auswertung, d. h. *methodische* Produktentwicklung.

Orte der Ideenentstehung Eine Statistik, an welchen Orten die meisten Ideen entstehen, zeigt Abb. 2.2. So entstehen von 100 Ideen 24 im Betrieb und 76 außerhalb des Betriebs. Auch beim Wandern in der Natur sowie in langweiligen Meetings entstehen vergleichsweise deutlich mehr Ideen als bei der direkten Anwendung von Kreativitätsmethoden. Dies setzt aber – bei näherem Hinsehen leicht erkennbar – bereits eine entsprechende Vorarbeit mit intensiver Beschäftigung des Problems bzw. der Aufgabe voraus und führt meist über die Stationen Aufgabenstellung/Problem, der Frustrations- mit anschließender Inkubationsphase erst bei der Zusammenführung von geeigneten Mustern zu einem schöpferischen Sprung (Sprung aus dem Vor- oder Unbewussten ins Bewusstsein) und damit letztlich zur Lösung der Aufgabe, siehe Kap. 7. Er erfolgt in vielen Fällen außerhalb des Arbeitsplatzes, da dort eine genügende Distanz zum Problem gegeben ist und entsprechender Freiraum für Kreativität vorliegt.

„Magisches Dreieck" der Produktentwicklung Eine Produktentwicklung befindet sich stets im Spannungsfeld zwischen den Zielen „Qualität", „Zeit" und „Kosten", siehe Abb. 2.3. Alle drei Ziele beeinflussen sich gegenseitig und sind nicht gleichzeitig erreichbar, sodass stets ein Kompromiss gefunden werden muss.

Ablauf eines Produktentwicklungsprojekts Dieser gliedert sich allgemein in vier Abschnitte:

1. *Ziele setzen* (d. h. *Richtung* vorgeben),
2. Planen (d. h. *Weg* zum Ziel vorgeben),

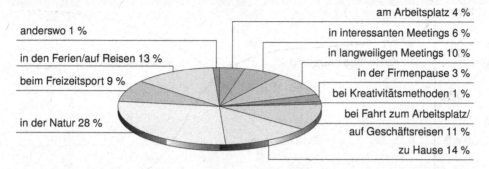

am Arbeitsplatz 4 %

anderswo 1 %

in interessanten Meetings 6 %

in langweiligen Meetings 10 %

in den Ferien/auf Reisen 13 %

in der Firmenpause 3 %

beim Freizeitsport 9 %

bei Kreativitätsmethoden 1 %

bei Fahrt zum Arbeitsplatz/

in der Natur 28 %

auf Geschäftsreisen 11 %

zu Hause 14 %

Abb. 2.2 Orte der Ideenentstehung. (Nach Berth, 1993)

Abb. 2.3 Das „magische Dreieck" der Produktentwicklung

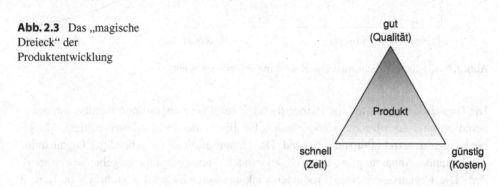

3. *Organisieren* (d. h. *„Instrument"* zur Verwirklichung der Planung aufbauen und laufend anpassen),
4. *Ausführen;* dazu gehören folgende *Führungstätigkeiten:*
   - Personalführung (wesentliche Führungsaufgabe),
   - Koordination,
   - Überwachung.

Bedeutung der Zielsetzung und Planung Wie Abb. 2.4 illustriert, wird der größter Anteil der *veränderlichen* Kosten während der Definitions- und Planungsphase eines Produktentwicklungsprojekts festgelegt. Entsprechend sind eine klare Definition, Priorisierung und Abstimmung der Projektziele zu Beginn des Projekts sowie eine ausführliche Projektplanung für den Projekterfolg maßgebend.

Organisationszustand Ein Produktentwicklungsbereich kann liegen zwischen:

- Nichtorganisation: Ideen können untergehen, falsche bzw. fixe Ideen werden verfolgt u. Ä.; und
- Überorganisation: Bürokratisierung, Unbeweglichkeit, Langwierigkeit („Parkinsonsches Prinzip").

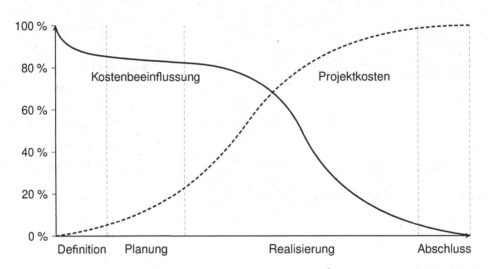

Abb. 2.4 Einflussmöglichkeiten und Kosten in den Projektphasen

Die Organisation muss auf die Betriebsbelange vernünftig abgestimmt werden, um annähernd optimal zu arbeiten. Schwierigkeit: Es gibt weder ein allgemeingültiges Modell noch einen dauernd optimalen Zustand. Die Organisation ist ein lebendiger Organismus, der laufende Anpassung an die sich ändernden Menschen und Gegebenheiten erfordert. Die Organisation eines Produktentwicklungsbereichs wird ausführlich in Kap. 3 behandelt.

Führungsaufgaben von Ingenieuren Sie lassen sich entsprechend Tab. 2.1 untergliedern.

2.2   Notwendigkeit der schnellen Entwicklung

Produktlebensdauerkurve Sie zeigt die Notwendigkeit der Entwicklung neuer Produkte. Zur Erzielung eines kontinuierlichen Gewinns muss bereits während der Reifephase ein neues Produkt bzw. eine wesentliche Produktverbesserung auf den Markt gebracht (eingeführt) werden; d. h. die neue Entwicklung muss bereits mit oder sogar vor der Wachstumsphase des gegenwärtig auf dem Markt befindlichen Produkts einsetzen, siehe Abb. 2.5. (Die Zeitachse ist dabei nicht unbedingt als linear zu betrachten, wenn auch die Größenordnungen in etwa stimmen.)

Produktzyklus Zeit von der Markteinführung eines Produkts bis zur Einführung des Nachfolgeprodukts. Beispiele dazu liefert Tab. 2.2.

Innovationszeit Zeit zwischen der Erfindung bzw. Entdeckung eines Wirkprinzips und seiner technischen Nutzung; sie wird immer kürzer, siehe Abb. 2.6.

Tab. 2.1 Führungsaufgaben von Ingenieuren

TÄTIGKEITSGEBIETE	FÜHRUNGSAUFGABEN			Ausführen		
	Ziele setzen	Planen	Organisieren	Personalführung	Koordination	Überwachung
Leitung, Management	××	××	×	××	×	×
Forschung, Entwicklung	×	×	×	×	×	×
Technische Beratung, Verkauf		×	×	××		
Fertigung, Qualitätsmanagement		×	×	××	×	××
Projektmitarbeiter		×				
Ausbilder, Lehrer		×	×	××		×

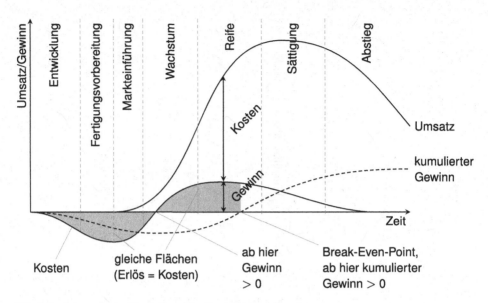

Abb. 2.5 Schematische Darstellung der Produktlebensdauerkurve

Produktart	Produktzyklus
Modeartikel	1 Jahr
Konsumgüter	3 Jahre
Großmaschinen	Etwa 8 bis 10 Jahre

Tab. 2.2 Produktzyklen unterschiedlicher Produktarten (Beispiele)

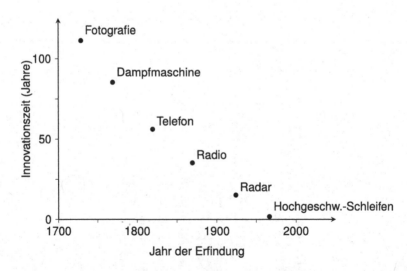

Abb. 2.6 Abnahme von Innovationszeiten mit dem Erfindungsjahr. (Nach Jorden, 2000)

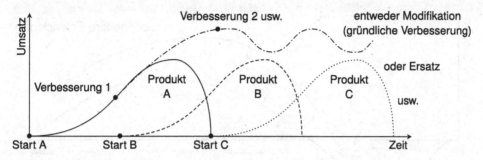

Abb. 2.7 Strategien zur Produkterneuerung

Möglichkeiten der Produkterneuerung Aus der Produktlebensdauerkurve nach Abb. 2.5 ergeben sich zwei Strategien für einen etwa kontinuierlichen Gewinn (Abb. 2.7):

- wesentliche *Verbesserung* des vorhandenen Produkts oder
- *Ersatz* des veraltenden Produkts durch ein neues.

Beide Möglichkeiten können ineinander übergehen. Eine Verbesserung ist in der Regel nur einige Male möglich; danach führt eine notwendige grundlegende Überarbeitung zu einem mehr oder weniger „neuen" Produkt. Näheres zu den Möglichkeiten der Produkterneuerung siehe Kap. 5.

Verlagerung des Wettbewerbs Wettbewerb bezog sich früher vor allem auf Kosten. Heute geht es vornehmlich um die Zeit für Neuentwicklungen. Die Zeit für die Entwicklung eines neuen Produkts (d. h. von der Idee bis zur Markteinführung) ist heute in vielen Bereichen größer als die durchschnittliche Produktlebensdauer (d. h. die Zeit vom Erwerb bis zur Funktionsuntauglichkeit des Produkts).

Auswirkungen von Zeit und Kosten Bei Produkten mit kurzer Lebensdauer (z. B. fünf Jahre) wirkt sich eine Verlängerung der Entwicklungszeit weitaus negativer aus als eine Erhöhung der Entwicklungskosten. Die Verkürzung der Entwicklungszeit − auch unter erhöhten Kosten − ergibt eine frühere Markteinführung und eine steilere Gewinnkurve, siehe Abb. 2.8.

Gründe für die Auswirkungen:

- Das neue Produkt kommt *vor* seinen Konkurrenzprodukten auf den Markt, zu einem Zeitpunkt, wo der Markt wesentlich aufnahmefähiger ist („agieren statt reagieren").
- Eine höhere Nachfrage und weniger Konkurrenz erlauben einen *höheren Marktpreis* und damit eine steilere Umsatz- und Gewinnkurve.
- Ein frühzeitiges Erscheinen ermöglicht eine Position als *Marktführer* und damit einen Imagevorteil sowie eine bessere Steuerung von Folgeinvestitionen zum Ausbau der erreichten Marktposition („schneller innovieren, als der Wettbewerb kopieren kann").

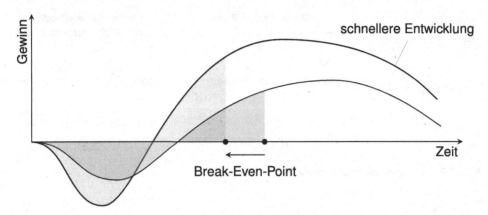

Abb. 2.8 Auswirkungen einer kürzeren Entwicklungszeit auf den Gewinn

2.3   Ablauf einer Produktentwicklung

2.3.1 Planungsphase

Bedeutung Eine Produktentwicklungsaufgabe ergibt sich entweder direkt aus einem *Kundenauftrag* oder indirekt über eine von der Unternehmensleitung vorgenommene *Planung*. Diese Produktplanung erfolgt dabei unabhängig vom Produktentwicklungsbereich in einer eigenständigen Gruppe oder Abteilung. Näheres zur Planungsphase bzw. zur Produktplanung siehe Abschn. 4.2.1 bzw. Kap. 5.

Wertvorstellungen Bevor der Produktentwickler beginnt, ein Produkt zu entwickeln oder zu verbessern, muss er sich über die Zielsetzung klar werden, insbesondere über Nutzen und Kosten. Zielrichtungen können hier *möglichst niedrige Herstellkosten* oder *möglichst gute Funktionserfüllung* sein oder ein Kompromiss dazwischen. Der Nutzwert des Produkts für den Hersteller entspricht dem Verkaufspreis; nach Abzug aller Kosten ergibt sich der Wert (Erlös) für den Hersteller, siehe Abb. 2.9. Der Nutzwert für den Abnehmer liegt in der Funktion des Produkts (er lässt sich kaum direkt in Euro ausdrücken); davon ist noch der Kaufpreis abzuziehen. Denn niemand wird ein Produkt kaufen, wenn für ihn der Preis höher ist als der Nutzen. Wie sich die Summe der Werte auf den Hersteller und Abnehmer verteilt, hängt vom Preis ab; dieser wird in der Regel von Angebot und Nachfrage bestimmt.

Lastenheft und Pflichtenheft Der Kunde fasst zunächst alle Anforderungen an das zu entwickelnde Produkt im sogenannten „Lastenheft" zusammen – das „was" und „wofür". Anschließend beschreibt der Auftragnehmer im sogenannten „Pflichtenheft", in welcher Weise er diese Anforderungen technisch realisieren möchte – das „wie" und „womit", siehe Abschn. 6.2.

Abb. 2.9 Wert- und Nutzenvorstellung. (Nach Jorden; vgl. dazu Schwarzkopf, 1987)

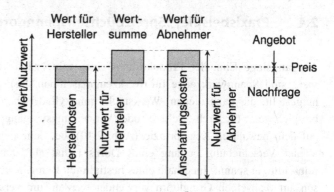

2.3.2 Entwurfsphase

Bedeutung Die Entwurfsphase ist nach Pahl et al. (2007) in „Konzipieren" und „Entwerfen" untergliedert. Der Überschaubarkeit halber wird hier jedoch bewusst auf eine Aufteilung verzichtet, da bekanntlich Konzept- und Entwurfsphase eng miteinander verwoben sind. Näheres zur Entwurfsphase bzw. zur methodischen Produktentwicklung siehe Abschn. 4.2.2 bzw. Kap. 6.

Vorgehensweise Zu Beginn dieser Phase gilt es zunächst, den abstrakten Wesenskern der *Aufgabe* herauszuarbeiten. Aus der abstrahierten Aufgabenformulierung resultiert dann die Gesamtfunktion des zu entwickelnden Produkts, die im Anschluss daran in entsprechende Teil*funktionen* untergliedert wird. Zu jeder dieser Teilfunktionen werden dann möglichst viele *Wirkprinzipien* gesucht, die anschließend zu verträglichen Prinziplösungen kombiniert werden. Diese Prinziplösungen können in Funktionsstrukturen mittels entsprechender Blockschaltbilder illustriert werden. Durch eine Bewertung und Auswahl wird die Vielzahl an Lösungen schließlich auf einige wenige zu verfolgende reduziert. Im Anschluss daran erfolgt oft eine Modularisierung des Entwurfs mit maßstäblichen Zeichnungen der *Konstruktionselemente*.

2.3.3 Ausarbeitungsphase

Bedeutung In dieser Phase erfolgt die Festlegung der geometrischen und stofflichen Eigenschaften des Produkts unter Berücksichtigung aller Anforderungen. Die Anforderungen laufen einander häufig zuwider und sind daher entsprechend gegeneinander abzuwägen. Die *Gesamtkonstruktion* mündet schließlich in den produktionsreifen Fertigungsunterlagen (Zeichnungen, Stücklisten, Datensätze). Näheres zur Ausarbeitungsphase bzw. zur Gesamtkonstruktion siehe Abschn. 4.2.3 bzw. Abschn. 6.6.

2.4   Praxisbeispiel „Spreizbüchsenspanndorn"

Ausgangslage Eine der Produktlinien eines mittelständischen Maschinenbauunternehmens sind Spannwerkzeuge für Werkzeugmaschinen. Insbesondere werden Spanndorne hergestellt, die dazu dienen, Werkstücke mit zylindrischen Bohrungen aufzunehmen – beispielsweise für Dreh-, Schleif- oder Verzahnungsvorgänge. Diese Spanndorne basieren auf dem bewährten Kegelprinzip (Abb. 2.10), bei dem sich eine elastische Büchse bei axialer Verschiebung entlang eines Dorns radial aufdehnt und somit das Werkstück reibschlüssig spannt. Innerhalb eines bestimmten Bereichs können unterschiedliche Büchsen auf demselben Grunddorn verwendet werden, um verschiedene Spanndurchmesser abzudecken.

Das zentrale Konstruktionselement des Spanndorns ist die elastische Büchse. In der aktuellen Standardausführung (Abb. 2.11) ist diese Büchse schraubenförmig geschlitzt, wobei in den Schlitz ein Draht zur Distanzhaltung und axialen Kraftübertragung eingelegt wird. Beim manuellen Spannen (obere Bildhälfte) wird der Spannbolzen mithilfe eines Schraubenschlüssels in den Grundkörper eingedreht, wodurch die Büchse über eine Scheibe auf den Kegel geschoben und dadurch radial aufgedehnt wird. Alternativ kann die Spannkraft auch über einen Zugbolzen direkt von einer Spanneinrichtung an der Werkzeugmaschine ausgeübt werden (untere Bildhälfte).

In Abb. 2.12 ist eine alternative Bauweise für Spanndorne (repräsentativ für die Produkte anderer Hersteller) gezeigt, die im Vergleich zu Abb. 2.11 eine einfachere Konstruktion aufweist. Es wird deutlich, dass es für Wettbewerber schwierig ist, ein vergleichbares oder sogar überlegenes Produkt mit einer abweichenden Konstruktion zu entwickeln. In dieser Bauweise wird die Spreizbüchse mit dem Spannbolzen durch einen Schnappverschluss verbunden, sodass beide Teile gemeinsam ausgetauscht werden können. Nur neun verschiedene Grundkörper sind erforderlich, um einen Durchmesser-Spannbereich von etwa 15 bis 82 mm abzudecken. Im Vergleich dazu werden für das aktuelle Eigenprodukt 17 Grundkörper benötigt, um einen Bereich von 20 bis 66 mm abzudecken.

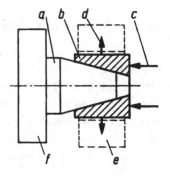

Abb. 2.10 Prinzip des Kegelspanndorns; *a* Grundkörper, *b* Spreizbüchse, *c* axiale Spannbewegung, *d* radiale Aufdehnung, *e* Werkstück, *f* Befestigungsflansch (Jorden & Weiberg, 1977)

Abb. 2.11 Aktuelle
Spanndornbauart;
a Grundkörper,
b Spreizbüchse,
c schraubenförmiger Schlitz
mit Distanzdraht,
d Schraubspannbolzen für
Handspannung,
e Zugspannbolzen für
Maschinenspannung
(alternativ),
f Rückholeinrichtung zum
Lösen (Jorden & Weiberg,
1977)

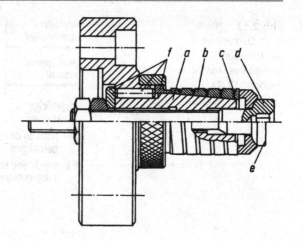

Abb. 2.12
Spreizbüchsen-Spanndorn der
Konkurrenz; *a* Grundkörper,
b Spreizbüchse,
c wechselseitige Längsschlitze,
d Spannbolzen,
e Schraubplatte für
Handspannung, *f* Zugbolzen
für Maschinenspannung
(alternativ) (Jorden & Weiberg,
1977)

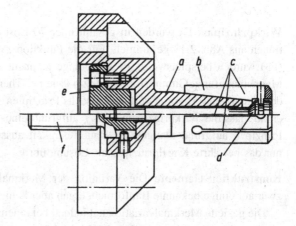

Diese Randbedingungen machen deutlich, dass es sinnlos ist, das aktuelle Produkt zu verbessern, da die alternative Bauweise bereits in vielen Aspekten überlegen ist. Eine Neukonstruktion ist daher die einzige Option, um ein Produkt zu entwickeln, das im Wettbewerb bestehen kann.

Aufgabe Es soll ein robuster und vielseitig einsetzbarer Spanndorn entwickelt werden, der sowohl technisch als auch preislich im Wettbewerbsumfeld konkurrenzfähig ist.

Funktionen Die Funktionsweise des Systems kann in seiner einfachsten Form als „Black Box" dargestellt werden. Dabei erfolgt im Wesentlichen ein zweifacher Energiefluss: Das Handdrehmoment (oder die Maschinenspannkraft) und das Antriebsdrehmoment dienen als Eingangsgrößen, während die radiale Spannkraft und das Reibmoment (Arbeitsdrehmoment) als Ausgangsgrößen fungieren (Abb. 2.13). Die verschiedenen Funktionen des Systems sind als F1 bis F7 gekennzeichnet.

 **Abb. 2.13** „Black Box"-Darstellung und Funktionsliste eines Spanndorns (Jorden & Weiberg, 1977)

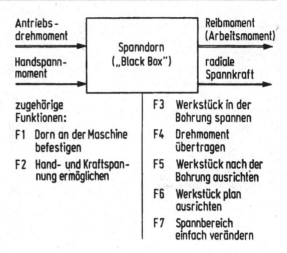

Wirkprinzipien Es wurden insgesamt über 70 Lösungsvorschläge für die sieben Funktionen aus Abb. 2.13 gesammelt. Für die Funktion „Werkstück in der Bohrung spannen" (F3) wurden beispielsweise 19 Vorschläge gemacht, darunter hydraulisches Aufdehnen, Magnethalterung, Gummistopfenprinzip (wie bei Thermosflaschen) und Aufkleben. Nach der ersten Aussortierung verblieben sechs Prinzipien (Abb. 2.14). Eine genauere Prüfung ergab, dass die Wirkprinzipien *c* bis *f* aufgrund eines zu geringen Dehnbereichs und das Prinzip *b* aufgrund mangelnder Dauerfestigkeit ausscheiden mussten. Schließlich blieb nur das bewährte Kegelprinzip *a* als Lösung übrig.

Konstruktionselemente Die Variation der Merkmale beim Kegelspannprinzip[1] führte zwar auf einige bekannte Bauformen, ergab aber keine sinnvolle neue Lösung (Abb. 2.15).

Die gezielte Merkmalvariation hat jedoch bei einem anderen Bauelement zu einer unerwarteten Verbesserung geführt. Im Vergleich zur Schnappverbindung zwischen Spreizbüchse und Spannbolzen (Abb. 2.16a bzw. auch Abb. 2.12) hat die in Abb. 2.16b skizzierte Lösung eine geringere axiale Baulänge, da die Nut des Spannbolzens in die Büchse verschoben wurde und somit die Druck- und Rückholflächen vertauscht wurden. Durch diese Änderung wird der freie Überhang des vorderen Endes der Spreizbüchse verkürzt, um den Verlust an tragender Länge auszugleichen, der bei Verwendung der Doppelkegelbüchse entsteht. Dadurch wird die Verwendung der Doppelkegelbüchse erst vollständig nutzbar gemacht.

Gesamtkonstruktion Abb. 2.17 zeigt den kompletten Spanndorn im zusammengebauten Zustand. Es wird deutlich, wie der Dorn auf einfache Weise von der Handspannung (mithilfe eines Schraubenschlüssels, obere Bildhälfte) auf Maschinenspannung (untere Bildhälfte, links) umgerüstet werden kann. Dafür werden die Halteschrauben *g* der Gewindeplatte *f* entfernt und ein Gewindezugbolzen *h* in *f* eingeschraubt.

---

[1] Zur entsprechenden Methodik siehe Abschn. 7.2.3.4.

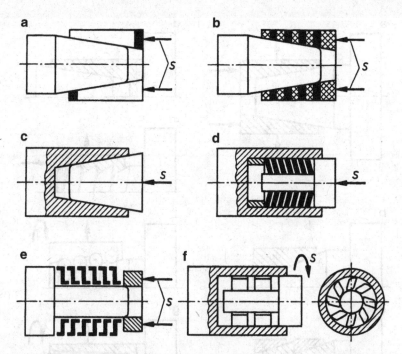

Abb. 2.14 Wirkprinzipien zur Funktion F3 „Werkstück in der Bohrung spannen" (Varianten des Hebel- bzw. Keileffekts); (**a**) Stahl-Spreizbüchse, (**b**) Kunststoff-Spreizbüchse mit Einlagen, (**c**) Aufdehnung über Kegel, (**d**) über (geschlitzte) Tellerfedern, (**e**) über Kippmembranen, (**f**) über Klemmfreilauf; *s*: Spannbewegung (Jorden & Weiberg, 1977)

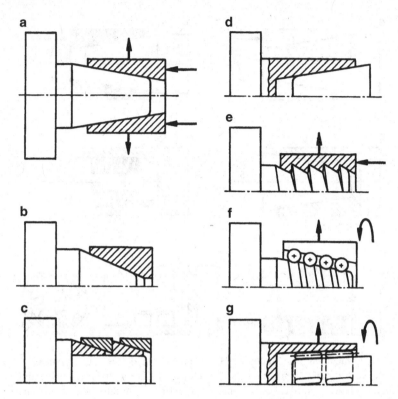

Abb. 2.15 Variation der Merkmale beim Kegelspannprinzip; (**a**) Grundlösung, (**b**) „Größe" (Kegel-winkel) geändert, (**c**) „Anzahl" (Ringfeder-Prinzip), (**d**) „Lage" (Innenkegel), (**e**) „Form" und „An-zahl" (Gewinde-Kegel), (**f**) „Schlussart" (Wälzführung), (**g**) „Lage", „Größe" und „Schlussart" (Rollkupplungsprinzip) (Jorden & Weiberg, 1977)

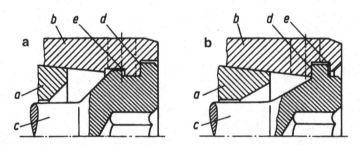

Abb. 2.16 Verbesserung des Schnappverschlusses; (**a**) vorher, (**b**) nachher; *a* Grundkörper, *b* Spreizbüchse, *c* Spannbolzen, *d* Druckfläche, *e* Rückholfläche (Jorden & Weiberg, 1977)

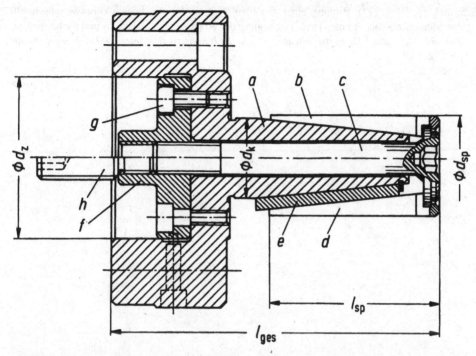

Abb. 2.17 Schnittdarstellung des neu entwickelten Spanndorns im zusammengebauten Zustand; *a* Grundkörper, *b* Spreizbüchse, *c* Spannbolzen, *d* größere Spreizbüchse zum Wechseln, *e* Doppelkegelbüchse, *f* Gewindezugbolzen bei Maschinenspannung (alternativ) (Jorden & Weiberg, 1977)

Literatur

Berth, R. (1993). *Erfolg – Überlegenheitsmanagement: 12 Mind-Profit Strategien mit ausführlichem Testprogramm.* ECON.

Coyle, D. (2009). *Die Talent-Lüge: Warum wir (fast) alles erreichen können.* Ehrenwirth.

Jorden, W., & Weiberg, H. (1977). Systematische Entwicklung einer Baureihe von Spreizbüchsen-Spanndornen. *Konstruktion, 29*(2), 55–61.

Jorden, W. (1983). Die Diskrepanz zwischen Konstruktionspraxis und Konstruktionsmethodik. In V. Hubka & M. M. Andreasen (Hrsg.), *Proceedings of the International Conference on Engineering Design* (Bd. 2, S. 487–494). Heurista.

Jorden, W. (2000). Schrumpfen heißt Ausatmen. Analogien zum Wandel in Welt und Wirtschaft. In F. Hager & W. Schenkel (Hrsg.), *Schrumpfungen. Chancen für ein neues Wachstum. Ein Diskurs der Natur- und Sozialwissenschaften* (S. 137–146). Springer.

Pahl, G., Beitz, W., Feldhusen, J., & Grote, K.-H. (2007). *Pahl/Beitz Konstruktionslehre. Grundlagen erfolgreicher Produktentwicklung. Methoden und Anwendung* (7. Aufl.). Springer.

Schwarzkopf, W. (1987). Bildung eines flexiblen Systems für das konstruktionswissenschaftliche Methodenpotential unter Berücksichtigung der Anpassungsfähigkeit an praktische Anwendungsbedingungen. *VDI-Fortschritt-Berichte, Reihe 1, Konstruktionstechnik/Maschinenelemente, Nr. 152*. VDI.

Organisation eines Produktentwicklungsbereichs

3

Die simultane Organisationsstruktur, deren Bedeutung in diesem Kapitel herausgehoben wird, bewirkte in der Vergangenheit einen allmählichen, aber unumgänglichen und tiefgreifenden Umorientierungsprozess in der Industrie. Damit ist nicht nur allein eine weitere Steigerung der Produktivität verbunden, sondern auch eine Erhöhung des Stellenwerts, den der Mensch in der Organisation genießt. Gleichzeitig haben sich strukturelle Organisationsverschiebungen eingestellt, denen das Management des Betriebs entsprechend Rechnung zu tragen hat.

3.1 Organisationsstruktur

3.1.1 Aufbau eines Betriebs

Übersicht Fast in jedem Betrieb finden sich in irgendeiner Form die in Abb. 3.1 dargestellten Organisationsmerkmale.

Gliederungsprinzipien Zum Verhältnis der Gliederungsmerkmale „Funktionen" und „Produkte" gilt:

- Die sieben Funktionsbereiche sind in irgendeiner Form stets vorhanden (ggf. unterschiedlich zusammengefasst bzw. gegliedert).
- Eine Unterteilung nach Produkten ist ebenfalls meist vorhanden (außer bei Spezialbetrieben mit nur einem Produkt).

© Der/die Autor(en), exklusiv lizenziert an Springer-Verlag GmbH, DE, ein Teil von Springer Nature 2024
J. Schlattmann and A. Seibel, *Produktentwicklungsprojekte - Aufbau, Ablauf und Organisation*, https://doi.org/10.1007/978-3-662-67988-3_3

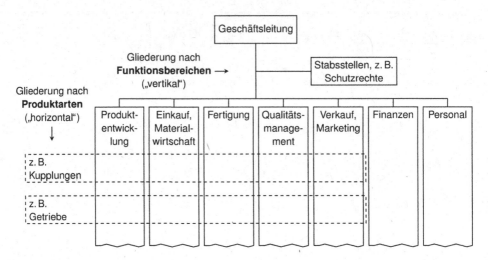

Abb. 3.1 Schematische Gliederung eines Betriebs. (Nach Ehrlenspiel & Meerkamm, 2017)

- Probleme können entstehen, wenn beide Prinzipien durcheinander gehen (oft bei historisch gewachsenen Organisationen); dann ergeben sich verschachtelte Organigramme, siehe Abschn. 3.1.2.

Grenzfälle für die Dominanz eines Gliederungsprinzips

- Sind alle Funktionen in einem Haus vereint, dominiert die Funktionsgliederung, und die Produktgliederung wirkt sich nur intern aus, zum Beispiel bei der Untergliederung in Gruppen.
- Sind mehrere Werke vorhanden, dominiert die Produktgliederung (Aufteilung der Produkte auf verschiedene Werke), und die Funktionen finden sich dann in der Organisation der einzelnen Werke.

3.1.2   Struktur eines Produktentwicklungsbereichs

Übersicht Grundsätzlich finden sich hier dieselben Prinzipien und Grundregeln wie im gesamten Betrieb wieder, siehe Abb. 3.2.

Abteilungen Die Abteilungen in Abb. 3.2 umfassen alle wesentlichen Funktionen eines Produktentwicklungsbereichs:

- „Forschung" findet sich meist nur in größeren Betrieben.

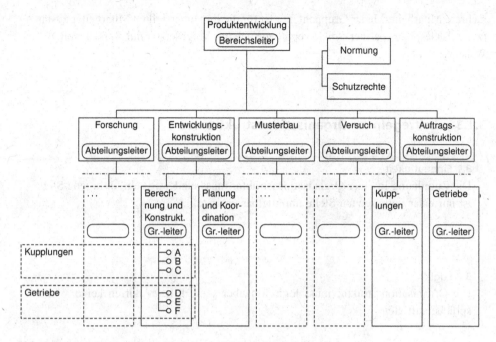

Abb. 3.2 Modellaufbau eines Produktentwicklungsbereichs

- *„Entwicklungskonstruktion"* bearbeitet neue oder wesentlich verbesserte Produkte, abhängig von Marktanforderungen o. Ä. (z. B. Serienprodukte, die ab Lager verkauft werden), im Allgemeinen aber nicht für einzelne Kunden.
- *„Musterbau"* fertigt Versuchsmuster u. Ä. an. Er gehört nicht immer direkt zur Produktentwicklung, sollte aber dazu gehören. Werden Muster in der Fertigung bzw. im Werkzeugbau hergestellt, so gibt es meist Terminschwierigkeiten (Aufträge aus der Fertigung haben Zeitdruck!). Entscheidend für eine schlagkräftige Entwicklung ist der schnelle Zugriff, nicht die Auslastung der Maschinen.
- *„Versuch"* ist fast immer vorhanden.
- *„Auftragskonstruktion"* bearbeitet vor allem Angebote und Aufträge für Kunden (beides steht grundsätzlich unter Zeitdruck).
- *„Qualitätssicherung"* kann gegebenenfalls noch einbezogen sein.

Organigramm Es stellt die Zuordnung der Personalverantwortung dar. Da jede Stelle nur einen Vorgesetzten haben darf, entsteht eine Baumstruktur. Einzelmitarbeiter werden im Allgemeinen nicht aufgeführt, allenfalls ihre Anzahl in der Organisationseinheit. (Die in Abb. 3.2 angedeutete Untergliederung der Gruppe „Berechnung und Konstruktion" gehört ebenfalls nicht in ein Organigramm.)

In Abb. 3.2 sind dem Leiter der Produktentwicklung fünf Abteilungsleiter direkt unterstellt, jedem Abteilungsleiter wiederum mehrere Gruppenleiter und jedem Gruppenleiter mehrere Mitarbeiter. Jeder Gruppenleiter ist für die ihm unterstellten Mitarbeiter zuständig (z. B. als Gesprächspartner) sowie verantwortlich (als Vorgesetzter mit Aufsichtspflicht und Weisungsrecht).

3.1.3   Leitregeln zu Organisationsstrukturen

3.1 Eindeutigkeit
Die Zuordnung in einer Organisationsstruktur muss eindeutig sein, d. h. jede Stelle ist nur einer vorgesetzten Stelle unmittelbar unterstellt.

3.2 Logik
Die Organisationsstruktur muss logisch sauber sein, d. h. es dürfen keine Widersprüche auftreten.

3.3 Pragmatik
Die Organisationsstruktur muss auf die vorhandenen Gegebenheiten Rücksicht nehmen (Personen, Räumlichkeiten).

Die Leitregeln 2 und 3 widersprechen sich nicht selten; dann muss ein sinnvoller Kompromiss gesucht werden.

3.4 Fertigung
Die Produktentwicklung sollte nicht der Fertigung unterstellt werden.

Sonst wird die Entwicklung einseitig fertigungsorientiert. Ausnahmen:

- kleiner Betrieb mit geringer eigener Entwicklung,
- Betriebsmittelkonstruktion.

Korrekt ist es aber, wenn beide Bereiche nebeneinander unter einem „Technischen Leiter" (o. Ä.) stehen.

3.5 Musterbau

Der Musterbau sollte nicht der Fertigung unterstellt werden.

Letztere steht meist unter Termindruck, wodurch Entwicklungsaufträge im Zweifelsfall zurückgestellt würden.

3.6 Konstruktion

Die Entwicklungskonstruktion und die Auftragskonstruktion sollten möglichst getrennt werden.

Der Grund dafür ist ähnlich wie in Leitregel 3.5: Die Auftragskonstruktion steht unter Termindruck.

3.7 Mitarbeiterzahl

Eine Führungskraft sollte nicht mehr als fünf Linien- und gegebenenfalls zwei Stabsmitarbeiter unterstellt bekommen, d. h. insgesamt nicht mehr als sieben Mitarbeiter.

Andernfalls bleibt nicht genügend Zeit für die Betreuung der einzelnen Mitarbeiter.

3.8 Neue Organisationsebene

Wächst die Mitarbeiterzahl über sieben hinaus, sollte eine zusätzliche Organisationsebene zwischengeschaltet werden.

Hier können menschliche Probleme entstehen: Ein bisheriger Kollege wird Vorgesetzter, oder – bei Einstellung einer fremden Kraft – die Mitarbeiter sehen sich um eine Aufstiegsmöglichkeit gebracht.

3.2   Verantwortung und Kommunikation

3.2.1   Organisationsformen

Linienorganisation In dieser Organisationsform kommen die Weisungen vom jeweiligen Linienvorgesetzten gemäß Organigramm, siehe Abb. 3.3.

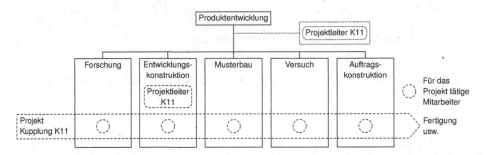

Abb. 3.3 Schematische Darstellung einer Linien- (gestrichelt) bzw. Stabslinienorganisation (Projektleiter gepunktet)

Ein Projekt „Kupplung K 11" durchläuft zum Beispiel alle Abteilungen. Als Projektleiter wurde ein Mitarbeiter der Entwicklungskonstruktion bestimmt. Seine Anweisungen müssen auf dem „Dienstweg" (siehe Abschn. 3.2.2) laufen. Diese Organisationsform ist zwar eindeutig, aber träge und störanfällig.

Stabslinienorganisation Der Projektleiter wird als Stabsstelle der Produktentwicklung geführt, vgl. Abb. 3.3. Er hat damit mehr Freiheiten und eine kürzere Verbindung zum Entwicklungsleiter, jedoch keine direkte Weisungsbefugnis gegenüber den bearbeitenden Stellen.

Matrixorganisation Der Projektleiter bekommt aus den einzelnen betroffenen Abteilungen Mitarbeiter unmittelbar zugeteilt, und zwar genau festgelegt nach *Personen,* für ein bestimmtes *Projekt* und für festgelegte *Zeiträume* (Teambildung auf Zeit). Den Mitarbeitern gegenüber ist er weisungsbefugt in Sachfragen des Projekts. Für alle anderen Fragen (z. B. Gehalt) bleibt zunächst der Linienvorgesetzte zuständig; dieser hat aber keine Befugnis für das Projekt. Bei Interessenkollisionen ist der nächst höhere Vorgesetzte zuständig. Im Zuge von Intensivteams (siehe Abschn. 10.1) kann dem Teamleiter mehr Gewicht zugeteilt werden, d. h. er kann an der Entscheidung über Leistungsbeurteilung (siehe Abschn. 9.5) u. Ä. beteiligt werden. Die Matrixorganisation ist in Abb. 3.4 illustriert.

Poolbildung Mitarbeiter werden nicht einzelnen Gruppen fest zugeteilt, sondern bilden einen Pool, aus dem heraus sie einzelnen Projekten zugeordnet werden. Vorteile sind:

- Flexibilität,
- gute Nutzung der Fähigkeiten,
- gute Arbeitsauslastung,
- besserer Informationsfluss (keine einseitigen Spezialisten).

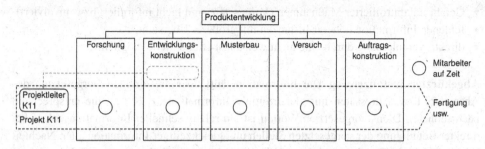

Abb. 3.4 Schematische Darstellung einer Matrixorganisation

Nachteil ist unter Umständen das mangelnde Zugehörigkeitsgefühl des Einzelnen.

3.2.2 Kommunikationswege

Bedeutung Ohne Kommunikation (Vermittlung von Informationen) funktioniert keine Organisation. Informationen können dabei innerhalb einer Organisation auf verschiedenen Wegen laufen.

Möglichkeiten der Informationsübermittlung

- „an": Direkt an den gegebenen Adressaten.
- „z. K." (zur Kenntnisnahme): Gleichzeitige Information anderer, parallel zu „an" (per E-Mail als „Carbon Copy", CC).
- „über": Hintereinander über zwischengeschaltete Linienstellen.

Dienstweg Die Mitteilung läuft über alle Linieninstanzen (vorausgesetzte Stellen); Querinformationen sind nur zwischen solchen Stellen möglich, die derselben vorgesetzten Stelle direkt unterstehen. Dadurch sind alle betroffenen Stellen informiert. Nachteile sind:

- kann einige Zeit dauern, bis Nachricht ankommt;
- Gefahr des Liegenbleibens/Übersehens;
- eventuell unnötige Belastung höherer Instanzen.

Direkte Information Die Mitteilung läuft unmittelbar an den Adressaten; dadurch schnellster Ablauf. Nachteile sind:

- Gefahr unkontrollierter Maßnahmen (Vorgesetzte sind nicht informiert bzw. involviert),
- fehlende Information höherer Instanzen mit größerer Übersicht,
- direkte Veranlassung durch eine nicht weisungsbefugte Stelle möglich.

Abgekürzter Instanzenweg Die Information läuft über die direkten Vorgesetzten des Absenders bzw. Adressaten mit gleichzeitiger Information „z. K." an die entsprechend nächsthöheren Dienstvorgesetzten. Vorteil ist ein relativ schneller Informationsablauf bei direkter Beteiligung der vorgesetzten Stellen und gleichzeitiger Information aller. Nachteil ist eine Gefahr der Durchführung von Maßnahmen, bevor eine höhere Instanz (Erfahrungen!) Einspruch erheben kann. Insgesamt ergeben sich hier geringste Nachteile, vorausgesetzt, dass die Verantwortung vernünftig delegiert wurde.

- **Beispiel** Entwickler A will Monteur L mitteilen, dass ein bestimmtes Lager auf dringenden Kundenwunsch hin andere Dichtungen hat und daher anders (vorsichtiger) montiert werden muss. Die Möglichkeiten des Informationsablaufs sind in Abb. 3.5 dargestellt.

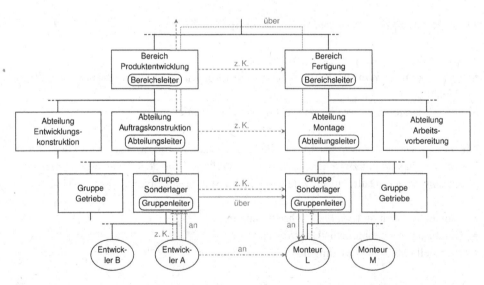

Abb. 3.5 Beispiel für Kommunikationswege innerhalb einer Organisation; Dienstweg (gepunktet), direkter Instanzenweg (durchgezogen und gestrichelt), abgekürzter Instanzenweg (gepunktstrichelt)

3.2.3   Leitregeln zur Verantwortung und Kommunikation

3.9 Direktinformation
Sie ist nur zulässig, wenn gleichzeitig beide Linienvorgesetzte „z. K." informiert
und keine Anweisungen erteilt werden.

Sie ist nur für untergeordnete Mitteilungen sowie Notfälle angebracht. Zur Vereinfachung kann per Organisationsanweisung festgelegt werden, wann die Information der
Vorgesetzten entfallen kann.

3.10 Abgekürzter Instanzenweg
Hier muss die mittlere Führungsebene (Abteilungs-/Gruppenleiter) wissen, welche
Entscheidungen sie selbst fällen kann („z. K." des Vorgesetzten) und wann sie vor
einer Entscheidung den Vorgesetzten einschaltet.

Gegebenenfalls können auch hier Organisationsanweisungen helfen.

3.11 Information „nach unten"
Bei Informationen an unterstellte Instanzen in Linie, insbesondere bei Anweisungen,
niemals eine zwischengeschaltete Ebene übergehen.

Informationen sollten „über" oder „z. K." gesendet werden; Anweisungen auf jeden Fall
mit dem Vorgesetzten des Adressaten besprechen. Sonst kann es Ärger mit letzterem
geben, wenn ein höherer Vorgesetzter direkt in seinen Bereich eingreift.

3.12 Linienfunktionen
Das Organigramm stellt Linien- und Stabsfunktionen in ihrer Zuordnung als
Baumstruktur dar, nicht aber zeitbedingte Teambildung (Matrixorganisation).

Die Projektleiter zum Beispiel haben stets Linienvorgesetzte.

3.13 Organisationseinheiten
Grundsätzlich enthält das Organigramm nur Organisationseinheiten (Abteilungen,
Gruppen usw.), nicht aber Stellen oder Stelleninhaber.

Der Stelleninhaber, der die betreffende Organisationseinheit leitet, kann aber darin
zusätzlich genannt werden.

3.3   Simultaneous Engineering und Lean Production

Früherer Projektablauf Beim bisher skizzierten Projektablauf folgten die Tätigkeiten der einzelnen Bereiche bzw. Abteilungen immer zeitlich nacheinander („sequentiell"). Dies führte in der Praxis oft zu „geistigen Mauern" zwischen den Abteilungen, die den Informationsfluss hemmten und eine zeitliche Ausweitung des Produktentwicklungsprozesses bewirkten, vgl. dazu Ehrlenspiel und Meerkamm (2017).

Nachteile des früheren Projektablaufs Der Produktentwickler legt das Produkt mit allen Einzelheiten fest. Er wird zwar versuchen, die Belange der nachfolgenden Bereiche zu berücksichtigen (z. B. fertigungsgerecht, kostengerecht, umweltgerecht usw. zu konzipieren), er ist aber *nicht* bzw. *kaum* in der Lage, alles hinreichend zu übersehen und einem Optimum zuzuführen, insbesondere bei der schnellen technischen Weiterentwicklung. Er müsste laufend Experten oder Expertensysteme zurate ziehen. Dies unterbleibt aber oft aus Zeitgründen; die Folge sind halbherzige und nicht hinreichend durchdachte Lösungen. Sie führen dann im weiteren Verlauf zu festgestellten Mängeln und erhöhten Kosten oder aber zu zeitaufwendigen und ebenfalls teuren Änderungen, siehe Abb. 3.6.

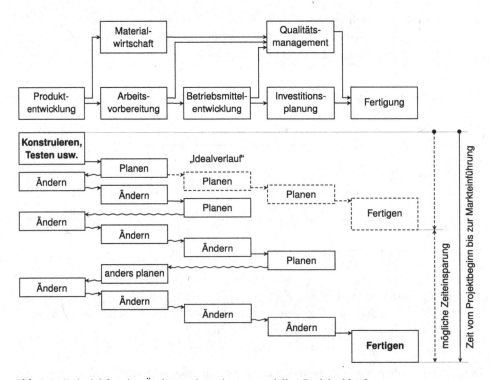

Abb. 3.6 Beispiel für eine Änderungskette im sequentiellen Projektablauf

Jeder Bereich hat im Allgemeinen seine eigenen Gepflogenheiten (seine eigene „Sprache"), Beschreibungsmodelle u. Ä. Die Schnittstelle wird teils nicht hinreichend beleuchtet, was zu einer Fehleranfälligkeit bzw. unnötigem Zeitaufwand führen kann.

Je stärker der Arbeitsablauf auf verschiedene Spezialisten aufgeteilt wird, desto mehr verliert der Einzelne das übergeordnete Gesamtziel aus den Augen und fühlt sich für die Tätigkeit der anderen immer weniger verantwortlich. Die Summe der Optimierungen in den einzelnen Abteilungen ist dabei keineswegs gleich dem Optimum des Gesamtprozesses.

Heutiger Projektablauf Anstelle des sequentiellen Ablaufs ist es nötig, die einzelnen Bereiche bzw. Abteilungen bereits während der Produktentstehung aktiv und gleichzeitig („simultan") zu beteiligen. Im Idealfall arbeiten die Mitarbeiter aller beteiligten Bereiche ganztägig im selben Raum.

> **3.14 Simultaneous Engineering**
> Es bedeutet eine *gemeinsame, gleichzeitige* und *vertrauensvolle* Durchführung aller Ingenieurtätigkeiten zur Entwicklung eines *Produkts* und der zugehörigen *Produktionseinrichtungen.*

Einordnung mit Vorgeschichte „Simultaneous Engineering" (SE) ist eng verwandt mit „Lean Production" (LP) bzw. „Lean Management" (lean = „schlank", „abgespeckt"); beide sind an unterschiedlichen Stellen entstanden (SE stammt aus den USA, „Lean" aus Japan). Lean Production bezieht sich auf den gesamten Entwicklungs- und Produktionsbereich. Ihre Entstehung zeigt drei Phasen:

- *Handwerksproduktion* (etwa bis 1900)*:* Die Entwicklung und Produktion liegen in einer Hand. Der Meister bestimmt das Produkt, seine Herstellung, Veränderung und Verbesserung. Die Arbeit ist optimal zielgerichtet und anpassungsfähig. Die Grenze liegt dort, wo ein Produkt zu komplex oder die Stückzahl zu groß wird. Dann erfordern Entwicklung und Fertigung eine so große „Wissensfläche", dass eine Person (bzw. wenige) sie nicht mehr abdecken kann, siehe Abb. 3.7a.
- *Massenproduktion* (etwa ab 1900)*:* Sie basiert auf dem Taylorschen Prinzip der Arbeitsteilung („Taylorismus"). Ein Hintereinanderschalten von Spezialisten (Experten) mit schmaler Wissensbreite, aber hoher Wissenstiefe führt zur Abdeckung einer großen Wissensfläche, allerdings zeitlich versetzt, siehe Abb. 3.7b. Probleme sind die Schnittstellen und die „Abteilungsmauern". Die Grenze wird erreicht, wenn Zeit und Flexibilität zu entscheidenden Faktoren werden.
- *Lean Production* („schlanke" oder „gestraffte" Produktion; etwa ab 1990)*:* Sie greift auf das Handwerksprinzip zurück (Übersicht über das Ganze, Ausrichtung aller auf

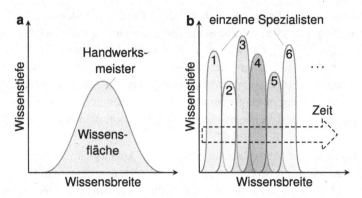

Abb. 3.7 Veranschaulichung von „Wissensflächen"; (**a**) Handwerksproduktion, (**b**) Massenproduktion

das sichtbare gemeinsame Ziel). Dabei erfolgt eine *simultane* Abdeckung der immer größer werdenden notwendigen Wissensfläche durch ein Expertenteam mit integrierter Computertechnologie.

Merkmale von SE und LP Beide lassen sich nicht exakt unterscheiden. Sie umfassen die Gesamtheit von Entwicklung und Fertigung einschließlich aller beteiligten Bereiche und verwenden folgende Techniken:

- *Starker Teamleiter:* Der Teamleiter bekommt weitgehende Kompetenzen. Er ist als eine Art Unternehmer im Betrieb dafür verantwortlich, ein Produkt zu entwerfen, zu konstruieren und in die Fertigung zu bringen (im Gegensatz zum traditionellen Projektleiter, der sich laufend mit den Fachabteilungen auseinandersetzen muss).
- *Enges Team:* Die Teammitglieder werden auf die Projektdauer dem Team fest zugeordnet. Ihre Leistung im Team wird vom Teamleiter beurteilt; sie beeinflusst das Leistungsentgelt und künftige Aufgaben (im Gegensatz zu nur kurzfristig „ausgeliehenen" und ggf. ausgewechselten Teammitgliedern).
- *Umfassende Kommunikation:* Konflikte aufgrund unterschiedlicher Sichtweisen und Interessen der verschiedenen Abteilungen werden direkt und von Anfang an ausgetragen. Die gemeinsam getroffenen Entscheidungen müssen dann von allen aktiv mitgetragen werden. Das erfordert höchsten Aufwand am Projektanfang (im Gegensatz zum früheren eher sequentiellen Ablauf, wo die Konflikte häufig erst zum Projektende hin auftauchen).
- *Gleichzeitige Entwicklung:* Die einzelnen Entwicklungstätigkeiten überlappen sich und liegen *nicht* zeitlich hintereinander, siehe Abb. 3.8. Zum Beispiel beginnt die Konstruktion von Presswerkzeugen für Karosserieteile kurz nach dem Beginn der Karosseriekonstruktion. Das spart viel Zeit, erfordert jedoch ein gemeinsames Arbeiten mit Sichtkontakt, Erfahrung und Voraussicht.

Abb. 3.8 Typischer
Projektablauf nach
„Simultaneous Engineering"

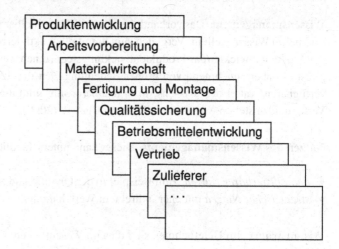

- *Beteiligung des Vertriebs:* Der Vertrieb bringt Ergebnisse von Marktforschungen, Service- und Kundenbefragungen sowie Wettbewerbs- und Fehleranalysen unmittelbar in die Entwicklungsarbeit ein und verfolgt deren Umsetzung.
- *Kooperation mit Zulieferfirmen und Produktionsmittelherstellern:* Diese nehmen im Allgemeinen gegen Vergütung an der Projektarbeit teil. Entscheidend ist, dass eine vertrauensvolle Zusammenarbeit entsteht (im Gegensatz zum traditionellen Vorgehen, wo die Fremdfirmen vielfach gedrückt und gegeneinander ausgespielt wurden).
- *Gruppenweise Fertigung:* Bei LP werden in einzelnen Gruppen umfassende Tätigkeiten ausgeführt (z. B. Montage einer ganzen Baugruppe, im Gegensatz zur Aufteilung am Band, wo der Einzelne z. B. nur drei Schrauben anzieht). Der Arbeitsfortschritt sowie das Ergebnis sind sichtbar, geben Erfolgserlebnisse und führen zur persönlichen Identifikation mit dem Produkt.

3.4   Gezieltes Wissensmanagement im Betrieb

Bedeutung Die Informations- bzw. Wissensmenge, die dem Einzelnen heute zur Verfügung steht, ist kaum zu überblicken und wächst kontinuierlich. Der Zugang und schnelle Zugriff zu Informationen werden zwar durch neue Technologien ständig vereinfacht, gestalten sich aber nicht unbedingt einfacher, da Informationen für den Anwender häufig nicht in entsprechender aufbereiteter Form vorliegen. Hierzu bedarf es eines geeigneten koordinierten Umgangs mit Informationen/Wissen in Form einer modernen Organisation.

Wissen und Information Wissen ergibt sich aus der Verknüpfung von Information mit Erfahrung. Hierbei wird zwischen explizitem (unmittelbar verfügbarem) und implizitem (nicht unmittelbar verfügbarem) Wissen unterschieden.

Wissensmanagement Das vorhandene, aber nicht unmittelbar verfügbare bzw. aufbereitete (implizite) Wissen stellt im Vergleich zum unmittelbar aktivierbaren (expliziten) Wissen für den Produktentwickler/das Produktentwicklungsteam einen wesentlich größeren Anteil dar. Es ist es daher zunehmend von großer Bedeutung, den impliziten, d. h. nicht unmittelbar verfügbaren Anteil des Wissens, in brauchbarer und unmittelbar aktivierbarer Form zur Verfügung zu stellen, vgl. dazu „VDI 5610 Blatt 1" (2009).

Nutzen des Wissensmanagements Dieser kann unterschiedliche Ausprägungen haben:

*   *quantifizierbarer Nutzen,* zum Beispiel in der Qualität und Anzahl von Patenten, oder
*   *strategischer Nutzen* mit eher indirektem Wertcharakter.

Wissensträger Im Unternehmen sind dies im Wesentlichen

*   das *Intranet* (Wiki),
*   firmeninterne *Normen, Kataloge* und *Datenbanken* sowie
*   einzelne *Mitarbeiter.*

Die ersten beiden Wissensträger beinhalten explizites und der letzte Wissensträger beinhaltet implizites Wissen.

Herausforderung Sie besteht in der Filterung, Strukturierung und Wandlung von implizitem in explizites Wissen. Ein wesentliches Werkzeug ist hierbei die Teamarbeit (siehe Kap. 10), welche dazu beiträgt, das individuelle Wissen des Einzelnen mit dem der anderen zusammenzuführen und damit heterogenes (explizites) Wissen zu erzeugen.

Defizit Obwohl Unternehmen das Wissensmanagement im Allgemeinen als sehr wichtig erachten (vgl. dazu den bekannten Ausspruch „Wenn das Unternehmen wüsste, was das Unternehmen alles weiß."), um damit ihre Innovationsfähigkeit zu steigern, steht in vielen Betrieben häufig nicht einmal fest, wer für das Wissensmanagement überhaupt verantwortlich ist. Noch weniger werden von außen an das Unternehmen herangetragene Ideen- und Verbesserungsvorschläge systematisch verfolgt und den entsprechenden Entscheidungsträgern zugeführt. Gleichwohl besteht allgemeiner Konsens, dass dem systematisch aufbereiteten Wissen eine entscheidende Bedeutung zukommt.

Wissensmanager Als Bindeglied zwischen dem (impliziten) Mitarbeiterwissen und dem (expliziten) strukturierten Wissen im Unternehmen wird die Einführung eines (oder mehrerer) Wissensmanagers empfohlen. Dieser soll das Wissen des Unternehmens dort zugänglich machen, wo es benötigt wird. Darüber hinaus soll er den Umgang mit Informationen gezielt schulen und auf diese Weise bereits frühzeitig für eine Konzentration des Wissens auf das Wesentliche sorgen. Das aufbereitete Wissen ist dabei als Produkt zu verstehen, welches betriebsintern „produziert" wird und sowohl den Betriebsangehörigen als auch den Kunden (zum Kauf) zur Verfügung gestellt werden kann.

Wesentliche Vorteile eines Wissensmanagements im Unternehmen

- Dem Management stehen fundiertere Daten und Kenntnisse zur Verfügung.
- Schwachstellen in vorliegenden Datensammlungen und Informationslücken werden erkannt, bevor kostspielige Folgefehler auftreten (Organisation der Hol- und Bringschuld von Informationen und vorhandenem Wissen).
- Neue vielversprechende Ansätze werden rechtzeitig erkannt (Vermeidung von z. B. nicht rechtzeitiger Wahrnehmung von Technologiesprüngen).
- Verbesserte Kostenkenntnisse über die notwendige Wissensbereitstellung bzw. -erarbeitung erlaubt mit entsprechender Weitsicht kalkulierte Projekte und somit realistischere Budgetpläne.
- Vom Wissensmanager systematisiertes Wissen eröffnet erhebliches Rationalisierungspotenzial.
- Strukturierter Wissenstransfer stellt sicher, dass vorhandenes Wissen dem Unternehmen verbleibt und erlaubt zugleich größere Personalflexibilität.

Mögliche Nachteile/Probleme eines Wissensmanagements im Unternehmen

- Solange das individuelle Wissen als individuelles Potenzial und Karriereressource verstanden wird, ist der Anreiz und die Motivation zur Wissensintegration relativ gering.
- Spezifische Firmenkenntnisse könnten Dritten leichter zugänglich sein; hier besteht die Forderung nach verbesserter Datensicherung.
- Der Wissenstransfer ist nicht nur von den technischen Einrichtungen im Unternehmen abhängig, sondern auch in hohem Maße von der Personalstruktur des Unternehmens und dem Wissensmanager.
- Der Wissensmanager selbst bedarf des ständigen Wissensinputs; hier besteht jedoch die Gefahr der einseitigen Sichtweise.
- Da nur explizites Wissen in Datenbanken abgelegt werden kann, während beispielsweise Kenntnisse über gruppendynamische Erfahrungswerte u. Ä. sich nur schwer erfassen lassen, muss eine Integration des Wissensmanagers in Projektgruppen sichergestellt werden.

Literatur

Ehrlenspiel, K., & Meerkamm, H. (2017). *Integrierte Produktentwicklung – Denkabläufe, Methodeneinsatz, Zusammenarbeit* (6. Aufl.). Hanser.
VDI-Richtlinie 5610 Blatt 1. (2009). *Wissensmanagement im Ingenieurwesen – Grundlagen, Konzepte, Vorgehen*. Beuth.

Aufbau und Ablauf eines Produktentwicklungsprojekts

4

Ein Produktentwicklungsprojekt sollte in (mindestens) drei Phasen (z. B. „Planen", „Entwerfen", „Ausarbeiten") mit je einer Entscheidung am Ende unterteilt werden. Dabei ist in eine Bearbeitungs-, eine Steuerungs- und eine Entscheidungsebene zu trennen. Alle Unterlagen (auch verworfene Lösungen und abgebrochene Projekte) sind als Entscheidungsunterlagen (Berichte u. Ä.) zu sammeln, geordnet abzulegen und zu katalogisieren. Sie dienen als Anregungen für künftige Projekte sowie gegebenenfalls als Nachweis bei Fällen der Produkthaftung.

4.1 Modellablaufplan

Grundschema Ein Produktentwicklungsprojekt lässt sich vereinfacht anhand einer „3 × 3"-Matrix schematisch beschreiben, vgl. dazu Jorden und Weiberg (1977). Diese setzt sich aus den drei Ebenen „Bearbeiten", „Steuern" und „Entscheiden" sowie den drei zeitlich aufeinander folgenden Phasen „Planen", „Entwerfen" und „Ausarbeiten" zusammen. Während die Bearbeitungsebene sich über den gesamten Betrieb erstrecken kann, obliegt die Steuerungsfunktion meist einem speziell für die Aufgabe bestimmten Projektleiter. Dieser koordiniert und überwacht die einzelnen Aktivitäten innerhalb der Phasen. Die letztendliche Entscheidung am Ende einer Phase wird von der Geschäftsleitung bzw. einem von ihr beauftragten Gremium getroffen. Das Grundschema eines Produktentwicklungsprojekts ist in Abb. 4.1 skizziert.

© Der/die Autor(en), exklusiv lizenziert an Springer-Verlag GmbH, DE, ein Teil von Springer Nature 2024
J. Schlattmann and A. Seibel, *Produktentwicklungsprojekte - Aufbau, Ablauf und Organisation*, https://doi.org/10.1007/978-3-662-67988-3_4

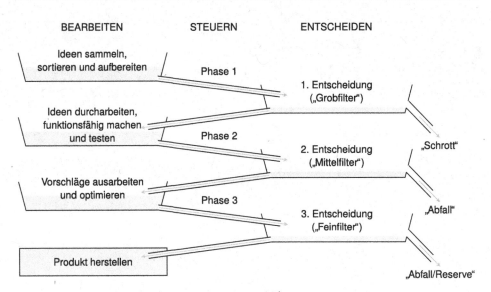

Abb. 4.1 Grundschema eines Produktentwicklungsprojekts

Modellablaufplan Das Grundschema aus Abb. 4.1 wird auf einen exemplarischen Ablaufplan nach Abb. 4.2 übertragen, der dem Projektablauf in einer mittleren Maschinenbaufirma mit Serienerzeugnissen entsprechen mag. Dieser Plan ist Grundlage für eine Betrachtung von einzelnen typischen Tätigkeiten im Produktentwicklungsablauf. Die verantwortlichen Teilnehmer in dem Ablaufplan sind:

- E – Entwicklungsleiter,
- F – Fertigungsleiter,
- G – Geschäftsleitung,
- L – Projektleiter,
- M – Materialwirtschaftsleiter,
- P – Planungsleiter,
- Q – Qualitätsmanagementleiter,
- V – Verkaufsleiter.

Übertragung in die Praxis Der Modellablaufplan muss auf die Belange des jeweiligen Betriebs zugeschnitten werden. Dafür kann der Inhalt der Phasen und besonders der einzelnen mit Ziffern versehenen Schritte unterschiedlich definiert werden. Beibehalten sollte aber auf jeden Fall das Grundschema „3 × 3" als Mindestumfang, auch in kleineren Betrieben. Je nach Bedarf können auch weitere Zwischenentscheidungen eingefügt werden.

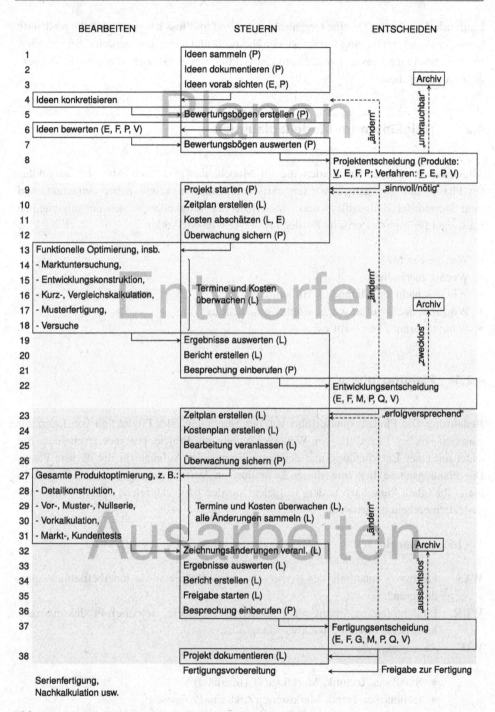

Abb. 4.2 Modellablaufplan für ein Produktentwicklungsprojekt

Laufende Anpassung Da eine Organisation dauernd im Fluss ist, muss auch die realisierte Form der Projektverfolgung immer wieder überprüft und angepasst werden. Dies erfordert einen zielstrebigen Einsatz sowohl vom Entwicklungsleiter als auch von den Mitarbeitern der Steuerungsebene.

4.2   Tätigkeiten im Modellablaufplan

Allgemein Im Folgenden werden die im Modellablaufplan nach Abb. 4.2 aufgeführten Phasen und die gelisteten exemplarischen Einzeltätigkeiten näher betrachtet, und zwar anhand der Zeilenziffern und – innerhalb der Tätigkeiten – nach der allgemeinen Faustregel für organisatorische Festlegungen (AEIOU-Methode):

- Was geschieht?
- Wer ist zuständig?
- Wie geschieht es (Methoden, Hilfsmittel)?
- Wo (bzw. auch wofür, wozu, womit) geschieht es?
- Wann („wunn") geschieht es?

4.2.1   Planungsphase

Bedeutung Die Planungsphase führt von der Sammlung oder Produktion von Ideen zur Auswahl solcher Ideen, die zur Weiterverfolgung als Projekt geeignet erscheinen. Sie endet mit einer Entscheidung und der Formulierung der Aufgabe für die nächste Phase. Die Planungsphase liegt mit dieser Definition im Vorfeld des eigentlichen Projektablaufs. Ihr Inhalt kann auch anders festgelegt werden bzw. zahlreiche andere Tätigkeiten zusätzlich enthalten, siehe Kap. 5.

1   Ideen sammeln

WAS   Ideen von außerhalb des Betriebs zusammentragen sowie innerbetrieblich „produzieren".

WER   Produktplanung; wenn nicht vorhanden (kleinere Betriebe) Produktmanager, Mitarbeiter der Produktentwicklung o. Ä.

WIE   *Ausgangsgrößen:*

- Stand der Technik, Marktlage (Ist-Zustand);
- technischer Trend, Markttrend (Zukunfts-Prognosen);
- Betriebspotenziale (Erfahrungen, Personal, Einrichtungen).

Suchrichtungen:

- Vorhandene Produkte verbessern bzw. ersetzen,
- Produktprogramm erweitern („Diversifikation", siehe Abschn. 5.2.2).

Methoden zur Ideengewinnung:

- Erfindertyp („Ideenschleuder"),
- Kreativitätsmethoden (siehe Abschn. 7.2),
- betriebliches Vorschlagswesen (siehe Abschn. 11.2).

WOZU Ohne neue Ideen keine neuen Produkte und damit sicheres Ende eines Betriebs.
WANN Grundsätzlich dauernd; Kreativitätsgruppen setzen sich etwa alle vier bis sechs
Wochen zusammen.

2 Ideen dokumentieren

WAS Übersichtliche, geordnete Darstellung, damit Ideen nicht in Vergessenheit geraten
und jederzeit Informationen und Anregungen abgerufen werden können.
WIE *Ideenblätter* in Datenbank o. Ä. (Entwurf hierzu siehe Abb. 4.3).
Ordnungsschema (Beispiel):

- P-Produktideen:
  – P-A für Produktgruppe A (ggf. unterteilt),
  – P-B für Produktgruppe B usw.
- V-Verfahrensideen:
  – V-A für Verfahrensgruppe A usw. (wie zuvor).

Gründe:

- Produkt- bzw. Verfahrensideen werden von verschiedenen Bereichen verfolgt
  (Entwicklung bzw. Fertigung).
- Die einzelnen Gruppen sind gut überschaubar; Anregungen sind zum Beispiel
  beim Durchsehen möglich.
- Ein verständlicher (kennzeichnender) Schlüssel ist für den Menschen leichter
  zu handhaben (z. B. P-A statt 1.2).

3 Ideen vorab sichten

WAS Durchsehen der neu hereingekommenen Ideen.

P	Bezeichnung:		Produktgruppe:	
V			Datum:	Nr.:
Skizze:			Urheber:	

Kurzbeschreibung:

Bemerkung:	E	F	P	V	
Unternehmenspotential					
Marktpotential					
Fertigungspotential					
Entwicklungspotential					
Summen					

Abb. 4.3 Vorlage zur Dokumentation von Ideen

WER	Planungsleiter (o. Ä.) gemeinsam mit dem Technischen Leiter (nicht delegieren!).
WIE	Gemeinsame Besprechung.
WOZU	*Aufgaben der Vorabsichtung:*

- Von vornherein zwecklose Ideen werden fallengelassen (Entlastung der Bewertungsgruppe, siehe Punkt 5). Aber Vorsicht! Fundierte Begründung nötig (z. B. Bericht o. Ä.), sonst Gefahr von Fehlentscheidungen oder Missbrauch. Im Zweifelsfall Idee stets weiterleiten.
- Unklare oder zu globale Ideen sind in Rücksprache mit dem Urheber zu präzisieren.

- Zukunftsideen müssen gegebenenfalls technisch konkretisiert (skizziert, berechnet, abgeschätzt, numerisch simuliert) werden, bevor eine Bewertung sinnvoll ist.
- Ideen, die einen Verbesserungsvorschlag darstellen könnten, sind grundsätzlich der zuständigen Stelle (z. B. Vertrauensperson) zuzuleiten, siehe Abschn. 11.2.
- Ideen, die bezüglich Neuheit und Gehalt eine Erfindung beinhalten könnten, sind grundsätzlich der zuständigen Stelle zuzuleiten, siehe Abschn. 11.3. Im Zweifelsfall immer zugunsten der Idee entscheiden!

WANN   Je nach Ideeneingang alle ein bis zwei Monate (festlegen!).

4   Ideen konkretisieren

WAS   Kann die unterschiedlichsten Inhalte haben, von der Klärung einfacher Sachfragen bis zur umfassenden Produktstrategie. Zu letzterer können unter anderem gehören:

- Marktuntersuchung (Marktgröße, Trend, Käuferverhalten, Gesetzgebung usw.),
- Kostenplanung (Marktpreis, Entwicklungskosten, Investitionen),
- Zeitplanung (erforderlicher Zeitpunkt der Markteinführung),
- Marketingplanung (Vertrieb, Werbung usw.).

WER   Für umfänglichere Planungstätigkeiten ist in der Regel die Produktplanung zuständig, die häufig zum Verkaufsbereich gehört.

5   Bewertungsbögen erstellen

WER   Beauftragter der Planungsabteilung.

WIE   *Empfehlung:*

- Bewertungsbögen der Bewertungsgruppe zukommen lassen (siehe Punkt 6), je Idee ein Blatt (ggf. auf Ideenblatt enthalten, vgl. Punkt 2 bzw. Abb. 4.3);
- Termin für die Fertigstellung bzw. Rücksendung setzen;

WANN   Turnus alle drei bis sechs Monate, je nach Ideenzahl (festlegen!). Dieser Turnus gilt auch für die folgenden Punkte 6 bis 8.

6   Ideen bewerten

WER   *Bewertungsgruppe:*

- Entwicklungsleiter (E),
- Fertigungsleiter (F),
- Planungsleiter (P),
- Verkaufsleiter (V),
- bzw. von ihnen beauftragte, kompetente und entscheidungsbefugte Mitarbeiter.

Grund: Entscheiden über die richtigen Ideen zur Projektverfolgung ist wesentliche Managementaufgabe.

WIE   *Bewertungsschema,* vgl. Abb. 4.3.

- Beispiel für Punkteskala: 4 ideal, 3 gut, 2 durchschnittlich, 1 schlecht, 0 indiskutabel, siehe Abschn. 8.2.
- Jeder Bewerter trägt für sich die Punkte nach seiner Bewertung in der jeweils zugewiesenen Spalte der Dokumentationsvorlage bzw. des Bewertungsschemas ein und sendet dann die Bewertung zurück.
- Eine „0" als Bewertung für ein Kriterium kann – je nach Bewertungsschema – bedeuten, dass die betreffende Idee als nicht ausführbar angesehen wird.

7   Bewertungsbögen auswerten

WER   Beauftragter der Planungsabteilung.

WIE   *Empfehlung:*

- Punktesummen und Wertigkeiten der einzelnen Bewerter je Idee auf ein gemeinsames Blatt übertragen,
- Ideen mit 0-Wertungen herausnehmen (sie blockieren die Idee und müssen nicht diskutiert werden),
- bei „Produkten" und „Verfahren" jeweils die (z. B.) zehn höchstbewerteten Ideen auswählen,
- ausgewählte Ideen der Projektentscheidungsgruppe zusenden,
- Projektentscheidungssitzung einberufen.

WANN   Unmittelbar nach jeder Bewertungsaktion (vgl. Punkte 5 und 6).

8 Projektentscheidung

WAS Festlegen, welche Idee weiterverfolgt werden soll (der Rest wird archiviert, siehe Punkt 38). Hier erfolgt eine möglichst genaue Formulierung der *Aufgabenstellung* (siehe Abschn. 6.2) für die *Entwurfsphase* (siehe Abschn. 4.2.2):

- Stichworte zur Funktion usw.;
- notwendige Untersuchungen (z. B. Marktdaten), soweit nicht bereits geschehen (vgl. Punkt 4);
- Zeitrahmen für die Entwurfsphase (siehe Punkt 10);
- Kostenrahmen für die Entwurfsphase sowie das Produkt (siehe Punkt 11).

WER *Projektentscheidungsgruppe,* zum Beispiel bestehend aus

- Entwicklungsleiter (E);
- Fertigungsleiter (F) (wesentlich für Fertigungsideen);
- Planungsleiter (P);
- Verkaufsleiter (V) (wesentlich für Produktideen);
- nach Bedarf: Spezialisten, gegebenenfalls Geschäftsleitung.

E, F, P, V möglichst nicht delegieren (Übersicht, Verantwortung!).

WIE Keine generelle Regelung. *Möglichkeiten:*

- Freie Diskussion anhand der Bewertungslisten. Entscheidung allein aufgrund der Wertigkeitsziffern reicht nicht aus. Aber unter den zehn höchstbewerteten Ideen sollten sich wohl die brauchbarsten finden. Problem: persönliches Durchsetzungsvermögen einzelner Teilnehmer.
- Hinzuziehen von Experten. Problem: Experten sind nicht unfehlbar und oft einseitig. Argumente überprüfen!
- Rückweisung der Idee in die Planungsphase mit der Maßgabe, weitere Informationen zu beschaffen (z. B. erweiterte Bewertungsmethoden).

4.2.2 Entwurfsphase

Bedeutung Die Entwurfsphase führt von der zum Projekt freigegebenen Idee zu einem vor allem funktionsfähigen Produkt mit absehbar vertretbaren Herstellkosten und geeignetem Markt. Das Projekt wird abgebrochen, wenn es von der Funktion, vom Preis oder vom Markt her nicht mehr als sinnvoll erscheint.

9 Projekt starten

WER Planungsleiter, gemeinsam mit Entwicklungsleiter.

WAS *Festzulegen* ist vor allem:

- verantwortlicher Projektleiter und gegebenenfalls Mitarbeiter der Projekt-gruppe (Teambildung auf Zeit),
- Name des Projekts (kurz, aber aussagekräftig),
- Kennziffer (Projektnummer); Anforderungen:
  - übersichtlich (keine abstrakte Ziffernfolge),
  - sortierfähig (für IT-System),
  - Beispiel: G-22.096-2,
      G – Projektgruppe (z. B. Gartengeräte),
      23 – Jahr des Projektbeginns,
      096 – laufende Nummer von Projekten innerhalb der Projektgruppe,
      2 – laufende Nummer von Berichten o. Ä. für das Projekt.

10 Zeitplan erstellen

WER Projektleiter (vgl. Punkt 9).

WAS *Empfehlung:*

- Alle wichtigen Vorgänge (Arbeitspakete) aufschreiben,
- Vorgänge in logische Reihenfolge bringen,
- Zeitaufwand für Vorgänge einzeln abschätzen (mit Sicherheiten),
- Termine daraus ableiten bzw. mit Vorgabe (vgl. Punkt 8) vergleichen.

WIE *Methoden:*

- *Meilensteinplan* (Gantt-Diagramm): In vielen Fällen ausreichend, übersicht-lich und leicht anzupassen; Beispiel siehe Abb. 4.4.
- *Netzplan:* Gibt gleichwertige Vorgänge und Abhängigkeiten wieder; optimale Terminierung, Auswirkungen von Terminvereinbarungen ablesbar; Beispiel siehe Abb. 4.5.

11 Kosten abschätzen

WER Projektleiter, gemeinsam mit Entwicklungsleiter (o. Ä.).

WAS Abschätzung von

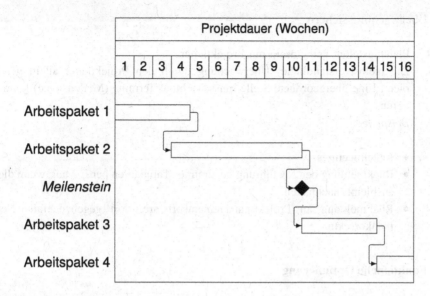

Abb. 4.4 Beispiel für einen Meilensteinplan

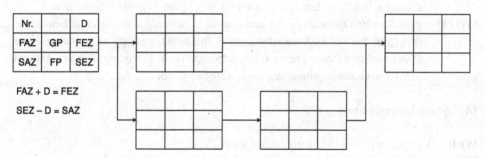

Abb. 4.5 Beispiel für einen Netzplan; Nr. – Vorgangsnummer, D – Vorgangsdauer, FAZ – frühester Anfangszeitpunkt, SAZ – spätester Anfangszeitpunkt, FEZ – frühester Endzeitpunkt, SEZ – spätester Endzeitpunkt, GP – Gesamtpuffer, FP – freier Puffer

- *Personalkosten:* Anzahl der Mitarbeiter × Gehalt bzw. Lohn × Gemeinkostenfaktor × Zeitaufwand;
- *Sachkosten:* Material, Prüfstände usw.;
- *sonstigen Kosten:* Sicherheitszuschläge beachten! Mit Kostenrahmen aus Punkt 8 vergleichen.

12   Überwachung sichern

WER   Planungsleiter, gemeinsam mit Projektleiter.

WAS   Die (selbstverständliche) Überwachung durch den Projektleiter allein genügt
nicht. Eine übergeordnete Stelle muss wichtige Termine (Meilensteine) kontrol-
lieren.

WIE   *Beispiele:*

- Regelmeetings.
- Rückmeldung der Ausführung bestimmter Tätigkeiten per E-Mail; wenn diese
  ausbleibt, nachhaken.
- Rückmeldung an Projektmanagementsoftware, dort gegebenenfalls Netz-
  plankorrektur.

13   Funktionelle Optimierung

WAS   Die folgenden Punkte 14 bis 18 stellen keinen zwingenden Ablauf dar, sondern sind Beispiele für Tätigkeiten der Bearbeitungsebene. Sie können parallel
ablaufen, durch andere ersetzt werden, wegfallen, ergänzt werden usw.

WOZU   Funktionelle Optimierung bedeutet, unter Beachtung aller wesentlichen Anforderungen das Produkt zunächst einmal voll funktionsfähig zu gestalten, bevor
in der nächsten Phase andere Gesichtspunkte (z. B. Fertigung, Kosten, Ästhetik
usw.) zur Gesamtoptimierung herangezogen werden.

14   Marktuntersuchung

WER   Verkauf, Vertrieb, Marketingabteilung o. Ä.

WAS   *Beispiele:*

- Informationen über Wettbewerbsprodukte einholen,
- Patentrecherche aktualisieren,
- Ermittlung von möglichen Preisen und Absatzmengen (soweit nicht schon in
  Punkt 4 geschehen).

WIE   Diverse Möglichkeiten: von der Stichprobenbefragung bei Kunden bis zu
umfangreichen Ermittlungsaktionen.

15   Entwicklungskonstruktion

WAS   Zentrale Entwicklungstätigkeit.

WIE Zum Beispiel unter Anwendung methodischer Produktentwicklung (siehe Kap. 6), Kreativitätsmethoden (siehe Abschn. 7.2), numerischer Simulation u. a.

16 Kurz-, Vergleichskalkulation

WOZU Überschlägige Ermittlung der Herstellkosten.

WIE *Zwei Arten von Kalkulationen:*

a) Kurzkalkulation (z. B. nach „VDI 2225 Blatt 1", 1997), insbesondere zum Vergleich verschiedener Entwürfe.

b) Vorkalkulation anhand kompletter Zeichnungen (in diesem Stadium häufig zu aufwendig).

WER Abhängig von der Kalkulationsart:

Zu a) Produktentwicklung, gemeinsam mit Fertigung.

Zu b) Fertigung (Kalkulationsabteilung).

17 Musterfertigung

WAS *Zwei Arten von Mustern:*

- Testmuster für eigene Versuche;
- Anschauungs- und Probemuster für Kunden, insbesondere Großabnehmer.

WIE Meist Einzelanfertigung (z. B. mittels additiver Fertigung). Entscheidend ist die *funktionelle* Übereinstimmung mit dem späteren Serienprodukt.

18 Versuche

WOZU Ohne ausreichende Tests ist eine sinnvolle Beurteilung eines Produkts bzw. Verfahrens kaum möglich. Ausnahme: Einzelfertigung; hier erfolgen Abnahmeversuche nach Fertigung des Produkts.

WIE *Kriterien für Versuchsbedingungen* (sie widersprechen sich teilweise)*:*

- den Praxisbedingungen möglichst ähnlich,
- eindeutig und reproduzierbar,
- mit vertretbarem Aufwand.

Es wird zunächst angestrebt, jeweils pro Versuchsreihe nur eine Einflussgröße zu ändern, damit deren Einfluss sichtbar wird. Nachteil: hoher Zeitaufwand. Daher gibt es Methoden, um mit rechnerischer Auflösung der Einflüsse verschiedener Parameter den Versuchsaufwand in geschickter Weise zu begrenzen (Multifaktorenanalyse, Taguchi-Methode, statistische Versuchsplanung u. a.).

Wenn möglich, sollte versucht werden, ein Problem auf *dimensionslose Kennzahlen* oder auf *Modellgesetze* zurückzuführen; dies erfordert jedoch Kenntnis aller wesentlichen Einflussgrößen.

Arten von Versuchen:

- Modellversuch (z. B. Reibungsuntersuchung mit zwei Rollen),
- Bauteilversuch (z. B. Zahnrad im Zahnradprüfstand),
- Erzeugnisversuch (z. B. Lkw-Getriebe auf dem Prüfstand),
- Feldversuch (z. B. Lkw im Gelände).

In dieser Reihenfolge nehmen Praxisnähe und Kosten zu, während die Reproduzierbarkeit abnimmt.

Aufbau eines Versuchsberichts:

a) *Kopf:*
   - aussagekräftiger, kurzer Titel;
   - Kennziffer zum Abspeichern (vgl. Punkt 9 bzw. siehe Punkt 38).
b) *Aufgabenstellung:* Zweck und Ziel in wenigen Worten, sonst ist der Bericht später unverständlich (häufiger Fehler).
c) *Ergebnis-Zusammenfassung:* Gehört auf die erste Seite, zwecks schneller Information.
d) *Versuchseinrichtung:* Prinzipskizze, wichtige Geräte, kurze Hinweise.
e) *Versuchsdurchführung:* Erläuterung der Arbeiten, sonst ist die Gültigkeit später schwer abzuschätzen.
f) *Versuchsergebnisse:* Darstellung in Zahlenwerten, insbesondere aber in Diagrammén (schneller überschaubar!). Dazu gehören:
   - Kommentar der Ergebnisse,
   - Fehlerabschätzung,
   - Gültigkeitsbereich.

Die Punkte 15 bis 18 werden meist mehrfach durchlaufen (iterativ), weil die Versuchs- oder Kalkulationsergebnisse zur konstruktiven Verbesserung und damit zu neuen Mustern und Versuchen führen. Währenddessen überwachen der Projektleiter und der Planungsleiter Termine und Kosten; bei Überschreitung sind mit den verantwortlichen Stellen Maßnahmen zu beschließen und einzuleiten.

19   Ergebnisse auswerten

WER   Projektleiter.
WAS   Prüfen der Berichte (Markt, Kalkulation, Versuche) auf

- Vollständigkeit,

    – logische Schlüssigkeit (ggf. vervollständigen lassen),
    – Erfüllung der Anforderungen.

20   Bericht erstellen

WAS Stichwortartige Zusammenfassung der wesentlichen Ergebnisse der vorliegenden Berichte mit Vorschlag für Weiterführung, Änderung oder Abbruch.

WIE Im Prinzip ähnlich wie beim Versuchsbericht (vgl. Punkt 18):

    – Projektname und Kennziffer (vgl. Punkt 9),
    – Aufgabenstellung (kurz das Wesentliche),
    – Ergebnis-Zusammenfassung mit Vorschlag für weiteres Vorgehen,
    – Kurzerläuterung von wichtigen Ergebnissen,
    – Einzelberichte als Anlage beigefügt.

21   Besprechung einberufen

WER Planungsleiter (als kompetente Stelle).

WIE *Empfehlung:*

    • Termin mit Teilnehmern abklären (telefonisch, über Umfrage o. Ä.);
    • schriftliche Einladung mit Tagesordnung und Unterlagen, mindestens fünf Werktage vor der Sitzung.

22   Entwicklungsentscheidung

WER Produktbesprechung, bestehend aus

    • Entwicklungsleiter (E),
    • Fertigungsleiter (F),
    • Materialwirtschaftsleiter (M),
    • Planungsleiter (P),
    • Qualitätsmanagementleiter (Q),
    • Verkaufsleiter (V),
    • Projektleiter (L),
    • gegebenenfalls Geschäftsleitung, Finanzleiter, Spezialisten oder direkt beauftragte kompetente Mitarbeiter mit Entscheidungsbefugnis.

WAS   Entscheidung über

- Weiterführung (Freigabe zur Ausarbeitung) oder
- Änderung (Rückgabe in die Entwurfsphase) oder
- Abbruch (Aufgeben, Dokumentation siehe Punkt 38).

Im Falle der Weiterführung wird die präzisierte Aufgabenstellung für die Ausarbeitungsphase festgelegt. Dazu gehören:

- Funktionsanforderungen (Überarbeitung der Anforderungsliste),
- Zeit- und Kostenrahmen (ggf. Produktkosten revidieren),
- Personalrahmen (soweit nötig).

WIE   Ähnlich wie Punkt 8.

4.2.3 Ausarbeitungsphase

Bedeutung Die Ausarbeitungsphase führt vom zur Ausarbeitung freigegebenen Projekt zu einem Produkt oder Verfahren, welches der gestellten Aufgabe voll gerecht wird und reif für eine Serienfertigung (o. Ä.) ist; andernfalls wird die Bearbeitung eingestellt. Während in der Entwurfsphase der Schwerpunkt im Allgemeinen mehr auf der Funktionsfähigkeit liegt (Funktionsoptimierung), richtet sich das Augenmerk der Ausarbeitungsphase auf die Gesamtoptimierung des Produkts nach fertigungstechnischen, wirtschaftlichen, ergonomischen, umwelttechnischen usw. Gesichtspunkten.

23 Zeitplan erstellen

WER   Projektleiter.
WIE   Häufig als Netzplan, sonst Meilensteinplan (vgl. Punkt 10).
WOZU   Zum Beispiel zur Beschaffung von Betriebsmitteln oder der Bemusterung von Fremdteilen (lange Dauer, kritischer Pfad im Netzplan). Beispiel: Herstellung von Spritzgussformen; hier sicherstellen von Spritzbedingungen, Maßhaltigkeit usw.

24 Kostenplan erstellen

WER   Projektleiter gemeinsam mit Entwicklungsleiter und gegebenenfalls anderen Bereichsleitern.

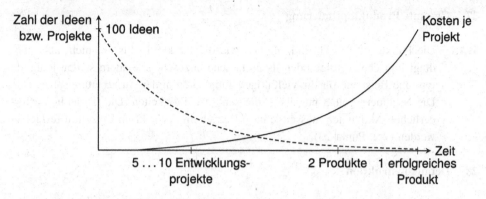

Abb. 4.6 Zeitlicher Verlauf von Ideen und Kosten (qualitativ)

WIE   Grundlage ist der Rahmen aus Punkt 21. Genauere Abschätzung (mit hausei-
            genen Kostensätzen) für

- Personalaufwand (Anzahl × Gehalt bzw. Lohn × Gemeinkostensatz × Zeit);
- Materialaufwand (Halbzeug, Zukaufteile, Anfertigungen);
- Geräteaufwand (Neuerstellung, Fix- und laufende Kosten für vorhandene
  Geräte);
- sonstige Kosten (Aufträge an Dritte, z. B. Patent-/Marktrecherche), Sicher-
  heitszuschläge nicht vergessen!

WOZU   Die Kosten steigen in der Ausarbeitungsphase mit der Zeit rapide an (Abb. 4.6),
            daher Übersicht behalten; bei Überschreitung Alarm und Produktbesprechung
            o. Ä.

25 Bearbeitung veranlassen

WER   Projektleiter.
WAS   Allen betroffenen Stellen (sie können sich über den gesamten Betrieb erstrecken)
          ist rechtzeitig und eindeutig Kenntnis zu geben.
WIE   Je nach Betriebsorganisation. Grundsatz: Lieber zu viel als zu wenig Infor-
          mation; besser persönliche Absprache (Erläuterung, Rückfragen möglich) als
          „Mailüberflutung". Zeitplan beifügen!

26 Überwachung sichern

WER   Planungsleiter.
WIE   Vgl. Punkt 12.
WAS   Termine und Kosten.

27   Gesamte Produktoptimierung

WAS   Die Punkte 28 bis 31 sind, ähnlich wie die Punkte 14 bis 18, nicht als unbedingt logische Abfolge oder als umfassend anzusehen, sondern stellen lediglich
typische Beispiele für die vielfältigen Tätigkeiten in der Ausarbeitungsphase dar.
Die Nummern gelten nur als „Adressen" der Tätigkeiten. Die tatsächlich erforderlichen Aktivitäten müssen je nach Betrieb und Projekt im Einzelfall festgelegt
werden (vgl. Punkt 23).

28   Detailkonstruktion

WAS   Ausarbeitung möglichst in enger Zusammenarbeit mit Fertigung, Arbeitsvorbereitung, Qualitätsmanagement und anderen betroffenen Bereichen (z. B. Materi-
alwirtschaft, Verkauf, Zulieferer); vgl. Abschn. 3.3.

29   Vor-, Muster-, Nullserie

WER   Fertigung (nicht Musterbau), zusammen mit Qualitätsmanagement.
WIE   Probeweise Fertigung mit Originalwerkzeugen unter Serienbedingungen (mög-
lichst, soweit irgendwie durchführbar).
WOZU   *Gründe:*

- Testen der Produktionseinrichtungen,
- Einrichten von Maschinen,
- Erprobung der Montage,
- Abnahme der Produkte durch Qualitätssicherung,
- gegebenenfalls Testen der so produzierten Teile im Versuch u. a. m.

30   Vorkalkulation

WER   Fertigung.
WIE   Möglichst exakt (muss nach Zeichnungsänderung überprüft und ggf. überarbeitet
werden, siehe Punkt 32).

31   Markt-, Kundentests

WER   Verkauf, in Zusammenarbeit mit der Produktentwicklung.
WAS   Vorstellung des neuen Produkts probeweise bei einigen ausgewählten Kun-
den, gegebenenfalls Auslieferung von Erprobungsmustern an spezielle Kunden
(Vorsicht!).

WOZU   Sammeln von Meinungen und gegebenenfalls Erfahrungen aus Sicht des Anwenders bzw. Abnehmers.

32 Zeichnungsänderungen veranlassen

WER   Projektleiter.

WAS   Aufgrund der gesammelten Erfahrungen werden neue, endgültige Zeichnungen erstellt bzw. der endgültige Zeichnungszustand festgelegt.

WIE   Während der Ausarbeitungsphase werden sämtliche Zeichnungsänderungen zentral registriert (meist sind es viele) und an einer Stelle (CAD, Zeichnungssatz) festgehalten; dadurch Übersicht über den neuesten gültigen Zeichnungsstand. Anmerkung: Festlegen, wer Zeichnungen ändern darf (sonst: Chaos), siehe Abschn. 4.4.

WOZU   Wegen der Vielzahl an Änderungen können leicht Unstimmigkeiten auftreten; daher grundsätzlich „neue" Zeichnungen erstellen (fixieren) und nur die endgültige Fassung für den Zugriff anderer Bereiche freigeben.

33 Ergebnisse auswerten

WER   Projektleiter.
WAS   Vgl. Punkt 19.

34 Bericht erstellen

WER   Projektleiter.
WAS   Ähnlich dem Versuchsbericht, vgl. Punkte 18 und 20.

35 Freigabe starten

WER   Projektleiter.
WAS   Auf dem Freigabeformular (dem alle Entscheidungsunterlagen wie Zeichnungen, Berichte usw. beigefügt werden) bestätigt jeder der Entscheidungsträger (siehe Punkt 37) durch Unterschrift, dass er

- mit der Freigabe des Produkts zur Serienfertigung *einverstanden* ist oder
- die Freigabe nur unter bestimmten (genau angegebenen) *Bedingungen* erteilen wird oder
- mit der Freigabe *nicht* einverstanden ist (unter Angabe der Gründe).

WOZU Das Formular zwingt die Entscheidungsträger, sich rechtzeitig mit dem Projekt und seinem Stand zu beschäftigen und Zustimmung bzw. Einwände schriftlich zu fixieren. Je mehr die Entwicklung im Sinne des „Simultaneous Engineering" (vgl. Abschn. 3.3) abläuft, desto einfacher ist die Freigabe.

WIE Beispiel für ein Freigabeformular siehe Abb. 4.10.

36 Besprechung einberufen

WER Planungsleiter.
WIE Vgl. Punkt 21.

37 Fertigungsentscheidung

WER *Entscheidungsträger:*

- Entwicklungsleiter (E),
- Fertigungsleiter (F),
- Geschäftsleitung (G),
- Materialwirtschaftsleiter (M),
- Planungsleiter (P),
- Qualitätssicherungsleiter (Q),
- Verkaufsleiter (V),
- Finanzleiter,
- (Spezialisten nach Bedarf),
- Projektleiter (L).

Nicht delegieren; bei Fehlentscheidung hohe Kosten!
WAS *Entscheidung* über

- Beginn der Fertigung oder
- Verbesserung des Produkts (erneute Bearbeitung) oder
- Abbruch des Projekts.

WIE Bei guter Vorbereitung (vgl. Punkte 32 und 33) kann die Entscheidung relativ leichtfallen; sonst gegebenenfalls weitere Entscheidungshilfen heranziehen (z. B. einfache Punktbewertung, Nutzwertanalyse, wirtschaftliche Kennzahlen; siehe Kap. 8).

38 Projekt dokumentieren

WAS Systematisch geordnete, übersichtliche Zusammenstellung aller Unterlagen zu einem abgeschlossenen Projekt, unter Einschluss aller verworfenen Lösungsansätze und der Entscheidungsunterlagen.

WER Projektleiter.

WIE Gut unter Verschluss halten (wegen möglicher Industriespionage), aber in übersichtlichem Zugriff für leitende Personen in der Produktentwicklung.

WOZU *Gründe:*

- Sammlung von Know-how,
- Anregungen zu neuen Ideen bei künftigen ähnlichen Projekten,
- Entscheidungshilfen bei solchen Projekten.

Äußerst wichtige Tätigkeit, nicht vernachlässigen!

WANN Unmittelbar nach Abschluss des Projekts (sonst besteht die Gefahr des Liegenbleibens).

4.3 Erstellung eigener Ablaufpläne

4.3.1 Methodische Vorgehensweise

Bedeutung Jeder Betrieb sollte seinen eigenen, auf seine Bedürfnisse und Gegebenheiten zugeschnittenen Ablaufplan für Produktentwicklungsprojekte entwickeln und erproben. Dazu dienen die folgenden Schritte und Checkfragen:

1. *Tätigkeiten:* Im eigenen Betrieb ermitteln, welche *Tätigkeiten* bei der Entwicklung in welcher *Reihenfolge* üblicherweise ausgeführt werden.
2. *Erster Ablaufplanentwurf:* Ablauf entsprechend Schritt 1 als Schema oder Diagramm darstellen.
3. *Überprüfung:* Den Ablauf aus Schritt 2 mithilfe folgender Checkfragen überprüfen:
   - Sind *alle* notwendigen Tätigkeiten enthalten? (Ggf. ergänzen.)
   - Sind bestimmte Tätigkeiten *überflüssig*? (Ggf. streichen.)
   - Ist der Ablauf logisch *klar* und so *einfach* wie möglich aufgebaut? (Ggf. verbessern.)
   - Wer muss an welchen Stellen worüber *entscheiden*? (Mindestens dreimal; genau angeben.)
   - Wer *überwacht* welche Termine und Kosten? Was geschieht bei Überschreitung? (Genau festhalten.)

4. *Verbesserter Ablaufplanentwurf:* Neuen Plan nach den Ergebnissen aus Schritt 3 gestalten.
5. *Diskussion:* Den Plan aus Schritt 4 mit *Vorgesetzten, Mitarbeitern* und *Kollegen* auf gleichem Organisationslevel diskutieren. Sie alle haben verschiedene Erfahrungen und Sichtweisen.
6. *Vorläufiger Ablaufplan:* Vorläufig gültigen Ablaufplan erstellen und für eine bestimmte Zeit (z. B. ein Jahr) verbindlich einführen und dabei Erfahrungen sammeln.
7. *Erfahrungsaustausch:* Nach Ablauf der Frist Erfahrungen mit allen Betroffenen (vgl. Schritt 4) besprechen.
8. *Endgültiger Ablaufplan:* Endgültigen Plan aufgrund der Ergebnisse von Schritt 7 erstellen und einführen. (Bei größeren Abweichungen vom vorläufigen Plan gegebenenfalls nochmals Probefrist bzw. Termin zur Überprüfung vorsehen.)

4.3.2   Praxisbeispiel „Elektrogerätefirma"

Bedeutung Der Plan in Abb. 4.7 entspricht der Entwurfs- und Ausarbeitungsphase in einer Elektrogerätefirma. Dabei wurden firmenspezifische Einzelheiten durch allgemeinere Begriffe ersetzt und der Plan in eine Form entsprechend Abb. 4.2 gebracht.

4.4   Zeichnungsänderung, Abweicherlaubnis und Freigabe

Bedeutung Die drei Begriffe hängen inhaltlich eng zusammen und werden deshalb hier gemeinsam behandelt. Zeichnungsänderung und Abweicherlaubnis sind vor allem während der laufenden Produktfertigung wichtig, d. h. nach Abschluss der Produktentwicklung.

Zeichnungsänderung Geplante, bleibende Änderung der Fertigungsunterlagen. Sie setzt einen entsprechenden Organisationsrahmen voraus.

Abweicherlaubnis Einmalige Erlaubnis, dass das Produkt von der Zeichnung in einer nicht funktionswichtigen Eigenschaft abweichen darf. Die Zeichnung selbst wird dabei nicht geändert. Die Abweicherlaubnis hat ausgesprochenen Notfallcharakter und muss eine Ausnahme bilden. (Vorsicht: Gemeinkostenfehler; Dokumentation wichtig im Sinne der Produkthaftung.)

Freigabe Zulassung eines neu konstruierten oder geänderten Produkts oder Teils zur (Serien-)Fertigung. Sie wird meist von der schriftlichen Zustimmung der verantwortlichen Bereichsleiter (o. Ä.) abhängig gemacht.
    Bei kleinen Änderungen wird das Freigabeverfahren unter Umständen zu aufwendig. Darum sollten Kriterien festgelegt werden, wann eine formelle Freigabe entfallen kann

BEARBEITEN	STEUERN	ENTSCHEIDEN
PLANUNGSPHASE		Projektentscheidung
ENTWICKLUNGSPHASE	Projekt starten (E) Projektleiter und -team ernennen (E, L)	
Anforderungsliste erstellen		
	Anforderungsliste verteilen Anforderungsbesprechung einberufen	
		Anforderungsentscheidung (E, Q, S, V, Info an F)
Funktionsmuster konzipieren, entwerfen und konstruieren Je ein Muster bauen Funktionsfähigkeit testen	Änderungen zur Anforderungsliste sammeln	
	Ergebnisse zusammenstellen Konzeptbesprechung einberufen	
		Konzeptentscheidung (E, F, V, S, Q)
Labormuster konstruieren Einige Labormuster bauen Funktion, Fertigung und Montage testen	Ggf. Patentstelle informieren	
	Ergebnisse zusammenstellen Prototypbesprechung einberufen	
		Prototypentscheidung (insb. Bauteile, Fertigungs- und Prüfverfahren) (E, F, Q, S)
AUSARBEITUNGSPHASE	Projektleiter Fertigung ernennen (F) Informationsbesprechung einberufen	
Informationsbesprechung (interne Produktinformationen)	Anregungen übernehmen	
Prototypen bauen (L) anwendungsnah testen (E, V) Prüfmittel entwickeln (Q) Fertigung und Montage testen (F)		
	Ergebnisse zusammenstellen Vorserienbesprechung einberufen	
		Vorserienentscheidung (E, F, Q, S)
Vorserie fertigen (Produktion) (F) Vorserienprodukte prüfen (jeweils E, F, Q, S, V [Kunden]) Produkte ggf. überarbeiten/prüfen	Änderungen dokumentieren	
	Ergebnisbericht erstellen Freigabebesprechung einberufen	
		Freigabeentscheidung (zur Serienfertigung) (E, F, G, M, Q, S, V)

Abkürzungen:

E – Entwicklungsleiter	Q – Qualitätssicherungsleiter	Tätigkeiten ohne Nennung eines
F – Fertigungsleiter	S – Serviceleiter (Kundendienst)	Verantwortlichen fallen ins Gebiet
G – Geschäftsleitung	V – Verkaufsleiter	des Projektleiters (L)
L – Projektleiter Entwicklung		

Abb. 4.7   Ablaufplan für Produktentwicklungsprojekte einer Elektrogerätefirma

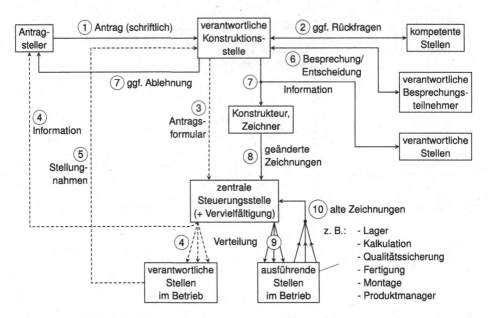

Abb. 4.8 Beispiel für ein Zeichnungsänderungssystem

bzw. wann sie auf jeden Fall erfolgen muss. (Einfaches Beispiel: Bei *einzelgefertigten* Teilen keine Freigabe, bei *Serienteilen* stets Freigabe nach einer Zeichnungsänderung.)

Organisatorischer Ablauf Die Organisation der Zeichnungsänderungen ist jeweils den betrieblichen Gegebenheiten (Fertigungs-, Organisationsstruktur usw.) anzupassen. Im Prinzip sollten etwa die Funktionen nach Abb. 4.8 vorhanden sein. Das Prinzipdiagramm wird bei *Änderungen* zweimal durchlaufen (siehe Ziffern). Eine Freigabe würde etwa den Schritten 1 bis 6 entsprechen. Die restlichen Schritte betreffen die betriebliche Realisierung.

Organisatorische Festlegungen eines Änderungssystems Die folgenden Checkfragen können dazu helfen, den organisatorischen Ablauf eindeutig zu klären und festzulegen:

a) Wer ist für Änderungen *zuständig* (verantwortliche Stelle)?
b) Wer muss zu beantragten Änderungen *Stellung nehmen* (verantwortliche Stellen im Betrieb bzw. auch außerhalb des Betriebs, z. B. für Gemeinschaftsprojekte)?
c) Wer muss bei der Änderungsentscheidung *mitwirken*?
d) Wann erfordert die Änderung eine offizielle *Freigabe* (Kriterien)?
e) Wer muss vor der Durchführung der Änderung *informiert* werden (verantwortliche Stellen)?
f) Wer steuert und überwacht die Durchführung (zuständige *zentrale* Stelle)?
g) Wann wird in einer laufenden Fertigung geändert (Durchlauf von Serien)?

◯ Zeichnungs- änderung	◯ Abweich- erlaubnis	Produktgruppe:	Nr.:		Verteiler:
Antragsteller:			Datum:		
Betrifft: (Produkt, Teil)			Sach-Nr.:	•	
Änderung/Abweichung: (vorher/richtig; neu/Abweichung)					

Begründung:

Stellungnahme:

Name	ja	ja,* falls	nein*	betrifft nicht	Datum	Unterschrift

*Bedingung/Begründung

Abb. 4.9 Beispiel für ein Antragsformular für Zeichnungsänderung und Abweicherlaubnis

h) Wer *verteilt* die geänderten Zeichnungen und zieht die alten ein?

i) *Wann* werden die alten Zeichnungen eingezogen (sofort mit der Ausgabe der neuen Zeichnungen oder überlappend)?

j) Wer meldet den *Vollzug* der Änderung an die zentrale Stelle und wie?

k) Wie und wo bleibt der Zustand *vor* der Änderung dokumentiert (Dateiorganisation u. Ä.)?

l) Wer und in welcher Form darf/kann/muss *Zugriff* auf das IT-System nehmen?

m) Wie kann der Zugriff für Befugte bzw. Unbefugte *ermöglicht* bzw. *verhindert* werden?

Formulare Abb. 4.9 und 4.10 zeigen jeweils ein (in der Länge gekürztes) Beispiel für ein Änderungs- bzw. ein Freigabeformular. Computergestützte Ausführung versteht sich von selbst.

FREIGABEFORMULAR	Produktgruppe:		Nr.:		Verteiler:
Antargsteller:			Datum:		
Betrifft: (Produkt, Teil)			Sach-Nr.:		
Kalkulierte Stückzahl:		Vorgesehener Freigabetermin:			

Erläuterungen: (Unterlagen sind beigefügt)

Freigabevermerk:

Bereich	ja	ja,* falls	nein*	Datum	Unterschrift

*Bedingung/Begründung

Abb. 4.10 Beispiel für ein Freigabeformular (in „Warnfarbe")

Literatur

Jorden, W., & Weiberg, H. (1977). Systematische Entwicklung einer Baureihe von Spreizbüchsen-Spanndornen. *Konstruktion, 29*(2), 55–61.

VDI-Richtlinie 2225 Blatt 1. (1997). *Konstruktionsmethodik – Technisch-wirtschaftliches Konstruieren – Vereinfachte Kostenermittlung.* Beuth.

Grundlagen der Produktplanung 5

Die Produktplanung umfasst – auf Grundlage der Unternehmensziele – die systematische Suche und Auswahl zukunftsträchtiger Produktideen und deren Verfolgung. Das Gebiet der Produktplanung ist weit gefasst; ein erheblicher Teil der Tätigkeiten liegt außerhalb der Verantwortung des Produktentwicklungsbereichs. Deshalb wird an dieser Stelle nur eine grobe Einführung gegeben. Für nähere Infos wird auf die weiterführende Literatur verwiesen.

5.1 Allgemeines

5.1.1 Einführung und Eingrenzung

Aufgaben der Produktplanung Es lassen sich drei Aufgabengebiete unterscheiden:

- *Produktsuche:* Inhalt der Planungsphase, wichtigste Aufgabe.
- *Planungsverfolgung:* Steuerung während der Entwurfs- und Ausarbeitungsphase.
- *Produktüberwachung:* Ab Markteinführung heißt das:
  - Überwachung des Stands (Umsatz, Gewinn, Wettbewerb, Trend),
  - Vergleich zwischen Ist und Plan,
  - Einleitung korrigierender Maßnahmen.

Planungszeiträume und -möglichkeiten Nach Abb. 5.1 wird unterschieden zwischen

- *kurzfristiger* Planung (Produkt-/Verfahrensverbesserung),
- *langfristiger* Planung (neues Produkt/neue Maschine),

J. Schlattmann and A. Seibel, *Produktentwicklungsprojekte - Aufbau, Ablauf und Organisation*, https://doi.org/10.1007/978-3-662-67988-3_5

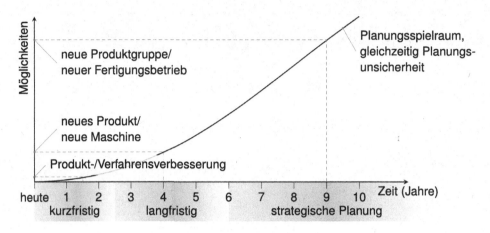

Abb. 5.1 Planungszeiträume und -möglichkeiten

- *strategischer* Planung (neue Produktgruppe/neuer Fertigungsbetrieb).

5.1.2   Marktverhalten

Produktleistung und Nutzeransprüche Sie decken sich im Allgemeinen nicht, siehe Abb. 5.2:

- *Ungenutzte* (redundante) *Produktleistungen* kosten unnötiges Geld.

Abb. 5.2 Produktleistung und Nutzeransprüche

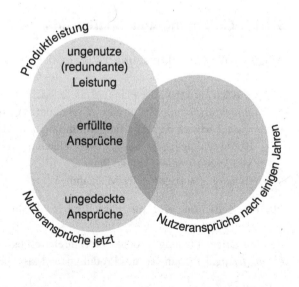

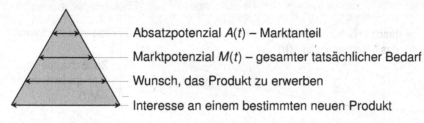

Absatzpotenzial $A(t)$ – Marktanteil

Marktpotenzial $M(t)$ – gesamter tatsächlicher Bedarf

Wunsch, das Produkt zu erwerben

Interesse an einem bestimmten neuen Produkt

Abb. 5.3 Absatzpyramide

- *Ungedeckte Ansprüche* bergen Möglichkeiten für neue Ideen und damit für neue Produkte oder Produktverbesserungen. Mit der Zeit verschieben sich die Ansprüche (das bisherige Produkt veraltet).
- Aufgabe der Marktforschung ist es, ungedeckte Ansprüche aufzufinden. Sie werden vom Stand der Technik beeinflusst, können aber auch gezielt geweckt werden (Marketing).

Marktanalysen Wenn der Kundenkreis bekannt ist, kann der Betrieb die Marktanalyse selbst durchführen. Ist der Kreis verstreut („Warenhausverkauf"), sollte eher ein Marktforschungsinstitut beauftragt werden. Auf jeden Fall sind die folgenden Begriffe sauber zu trennen.

Markt- und Absatzpotenzial Siehe Absatzpyramide (Abb. 5.3).

Marktprognosen Einige Begriffe und Zusammenhänge enthält Abb. 5.4.

Benchmarking Direkter Vergleich eines Betriebs mit seinen Wettbewerbern auf Basis von Kennzahlen (z. B. Marktanteil, Pro-Kopf-Umsatz, Kostenanteil an der Entwicklung, Durchlaufzeit in der Produktentwicklung u. v. a.). Vergleichsmaßstab („100 %") ist jeweils der beste Betrieb im Vergleichsbereich. Der Vergleich kann unter verschiedenen Gesichtspunkten erfolgen, d. h. bezogen auf

- *Produkte* (Branche),
- *Prozesse* (Herstellverfahren, Entwicklungsprozess u. a.),
- *Ressourcen* (Potenziale des Betriebs).

Ziel ist, die eigenen Schwächen zu erkennen und möglichst den „Klassenbesten" zu erreichen bzw. zu übertreffen.

Portfolioanalyse Die Portfolioanalyse beinhaltet die Analyse der Produkte eines Betriebs bzgl. Marktanteil und Marktwachstum, siehe Abb. 5.5. Angestrebt wird eine ausgewogene Verteilung von Produkten,

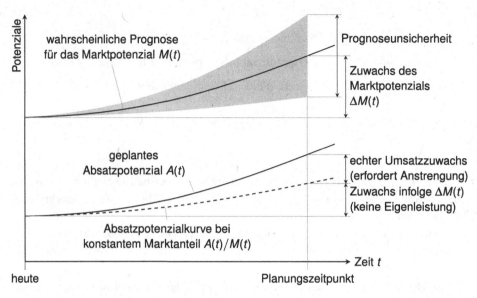

Abb. 5.4 Marktpotenziale und -prognosen

Abb. 5.5 Portfolioanalyse als
Vier-Felder-Matrix

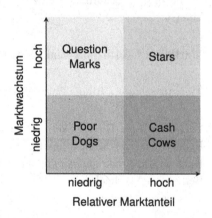

- die Gewinn bringen („Stars", „Cash Cows"),
- die Zukunftsinvestitionen erfordern („Question Marks") und
- die langsam an Bedeutung verlieren („Poor Dogs").

Die Analyse kann gegenüber Abb. 5.5 auch verfeinert werden.

5.2 Suche nach neuen Produkten

5.2.1 Suchfelder

Bedeutung Ein Suchfeld ist die Aufgliederung eines abgegrenzten Bereichs von Produkten
o. Ä. mit folgenden Zielen:

- Systematisierung des Suchvorgangs,
- Erreichen einer möglichst umfassenden Übersicht,
- Gewinnen von Ideen für aussichtsreiche neue Produkte.

Arten von Suchfeldern Je nach Planungszeitraum lässt sich in folgenden Grenzen suchen
(mit Beispielen für einen Hersteller von Drehmomentbegrenzern):

- *kurzfristig:* Produkte (z. B. neuer Drehmomentbegrenzer),
- *langfristig:* Produktfelder (z. B. im Bereich Kupplungen),
- *strategisch:* Funktionsfelder (z. B. im Bereich Antriebselemente).

Ideensuche anhand von Marktfakten Ansatzpunkte sind:

- Anforderungen des Marktes (Kundenwünsche usw.),
- eigene Unvollkommenheiten (Reklamationen usw.),
- Stand der Technik (Wettbewerb, Literatur, Patentschriften, Messen),
- zukünftige Entwicklung (technische und wirtschaftliche Trends),
- Gesetze und Notwendigkeiten (z. B. Umweltschutz u. Ä.).

Vorgehensweise zur Ermittlung von Suchfeldern
1 Anforderungen an Suchfelder festlegen:

- Übereinstimmung mit den *Unternehmenszielen,* zum Beispiel
  - Sicherung des Firmenbestands,
  - Erweiterung der Flexibilität (Abnehmer, Produktgruppen),
  - Firmenimage (z. B. Luxus- oder Kaufhausartikel).
- *Zukunftsträchtigkeit,* zum Beispiel anhand von Tab. 5.1.
- Übereinstimmung mit den *Unternehmenspotenzialen,* siehe Tab. 5.2.

2 Aufstellung möglicher Suchfelder durch hierarchische Gliederung des betrachteten
Bereichs (z. B. „Messgeräte"):

- Mehr pragmatisch als streng logisch vorgehen. (Es gibt keine „streng logische"
  Übersichtsgliederung, weil meist mehrere Ordnungsgesichtspunkte sich kreuzen.)

Tab. 5.1 Einflussgrößen auf die Zukunftsträchtigkeit (Auswahl)

Marktentwicklung	Allgemeine Trends	Technologische Trends	Substitution
Abnehmer Wettbewerb Beschaffungsmarkt	Ökonomische Umwelt Ökologische Umwelt Bevölkerungsentwicklung Verbraucherverhalten	Neue Verfahren Neue Wirkprinzipien Neue Werkstoffe	Der Aufgabenstellung Der Funktionserfüllung

- Vom Allgemeinen zum Speziellen fortschreiten.

3 Auswahl eines aussichtsreichen Suchfelds:

- Entsprechend den Anforderungen (vgl. Punkt 1).
- Entsprechend dem Planungszeitraum (kurzfristig/langfristig/strategisch, mögliche Ausweitung des heutigen Produktprogramms).

5.2.2 Diversifikation

Bedeutung Diversifikation bedeutet die *Erweiterung des Produktprogramms*, ausgehend von vorhandenen Produkten, Einrichtungen und Erfahrungen. Systematisch kann in folgenden Suchrichtungen vorgegangen werden (Merkwort „VAMPFT"):

- *Verfahren:* Welche neuen Produkte könnte ich mit den vorhandenen Fertigungseinrichtungen und Erfahrungen herstellen?
- *Abnehmer:* Welche Produkte könnte ich dem vorhandenen Kundenstamm bzw. mit der vorhandenen Vertriebsorganisation verkaufen?
- *Material:* Welche Produkte könnte ich aus vorhandenen Werkstoffen und Halbzeugen herstellen?
- *Prinzip:* Welche Produkte mit gleichem oder ähnlichem Wirkprinzip (siehe Abschn. 6.4) könnte ich herstellen?
- *Funktion:* Welche Produkte mit gleicher oder ähnlicher Gesamtfunktion (siehe Abschn. 6.3.2) könnte ich herstellen?
- *Tiefe der Fertigung:* Welche Produkte könnte ich herstellen, die mit vorhandenen Produkten zusammenhängen im Sinne von Fertigungstiefe (z. B. Zulieferteile, Extras, Zusammenbau mit anderen Produkten, Maschinen zur Herstellung oder Weiterverarbeitung meiner Produkte)?

Die letztgenannte Art wird auch „vertikale" Diversifikation genannt; die anderen fallen unter „horizontale" Diversifikation.

Tab.5.2 Potenziale im Unternehmen

Bereich Art	Entwicklungspotenzial	Fertigungspotenzial	Vertriebspotenzial	Beschaffungspotenzial
Informationspotenzial	Erfahrung Schutzrechte Fachliteratur	Erfahrung Organisationsstruktur	Erfahrung Vertriebsorganisation Abnehmerkreis	Erfahrung Organisation Lieferantenkreis
Sachmittelpotenzial	Versuchseinrichtungen Messgeräte Musterfertigung	Gebäude Maschinen Infrastruktur	Niederlassungen Ausstattung Transportmittel	Ausstattung Transportmittel
Personalpotenzial	Forschungspersonal Entwicklungsingenieure Werkzeugmacher	Facharbeiter Hilfspersonal	Innendienst Außendienst	Innendienst Außendienst

Praxisbeispiel Ein Chemiker baute und vertrieb ursprünglich Rauchgasanalysegeräte für Schornsteinfeger. Daraus wurde:

- Schornsteinfegerbedarf (Abnehmerbereich),
- Bürsten allgemein (Fertigungsverfahren, Funktion, Werkstoff eines der Schornsteinfegerprodukte),
- Maschinen zur Bürstenherstellung (vertikale Diversifikation; derzeitiges Hauptprodukt).

5.3 Verbesserung von bestehenden Produkten

5.3.1 Wertanalyse

Bedeutung Die *Wertanalyse* („VDI 2800 Blatt 1", 2010) ist eine spezielle, in der Praxis gut eingeführte und bewährte Produktentwicklungsmethodik. Hierbei spielt das Denken in Funktionen (siehe Abschn. 6.3) und in Kosten je Funktion eine wichtige Rolle. Es wird unterschieden zwischen:

- Funktionen nach Bedeutung für die Aufgabe,
- Funktionen nach Bedeutung für den Benutzer.

Funktionen nach Bedeutung für die Aufgabe (Beispiele siehe Tab. 5.3)

- Hauptfunktion: Sie ist zur Erfüllung der Aufgabe unmittelbar notwendig. (Sie kann gleich der Gesamtfunktion sein, muss aber nicht.)
- Nebenfunktion: Sie ermöglicht oder unterstützt die Hauptfunktion. (Sie kann gleich einer Teilfunktion sein, muss aber nicht.)
- *Unerwünschte* Funktion: Sie ist zwar vorhanden, aber weder nützlich noch erwünscht. Sie ist aufspüren und möglichst zu unterbinden!

Funktionen nach Bedeutung für den Benutzer (Beispiele siehe Tab. 5.4)

- Gebrauchsfunktion: Sie ist zur Nutzung erforderlich und objektiv quantifizierbar.
- Geltungsfunktion: Sie dient der Befriedigung nicht nutzungsbedingter Bedürfnisse und kann nur subjektiv angegeben werden.

Tab. 5.3 Funktionen nach Bedeutung für die Aufgabe am Beispiel der Glühlampe

Hauptfunktion	Licht abgeben
Nebenfunktion	Lampe in Fassung halten
Unerwünschte Funktion	Wärme abgeben

Tab. 5.4 Funktionen nach Bedeutung für den Benutzer am Beispiel der Glühlampe

Gebrauchsfunktion	Licht abgeben
Geltungsfunktion	Wendelförmige Tropfenform
Tauschfunktion	„Made in Germany", Markenartikel
Funktionsbedingte Eigenschaft	Leistung 40 W

- Tauschfunktion: Sie bewegt den Anwender (Käufer), ein Produkt einem sonst gleich-wertigen Wettbewerbsprodukt vorzuziehen.
- Funktionsbedingte Eigenschaft: Alle genannten Funktionen sind qualitativer Art. Ihre Quantifizierung, d. h. die zugehörige Zahlenangabe, heißt in der Wertanalyse auch „funktionsbedingte Eigenschaft".

Erfolg der Wertanalyse Er beruht vor allem auf der praxisgerechten Einbeziehung von *organisatorischen* Regeln (vgl. dazu „VDI 2800 Blatt 2", 2010) und der Unterstützung durch *methodische* Hilfen (siehe folgende beiden Abschnitte).

5.3.2 ABC-Analyse

Bedeutung Die ABC-Analyse ist ein formales Hilfsmittel, um die Herstellkosten für die Einzelteile und gegebenenfalls Baugruppen eines Produkts sowie für die zugehöri-gen Montagevorgänge aufzulisten und nach ihrer Höhe zu sortieren. Damit lassen sich Kostenschwerpunkte und somit Ansatzpunkte für Kosteneinsparungen erkennen.

Vorgehensweise Sie wird am Beispiel der Schutzhaube aus Abb. 5.6 erläutert. Die Schritte entsprechen den Spalten des Formulars in Abb. 5.7.

1. *Positionsnummern* durchlaufend eintragen.

Abb. 5.6 Schutzhaube

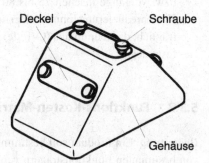

Deckel   Schraube

Gehäuse

Funktionsträger aufgelistet									geordnet nach Rang		
Pos.-Nr.	Benennung	Anzahl		Einzel-kosten h (€)	Kosten im Produkt			kumuliert	Anzahl kumuliert	ABC-Gruppe	Pos.-Nr.
		n	%	h (€)	n · h (€)	%	%	%	%		
(1)	(2)	(3)	(4)	(5)	(6)	(7)	(8)	(9)	(10)	(11)	(12)
1	Deckel	3	30	3	9	18	16	16	10	A	2
2	Gehäuse	1	10	38	38	76	18	94	40	B	1
3	Schraube + Montage	6	60	0,5	3	6	6	100	100	C	3
	Summe	N = 10	100		H = 50	100	100				

Abb. 5.7 Formular für die ABC-Analyse

2. *Funktionsträger* auflisten; das können sein:
   - Einzelteile,
   - vormontierte Baugruppen (bei größeren Produkten),
   - Montagevorgänge (soweit nicht in Baugruppen oder ggf. Einzelteilen enthalten).
3. *Anzahl je Funktionsträger n* im Produkt angeben; *Gesamtzahl N* berechnen.
4. *Prozentuale Anzahl (n / H)* · 100 % eintragen (Summe = 100 %).
5. *Herstellkosten je Funktionsträger h* ermitteln.
6. *Funktionsträgerkosten je Funktionsträger n · h* eintragen; Summe *H* berechnen (*Herstellkosten*).
7. *Prozentuale Kosten (n · h / H)* · 100 % eintragen (Summe = 100 %).
8. *Rangfolge* der prozentualen Kosten aus Spalte 7 bilden, indem der höchste Wert als erster eingetragen wird. Die zugehörige *Positionsnummer* (aus Spalte 1) in Spalte 12 eintragen.
9. *Kumulierte prozentuale Kosten* eintragen, indem die Werte aus Spalte 8 aufaddiert werden.
10. *Kumulierte prozentuale Anzahl* eintragen, indem die Werte aus Spalte 4 entsprechend der Positionsnummer (Spalten 12 bzw. 1) geholt und aufaddiert werden.
11. *ABC-Zuordnung:* Werden die Kosten aus Spalte 9 über der Anzahl aus Spalte 10 grafisch aufgetragen, so ergibt sich meist eine Verteilung ähnlich Abb. 5.8. Wenige teure Teile bzw. Vorgänge machen 75 bis 80 % der Herstellkosten aus (Gruppe A); hier ist eine Kostenreduzierung lohnend. Bei den B-Teilen (etwa bis 95 % der Herstellkosten) ist sie fraglich; darüber hinaus (C-Teile) lohnt sie sich nicht. Diese Grenzen sind nicht streng festgelegt.

5.3.3 Funktions-Kosten-Matrix

Bedeutung Ein Produkt soll bestimmte Funktionen erfüllen. Seine Herstellkosten werden von bestimmten Funktionsträgern verursacht (vgl. Abb. 5.7, Spalte 2). Wesentlich für die

Abb. 5.8 Prinzipdarstellung der ABC-Zuordnung

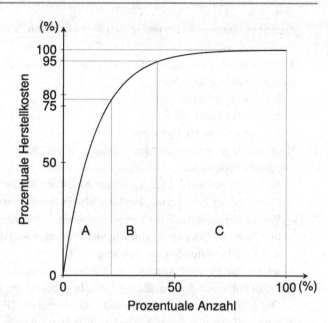

Beurteilung und Verbesserung des Produkts kann die Frage sein, welche Funktion welche Kosten mit sich bringt. Viele Funktionsträger sind an mehreren Funktionen beteiligt. Daher müssen die Funktionsträgerkosten (vgl. Abb. 5.7, Spalte 6) gegebenenfalls auf mehrere Funktionen aufgeteilt werden. Dies geschieht durch Abschätzung der Anteile (in Prozent).

Vorgehensweise Sie wird ebenfalls am Beispiel der Schutzhaube aus Abb. 5.6 erläutert. Dazu dient das Formular in Abb. 5.9. In den Spalten 12, 2, 3 und 6 (die Ziffern stammen aus Abb. 5.7) sind die Funktionsträger nach Rang geordnet eingetragen. Häufig können zur Vereinfachung die C-Teile weggelassen werden. Die folgenden Schritte 13 bis 16 schließen sich an die Ziffern aus Abschn. 5.3.2 an; beide Formulare können gegebenenfalls in einem Formular zusammengefasst werden.

Funktionsträger				Funktionen							
Pos.-Nr.	Benennung	Anzahl n	Kosten n · h (€)	Benennung (13)	Umgebung schützen		Öffnen/ Schließen ermöglichen		Gut aussehen		Stand-festigkeit Gewähren
(12)	(2)	(3)	(6)	Art/Nr. (14) Anteil (15)	HI g (%)	gnh (€)	H2		NI		N2
2	Gehäuse	1	38		60	22,80	25	9,50	5	1,90	10	3,80
1	Deckel	3	9		35	3,15	60	5,40	5	0,45	-	-
3	Griffschraube	6	3		20	0,60	60	1,80	20	0,60	-	-
				Kosten (16)	26,55		16,70		2,95		3,80

Abb. 5.9 Formular für die Funktions-Kosten-Matrix

12. *Funktionsnummern* in Formular eintragen (vgl. Abb. 5.7, Punkt 1).
13. *Funktionen* auflisten.
14. *Art der Funktion* zuordnen und gegebenenfalls nummerieren (dieser Schritt kann ggf. auch wegfallen), zum Beispiel
    - H = Hauptfunktion,
    - N = Nebenfunktion,
    - U = unerwünschte Funktion.
15. *Funktionsträgeranteile* an den Funktionen abschätzen (zeilenweise). Dazu helfen folgende Checkfragen:
    - Welcher Funktionsträger hat einen Anteil an der Erfüllung welcher Funktionen? (Wenn keiner oder gering, Feld der Matrix durchstreichen.)
    - Wie viel Prozent der Funktionsträgerkosten $n \cdot h$ werden durch die betreffende Funktion bedingt? Oder auch: Um wie viel Prozent würde der Funktionsträger günstiger, wenn die betreffende Funktion wegfiele?

    Anteile g in Prozent abschätzen, Genauigkeit nicht übertreiben! Im Zweifelsfall zunächst von einer gleichmäßigen Aufteilung ausgehen; kleine Anteile weglassen.

    Die g-Werte in jeder Zeile müssen 100 % ergeben. Die Summe der Anteile $g \cdot n \cdot h$ in jeder Zeile ist gleich den Kosten $n \cdot h$ für den jeweiligen Funktionsträger.
16. *Funktionskosten für jede Funktion* h_F durch Addition der Anteile $g \cdot n \cdot h$ in jeder Spalte ermitteln.

Aussagefähigkeit Die Funktions-Kosten-Matrix hilft, folgende Fragen zu beantworten:

- Wie viel kostet die Erfüllung der einzelnen Funktionen?
- Entsprechen die Kosten der *Bedeutung* der Funktion? (Gegebenenfalls sollten zu teure Funktionen wirtschaftlich verbessert oder weggelassen werden: „Ist die Funktion überhaupt nötig?")
- Welcher Funktionsträger übernimmt mehrere oder viele Funktionen? (Das ist oft kostengünstig, siehe Leitregel 6.15.)
- Welche Funktion erfordert mehrere Funktionsträger? (Das kann funktionsgünstig, aber teuer sein, siehe Leitregel 6.16.)

Die Funktions-Kosten-Matrix stellt lediglich eine Abschätzung dar. Deshalb sollte mit der Detaillierung nicht übertrieben werden.

Literatur

VDI 2800 Blatt 1. (2010). *Wertanalyse*. Beuth.
VDI 2800 Blatt 2. (2010). *Wertanalysearbeitsplan nach DIN EN 12973 – Formularsatz*. Beuth.

Methodische Produktentwicklung

6

Methodische Produktentwicklung ist nicht als Alternative zur „konventionellen" Produktentwicklung zu verstehen, sondern als Arbeitshilfe, die insbesondere dem weniger erfahrenen Produktentwickler hilft, den Weg von der Aufgabe bis zur fertigungsreifen Lösung besser, schneller und sicherer zu finden. Der erfahrene Produktentwickler arbeitet immer methodisch, wenn auch häufig unbewusst. Die in diesem Kapitel vorgestellte Vorgehensweise ist dabei nicht starr anzuwenden, sondern jeweils der Aufgabe entsprechend anzupassen.

6.1 Aufbau einer Produktentwicklungsmethodik

Allgemein Heute existiert eine Reihe verschiedener Produktentwicklungsmethodiken, die sich unter anderem wegen des Fachgebiets (Branche) oder der persönlichen Betrachtungsweise der Urheber voneinander unterscheiden, vgl. dazu Pahl et al. (2007). Den Rahmen dazu bildet die „VDI 2221 Blatt 1" (2019).

Problemlösungsprozess Die Entwicklung von Produkten ist ein Problemlösungsprozess; folglich muss die Vorgehensweise, die einem derartigen Prozess zugrunde liegt, auch hier zu finden sein. Der Problemlösungsprozess läuft in fünf Schritten ab, vgl. dazu Jorden (1983):

1. Information (Problem),
2. *Definition* (Ziel),
3. *Kreation* (Ideen),
4. *Bewertung* (Kritik),

J. Schlattmann and A. Seibel, *Produktentwicklungsprojekte - Aufbau, Ablauf und Organisation*, https://doi.org/10.1007/978-3-662-67988-3_6

Tab. 6.1 Die fünf Aktivitäten der Produktentwicklung. (Nach Jorden, 1983)

Aktivitäten	Ergebnisse der Aktivitäten
Klären und Präzisieren der *Aufgabe*nstellung	Anforderungsliste
Ermitteln von *Funktionen* und deren Strukturen	Funktionsliste, -struktur
Suche und Auswahl von *Wirkprinzipien*	Prinziplösungen, -skizzen
Gestaltung der *Konstruktionselemente*	Modularisierung, maßstäbliche Skizzen
Finalisieren der *Gesamtkonstruktion*	Zeichensatz, Stückliste, (Dokumentation)

5. *Auswahl* (Lösung).

Gegebenenfalls kommt es nach der Bewertung zur Veränderung und Verbesserung, d. h. zur erneuten Kreation, Bewertung und Auswahl.

Produktentwicklungsprozess Die Tätigkeit eines einzelnen Produktentwicklers bzw. eines Produktentwicklungsteams lässt sich nach Jorden (1983) in (mindestens) *fünf Aktivitäten*[1] unterteilen, siehe Tab. 6.1. Jede dieser fünf Aktivitäten kann in sich wiederum die fünf Schritte des Problemlösungsprozesses enthalten, muss aber nicht; d. h. es können auch Schritte übersprungen werden, wenn es sinnvoll ist. Häufig kommt darin die folgende Kombination von Schritten vor:

1. Produktion von *Lösungsideen* („Grünphase"),
2. *Bewertung* der Lösungsideen („Rotphase"),
3. *Auswahl* der am besten geeigneten Lösung.

Unterschiede zu „VDI 2221 Blatt 1" (2019) Die „VDI 2221 Blatt 1" (2019) unterscheidet im Gegensatz zum Ablaufplan nach Tab. 6.1 *sieben* Aktivitäten statt fünf; das Grundschema ist jedoch in Tab. 6.1 enthalten. Die in „VDI 2221 Blatt 1" (2019) zusätzlich aufgeführte *Modularisierung* kann an verschiedenen Stellen des Produktentwicklungsprozesses auftreten. In Tab. 6.1 ist sie zum Beispiel in der Aktivität „Konstruktionselemente" mit enthalten. Die *Dokumentation* ist höchst wichtig, gehört aber nicht in den Produktentwicklungsprozess selbst, sondern obliegt der Steuerungsebene (Projektleiter).

Organisation der Produktentwicklung Die Tätigkeit eines Produktentwicklungsbereichs wird nach Jorden (1983) in (mindestens) *drei Phasen* unterteilt (z. B. Planen, Entwerfen, Ausarbeiten) mit je einer *Entscheidung im Anschluss*. Dabei ist in eine Bearbeitungs-, eine

---

[1] In seiner Originalpublikation spricht Jorden noch von „Abschnitten". Um den Produktentwicklungsprozess jedoch nicht allzu starr wirken zu lassen, wurde der Begriff in der „VDI 2221 Blatt 1" (2019) kürzlich in „Aktivitäten" umgetauft.

Tab. 6.2   Die drei Phasen der Produktentwicklung. (Nach Jorden, 1983)

Phasen	Ergebnisse der Phasen
Planen	Aufgabenstellung (Projekt)
Entwerfen	Entwurfszeichnungen, Funktionsmuster (funktionsoptimiert)
Ausarbeiten	Fertigungsunterlagen, Prototyp (insgesamt optimiert)

Steuerungs- und eine Entscheidungsebene zu trennen. Der Produktentwicklungsprozess mit den Ergebnissen der drei Phasen ist schematisch in Tab. 6.2 dargestellt.

Zusammenhang zwischen Phasen und Aktivitäten: *Jede Phase* enthält für sich die *fünf Aktivitäten der Produktentwicklung* (vgl. Tab. 6.1), jedoch mit unterschiedlichem Gewicht; dazu noch weitere Tätigkeiten (z. B. Versuche, Marktuntersuchungen, Musterbau). Daher lassen sich im Allgemeinen Phasen und Aktivitäten nicht direkt zuordnen, wie es in der Literatur häufig geschieht. Das Vermischen von Phasen und Aktivitäten führt zu komplizierten und unübersichtlichen Methodiken, wie sie teilweise angeboten werden und die wesentlich dafür verantwortlich sind, dass die methodische Produktentwicklung bis heute nur bedingt Eingang in die Praxis findet. Der Zusammenhang zwischen Phasen und Aktivitäten lässt sich mithilfe des Schemas aus Abb. 6.1 veranschaulichen. Das Schema ist jedoch weder vollständig noch zwingend im Ablauf.

Gewichtung der Aktivitäten innerhalb der Phasen Die fünf Aktivitäten tauchen in allen drei Phasen der Produktentwicklung auf. Der unmittelbare Zusammenhang zwischen Phasen und Aktivitäten liegt in der Verschiebung der Schwerpunkte, die sich entsprechend Tab. 6.3 charakterisieren lässt (auch hier gibt es, je nach Aufgabenstellung, erhebliche Unterschiede), vgl. dazu Jorden (1983):

- In der *Planungsphase* liegt die Gewichtung vornehmlich auf der Aufgabe und den Funktionen, wobei die Überlegungen bis zur Gesamtkonstruktion reichen können.
- In der *Entwurfsphase* wird allen fünf Aktivitäten die gleiche Bedeutung zugewiesen.
- In der *Ausarbeitungsphase* liegen die Schwerpunkte auf den Konstruktionselementen und der Gesamtkonstruktion, wobei bei Bedarf auch auf die Aufgabe sowie die Funktionen und Wirkprinzipien zurückgegriffen werden kann.

Vorteile der vorgestellten Methodik Mithilfe vorgenannter Vorstellungen lassen sich vorhandene Methoden relativ leicht überschauen und einordnen. Zudem lässt sich damit die eigene Arbeit übersichtlich, merkfähig und anpassungsgerecht steuern.

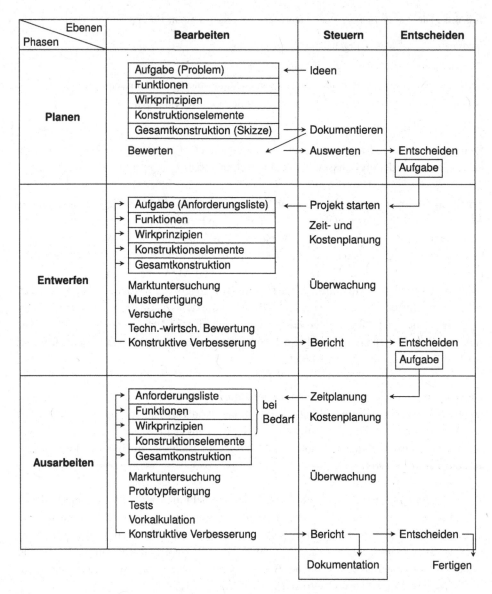

Abb. 6.1 Zusammenhang zwischen Phasen und Aktivitäten. (Nach Jorden, 1983)

Tab. 6.3 Gewichtung der Aktivitäten innerhalb der Phasen. (Nach Jorden, 1983)

Aktivitäten	Phasen		
	Planen	Entwerfen	Ausarbeiten
Aufgabe	× × × × ×	× × ×	×
Funktionen	× × × ×	× × ×	× ×
Wirkprinzipien	× × ×	× × ×	× × ×
Konstruktionselemente	× ×	× × ×	× × × ×
Gesamtkonstruktion	×	× × ×	× × × × ×

6.2 Aufgabe und Anforderungsliste

6.2.1 Stellung der Aufgabe

Bedeutung Eine Aufgabe bedeutet im weiten, ingenieurmäßigen Sinne das Erkennen eines Problems oder Bedürfnisses *und* die Überführung in eine technische Zielvorgabe. Die Bedürfnisse können dabei menschlicher, sozialer, technischer und anderer Art sein. Die *Zielvorgabe* kann ferner aus folgenden Quellen stammen:

- *Kunden:* Bestellung, Kritik, Anregungen usw.
- *Produktplanung:* Produktideen und Verbesserungsvorschläge; das Ergebnis der vorigen Entwicklungsphase ist zugleich Aufgabe für die nächste Phase.
- *Eigene Vorgabe:* Sie ist wesentliche Aufgabe des verantwortungsbewussten Ingenieurs (z. B. Erkennen von Bedürfnissen, Kampf gegen Betriebsblindheit).

Aufgabenstellung Sie enthält normalerweise eine Reihe von geforderten oder gewünschten Produkteigenschaften bzw. Hauptfunktionen (meist schriftlich formuliert). Diese Angaben lassen sich jedoch häufig nicht unmittelbar für die Produktentwicklung verwenden, weil sie in der Regel unvollständig und/oder unklar sind.

6.2.2 Klären und Präzisieren der Aufgabenstellung

Bedeutung Die Aufgabenstellung muss grundsätzlich überprüft und ergänzt bzw. korrigiert werden. Falsche bzw. unbekannte Voraussetzungen oder Randbedingungen bedeuten, dass das Produkt später mit meist erheblichem Aufwand geändert werden muss oder sogar gänzlich unbrauchbar wird.

Grundfragen Grundsätzlich soll sich der Produktentwickler stets Folgendes fragen:

- Welche *Hauptfunktion* (welchen Zweck) soll das Produkt erfüllen?
- Welche Eigenschaften *muss, soll, darf, darf es nicht* haben?

Klärende Einzelfragen Die folgende Checkliste kann dazu dienen, die Mängel der vorhandenen Angaben aufzudecken:

- Was sind *Forderungen,* was Wünsche? („Muss" und „darf nicht" sind Forderungen.)
- Sind die Forderungen *eindeutig, realistisch, wirklich nötig, widersprüchlich?*
- Welche Angaben sind *zusätzlich* nötig (z. B. Fertigungsbedingungen; Nachhaltigkeit, siehe Kap. 13)?
- *Wer* stellt die Anforderungen (Kunde; Hersteller: Außendienst, Entwicklung, Planung, Fertigung)?

Diese Fragen sind umgehend mit dem Anforderungssteller zu *klären,* und zwar:

- *persönlich:* Dialog, Anschauung (am günstigsten, aber oft aufwendig); oder
- *telefonisch:* Dialog, schnell, kein Entfernungsproblem; oder
- *schriftlich:* langwierig, Gefahr von Missverständnissen, aber eindeutig dokumentiert.

Die Ergebnisse von Gespräch bzw. Telefonat sollten stets schriftlich festgehalten und bestätigt werden.

Zusätzliche Angaben Im Allgemeinen muss der Produktentwickler von sich aus weitere Informationen hinzufügen, die auf seinen Kenntnissen und Erfahrungen beruhen, zum Beispiel:

- Auswertung von Kundenreklamationen (Produktschwächen);
- Auswertung von Kundenfragen (allgemeine Wünsche, Ansprüche);
- Normen (DIN, Werknormen), Wiederholteile (rationelle Fertigung, Austauschbarkeit);
- Stand der Technik (Wettbewerbsfähigkeit);
- zukünftige technisch-wirtschaftliche Entwicklung (zukunftssichere Produkte);
- Qualitätssicherung (Dokumentation, Produkthaftung).

6.2.3 Anforderungsliste

Bedeutung Die Anforderungsliste enthält in übersichtlicher Form alle für die Bearbeitung der Aufgabe notwendigen Angaben. Sie wird vom Produktentwickler zusammengestellt und ist das Sollmaß für das Ergebnis der Produktentwicklung (und somit auch Grundlage für die Bewertung von Lösungen). Sie ist ein Dokument (wie Zeichnungen) und daher dem Änderungsdienst unterworfen.

Inhalt Zum Inhalt der Anforderungsliste gehören:

- *Forderungen:* Sie müssen erfüllt werden, sonst sind Änderungen nötig. Dabei wird unterschieden zwischen
  - *Festforderungen* (z. B. Gestellhöhe 3500 mm) und

  – *limitierten Forderungen* (z. B. Gestellhöhe mindestens 3500 mm).
- Wünsche: Sie sollten möglichst erfüllt werden (Ermessens- bzw. Entscheidungsfrage, oft von Kosten abhängig). Es empfiehlt sich, Wünsche gegebenenfalls nach Prioritäten zu ordnen.

Forderungen und Wünsche sind deutlich zu kennzeichnen (F oder W). Für beide ist möglichst anzugeben:

- Qualität (verbal formuliert),
- Quantität (Zahlenwerte, Grenzabweichungen).

Ein Wunsch wird durch Zahlenwerte zur Forderung; sonst heißt es „Richtwert", „möglichst" o. Ä.

Aufbau Er erfolgt zweckmäßig in Tabellenform mit folgenden Angaben:

- *Projektname*, -nummer, Auftraggeber eingetragen;
- *Forderung, Wunsch,* gegebenenfalls *Ziel* (Fernziel) gekennzeichnet (F, W, Z);
- *Herkunft* der Anforderungen gekennzeichnet (eigener Betrieb oder Kunde);
- Anforderungen nach *Merkmalsgruppen* aufgegliedert (siehe weiter unten);
- Angabe des *Änderungszustands* (Index, Datum, Änderung, vorheriger Zustand, Veranlassung).

Gliederung Die Anforderungen in der Anforderungsliste können anhand der Angaben in Tab. 6.4 gegliedert oder auf Vollständigkeit überprüft werden. Die Gliederung kann nach Bedarf gekürzt, zusammengefasst oder auch erweitert werden.

Beispiel In Abb. 6.2 ist ein Beispiel einer Anforderungsliste für eine Prüfmaschine dargestellt, die das Leerlaufverhalten von Lamellenkupplungen nachbilden soll.

Tab. 6.4 Mögliche Gliederung einer Anforderungsliste

Funktionsanforderungen	Herstellungsanforderungen	Gebrauchsanforderungen
Geometrie	Kosten	Gebrauch
Kinematik	Termine	Sicherheit
Kräfte	Seriengröße	Ergonomie
Energie(-umsatz)	Montage	Umwelt
Stoff(-umsatz)	Qualitätssicherung	Instandhaltung
Informations(-umsatz)	Transport	Recycling

ANFORDERUNGSLISTE Reibkupplungs-Leerlaufprüfstand		Nr.: VT 95 014
		Datum: 25.01.2023
		Seite: 1

Auftraggeber: Forschungsvereinigung Antriebstechnik e. V.

Nr.	F/W	Anforderungen	Änd.
1		**Geometrie**	
1.1	F	Veränderliche Lamellenanzahl ≥ 6	
1.2	F	Größter Außendurchmesser der Innenlamellen ≥ 200 mm	
1.3	F	Kleinster Außendurchmesser ≤ 60 mm	
1.4	F	Innen- und Außenlamellen gegeneinander versetzen:	
		- radial bis $\geq 0{,}3$ mm	
		- winklig bis $\geq 0{,}001$ rad $(0{,}06°)$	
		- Taumeln einer Kupplungsseite bis $\geq 0{,}001$ rad	
1.5	W	Möglichkeit, die Achslage bis 15° gegen die Waagerechte zu neigen	
2		**Kinematik**	
2.1	F	Gegenlauf beider Lamellenpakete oder ein Paket stillstehend	
2.2	F	Differenzgeschwindigkeit am Umfang ≥ 70 m/s	①
2.3	F	Drehzahl in Bereichen stufenlos verstellbar	
2.4	F	Dem Antrieb sind Drehschwingungen, entsprechend einem Stoßfaktor von $S = 1{,}2$ beim Dieselantrieb, zu überlagern	
2.5	W	Drehzahlbereich bis gegen 0 U/min	
3		**Energie**	
3.1	W	Energiesparendes Prüfstandkonzept ist anzustreben	
4		**Stoff**	
4.1	F	Ölmenge stufenlos einstellbar bis etwa ≤ 10 1/1000 cm^2 Reibfläche	
4.2	F	Nasslauf und Trockenlauf der Lamellenkupplung	
5		**Termin**	
5.1	F	Schnelle Fertigung der Bauteile; Fertigstellung ≤ 7 Monate	
6		**Kosten**	
6.1	W	Verwendung von marktüblichen Bauteilen ist anzustreben	
		Anmerkung: In dieser Liste sind die Anforderungen nicht nach Herkunft gekennzeichnet, da sie sämtlich vom Auftraggeber stammen.	
①	2.2	08.04.2022 Differenzgeschw. 70 m/s (war 50 m/s) lt. AK-Sitzung vom 06.04.2022	
Ind.	Nr.	Datum Änderung	

Abb. 6.2 Beispiel einer Anforderungsliste für einen Reibkupplungsprüfstand (gekürzt)

6.2.4   Leitregeln zum Aufstellen von Anforderungslisten

6.1 Anforderungsliste

Grundsätzlich ist für jede konstruktive Aufgabe eine Anforderungsliste anzulegen bzw. die vorhandene Liste zu überprüfen und zu ergänzen (Gesamtaufgabe, Teilaufgabe), auch für jede Entwicklungsphase (insb. „Entwerfen" und „Ausarbeiten").

6.2 Aufgabenklärung

Fast jede Aufgabenstellung ist zunächst unvollständig. Daher sind Angaben zu überprüfen und durch Rückfragen zu klären. Insbesondere ist darauf zu achten, ob Forderungen bzw. Wünsche wirklich nötig oder aber zu eng gefasst sind (aus Vorsicht, unbewussten Beschränkungen o. Ä.). Die Checkfragen und der Gliederungsvorschlag (beides siehe oben) können helfen, möglichst vollständige Angaben zu bekommen.

6.3 Anforderungsgliederung

Die Anforderungen sollten nach Merkmalsgruppen übersichtlich gegliedert (vgl. Tab. 6.4) und ihre Herkunft vermerkt werden (eigener Betrieb, Kunde). Innerhalb der Gruppen sollten zweckmäßig zuerst die Forderungen aufgelistet und dann die Wünsche nach Priorität geordnet werden (d. h. die wichtigsten zuerst).

6.4 Formblätter

Für die Anforderungsliste sollten einfache und übersichtliche Formblätter (ähnlich Abb. 6.2) verwendet und innerbetrieblich standardisiert werden. Alle Anforderungslisten in einem Betrieb sollten gleichartig aufgebaut sein.

6.5 Änderungen

Anforderungslisten sind Dokumente. Sie sind daher zentral zu verwalten und aufzubewahren und unterliegen dem Änderungsdienst. Änderungen sind grundsätzlich nur im Einvernehmen mit dem Auftraggeber (Forderungssteller) zulässig. Entsprechende Besprechungsergebnisse sind zu protokollieren und zuzustellen; sie gehören zur Dokumentation.

6.2.5   Abstraktion zum Erkennen des Problemkerns

Bedeutung Häufig ist die Anforderungsliste trotz Klärung noch zu eng auf eine spezielle Problemlösung ausgerichtet, denn sie orientiert sich – mehr oder weniger unbewusst – an Problemlösungen aus der Vergangenheit. Ferner schält sich häufig der wahre Kern des Problems erst bei der intensiven Auseinandersetzung mit der Aufgabenstellung heraus. Daher wird diese Überlegung erst an dieser Stelle gebracht, obwohl sie genau genommen an den Anfang dieses Abschnitts gehört. Oft kann anhand der bisherigen Anforderungsliste durch Weglassen alles Unwesentlichen der eigentliche Wesenskern der Aufgabe herausgearbeitet werden, der unter Umständen zu neuartigen Lösungen führt. Häufig enthält er die Gesamtfunktion des Produkts und führt damit unmittelbar zu Abschn. 6.3.

Beispiel Die beiden folgenden Aufgabenstellungen sollen die Bedeutung der Abstraktion verdeutlichen, vgl. dazu Pahl et al. (2007):

1. Entwicklung eines Garagentors.
2. Entwicklung eines Garagenverschlusses, der vor Diebstahl, Einsicht und Witterung schützt.

Vorgehensweise Anhand der Anforderungsliste empfehlen sich folgende Schritte, vgl. dazu Pahl et al. (2007):

1. Wünsche (gedanklich) weglassen.
2. Unwesentliche Forderungen (gedanklich) weglassen.
3. Quantitative Angaben auf wesentliche qualitative reduzieren.
4. Kernproblem lösungsneutral formulieren („Worauf kommt es wirklich an?").

6.3   Funktionen

6.3.1   Allgemeines

Bedeutung Eine Funktion ist der allgemeine Wirkzusammenhang (abstrakt beschrieben) zwischen den Eingangs-, Zustands- und Ausgangsgrößen eines technischen Systems zum Erfüllen einer Aufgabe („VDI 2222 Blatt 1" 1997).

Technische Systeme Sie lassen sich untergliedern in Teilsysteme (fast beliebig), je nach gewünschter Feinheit der Betrachtung. Entsprechend lassen sich auch Funktionen unterteilen, siehe Abb. 6.3.

Formulierung Eine Funktion sollte so einfach wie möglich und so abstrakt wie nötig formuliert werden, zweckmäßig als Substantiv plus Verb. Die Abstraktion soll das Verlassen einer vorfixierten Problemlösung und die Öffnung für andere Lösungsmöglichkeiten bewirken, siehe Abschn. 7.2.

6.3.2 Gesamtfunktion

Bedeutung Die Gesamtfunktion ist die abstrahierte Hauptaufgabe des Systems; unter Umständen ergeben sich aus der Aufgabenstellung mehrere Gesamtfunktionen.

Darstellung Sie erfolgt zweckmäßig als „Black Box", d. h. als Eigenschaftsänderung der drei Flüsse

- *Stoff,*
- *Energie,*
- *Information*

zwischen Eingang (E) und Ausgang (A). Einer davon ist meist als Hauptfluss, d. h. als wichtigster Fluss, anzusprechen. Ein Beispiel für eine Gesamtfunktion mit Ein- und Ausgangsflüssen ist in Abb. 6.3 dargestellt.

Technische Gebilde Sie können gemäß ihrem Hauptfluss wie folgt eingeteilt werden:

- *Apparat*: Hauptfluss *Stoff*.
- *Maschine*: Hauptfluss *Energie*.
- *Gerät*: Hauptfluss *Signal*.

Nach dieser Definition ist beispielsweise ein Telefonapparat eigentlich ein Telefon*gerät* und eine Kaffeemaschine eigentlich ein Kaffee*apparat*.

6.3.3 Allgemeine Funktionen

Bedeutung Vorgänge in technischen Systemen lassen sich generell in vier Kategorien einteilen:

- *Leiten: Ort* ändern (von Stoff, Energie, Information),
- *Speichern: Zeit* ändern (von Stoff, Energie, Information),

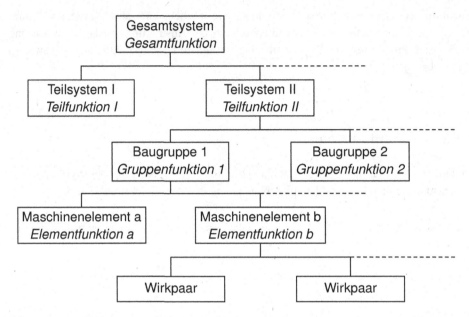

Abb. 6.3 Untergliederung von Funktionen technischer Systeme

- *Wandeln: Erscheinungsform* ändern (von Stoff, Energie, Information),
- *Verknüpfen/Trennen: logische Funktion;* Beispiele: Mischen, Unterbrechen, Aufprägen von Energie auf Stoff (z. B. Presse) usw.

Diese allgemeinen Funktionen stellen die höchste Abstraktionsstufe dar. Sie können helfen, Vorgänge in technischen Systemen zu analysieren und zu verstehen. Wieweit allerdings ihre Verwendung sinnvoll ist, hängt vom jeweiligen Einzelfall ab. In vielen Fällen ist es günstiger, stattdessen etwas konkretere, auf den Anwendungsfall bezogene Funktionsformulierungen zu verwenden (z. B. „Schalter betätigen" statt „Information mit Energie verknüpfen"). In Tab. 6.5 sind einige Beispiele für die allgemeinen Funktionen „Leiten", „Speichern" und „Wandeln" und in Tab. 6.6 für die allgemeine Funktion „Verknüpfen" aufgelistet.

Tab. 6.5 Beispiele für die allgemeinen Funktionen „Leiten", „Speichern" und „Wandeln"

	„Leiten"	„Speichern"	„Wandeln"
Stoff	Rohrleitung, Förderband	Regal, Behälter, Tank	Verbrennung, Tiefziehen
Energie	Kabel, Druckluftschlauch	Akku, Druckluftkessel	Motor, Presslufthammer
Information	Licht(-leiter), Datenbus	CD, Chip, USB-Stick	PC, Drucken

Tab. 6.6 Beispiele für die allgemeine Funktion „Verknüpfen"

„Verknüpfen"	Stoff	Energie	Information
Stoff	Schweißen, Mischen	Schmelzen, Pressen	Prägen, Lichtschranke
Energie	–	Servolenkung	Sensortaste
Information	–	–	PC

6.3.4 Teilfunktionen

Bedeutung Teilfunktionen teilen die Gesamtfunktion so auf, dass ihre Summe wieder die Gesamtfunktion ergibt. Es gibt keine „zwingende" oder „richtige" Aufteilung; die zweckmäßigste Aufteilung richtet sich nach der Problemstellung.

Vorgehensweise Wesentlich ist die Frage, ob für die Gesamtfunktion bereits eine technische Problemlösung vorhanden ist. Zweckmäßig sind folgende Schritte:

a) *Keine geeignete Lösung vorhanden bzw. bekannt:*
   1. Black Box aufstellen.
   2. Erkennbare Teilfunktionen auflisten (Beispiel siehe Tab. 6.7), getrennt nach Eingang, Inneres und Ausgang. Gegebenenfalls zunächst ein grobes Lösungskonzept erstellen und danach Teilfunktionen analysieren (abstrahieren).
   3. Teilfunktionen, für die keine Lösung vorhanden ist, nach dem gleichen Schema weiter aufschlüsseln.
b) *Vorhandene Lösung erfüllt die Funktionen nur teilweise* (sog. Anpassungskonstruktion, siehe Abschn. 6.7)*:*
   1. Erkennbare Teilfunktionen aufstellen.
   2. Teilfunktionen ohne geeignete Lösung wie oben unter a) 2) behandeln, d. h. Gruppenfunktionen ermitteln.
   3. Gruppenfunktionen ohne geeignete Lösung entsprechend weiter aufschlüsseln.

6.3.5 Funktionsstrukturen

Bedeutung Eine Funktionsstruktur stellt den logischen Zusammenhang zwischen den einzelnen Teilfunktionen in einem Wirkschaltbild dar. Sie lässt sich im Allgemeinen aus den Ein- und Ausgangsgrößen der Teilfunktionen ermitteln.

Darstellung Pfeile bezeichnen die Flüsse (vgl. Abb. 6.3), zweckmäßig unter Angabe der physikalischen Größen (z. B. „ω" für Winkelgeschwindigkeit, „M" für Drehmoment). Die

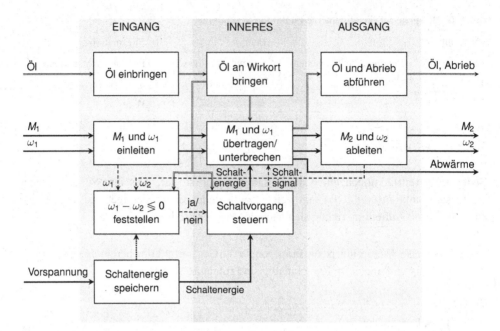

Abb. 6.4   Beispiel für die Funktionsstruktur einer Freilaufkupplung

Größen sollten vollständig und korrekt angegeben werden (eindeutige Kennzeichnung der Flüsse). Ein Beispiel für eine Funktionsstruktur ist in Abb. 6.4 dargestellt.

Variation der Funktionsstruktur   Meist ergibt sich aus den Teilfunktionen zunächst nur eine Funktionsstruktur. Weitere Funktionsstrukturen und damit Lösungsmöglichkeiten resultieren aus der Variation der ursprünglichen Funktionsstruktur mit folgenden Möglichkeiten:

- *Reihenfolge* ändern (vertauschen),
- *Mehrfachanordnung* (hinzufügen, d. h. weiter aufgliedern oder zusammenfassen),
- *Schaltung* ändern (hintereinander oder parallel),
- *Rückführung* ändern (Steuerung oder Regelung),
- *Systemgrenze* verlegen (Elemente hinzunehmen oder weglassen).

6.3.6 Leitregeln zu Funktionen und Funktionsstrukturen

6.6 Formulierung
Funktionen so einfach wie möglich und so abstrakt wie nötig formulieren (Substantiv plus Verb). Die Abstraktion ist ein Hilfsmittel und kein Selbstzweck. Zu viel Abstraktion verwirrt, zu wenig fixiert auf eine Lösung.

6.7 Black Box
Black Box und wichtige Flüsse von Stoff, Energie und Information aufstellen. Zunächst nach vorhandenen technischen Lösungen Ausschau halten.

6.8 Teilfunktionen
Teilfunktionen anhand von Black Box oder vorhandener Lösung auflisten, getrennt nach Eingang, Innerem und Ausgang. Funktionen ohne vorhandene technische Lösung weiter aufschlüsseln.

6.9 Wesentliche Funktionen
Wesentliche Funktionen, die das Produkt maßgeblich bestimmen, erkennen und (z. B.) farbig markieren. Diese Funktionen vor den anderen zu Wirkprinzipien und Prinziplösungen weiterverfolgen.

6.10 Funktionsstruktur
Aufgelistete Funktionen zu einer zunächst möglichst einfachen Funktionsstruktur verbinden; dabei auf eindeutige, zusammenpassende Flüsse achten. Stoff, Energie und Information einzeln verfolgen.

6.11 Strukturvarianten
Die aufgestellte Funktionsstruktur systematisch variieren. Nach Aufstellung jeder Variante an mögliche Realisierungen denken.

Die gedankliche Grenzüberschreitung zwischen *abstrakt* und *konkret* kann hierbei zu neuen Lösungsansätzen führen.

6.12 Aufschlüsselung
Kritische Stellen der Lösung in der Funktionsstruktur am weitesten aufschlüsseln. Eine Aufteilung auf mehrere Elemente ermöglicht meist eine *bessere Funktionserfüllung* bei *erhöhtem Aufwand* (siehe Leitregel 6.16).

Umgekehrt ergibt die Zusammenfassung mehrerer Funktionen in *einem* Konstruktionselement meist eine einfachere Bauweise, aber eine schlechtere Funktionserfüllung (siehe Leitregel 6.15).

6.13 Anwendung
Die Leitregeln 6.6 bis 6.9 sollten immer dann durchlaufen werden, wenn die Aufgabe diesen Abstraktionsgrad erfordert, d. h. wenn Funktionen nicht oder nicht genügend bekannt sind oder aber wenn neue Lösungen über neue Wirkprinzipien gesucht werden. Ferner gibt die Funktionsbetrachtung wesentliche Hilfen bei Kostenuntersuchungen (vgl. Abschn. 5.3.1).

Eine Funktionsstruktur gibt näheren Aufschluss über die innere Logik eines Produkts; sie empfiehlt sich vor allem bei komplizierteren Zusammenhängen, damit diese besser überschaubar werden. In vielen Fällen ist sie aber nicht unbedingt nötig (sie kostet Zeit!); oft genügt es, eine Funktionsliste (vgl. Tab. 6.7) aufzustellen, die wesentlichen Funktionen herauszusuchen und für diese Wirkprinzipien und Prinziplösungen zu suchen.

Tab. 6.7 Beispiel für die Funktionsliste einer Kaffeemühle

Eingangsfunktionen (EF)		Innere Funktionen (IF)		Ausgangsfunktionen (AF)	
EF 1	Bohnen einfüllen	IF 1	Bohnen zuführen	AF 1	Kaffeemehl ausgeben
EF 2	Energie zuführen	IF 2	Bohnen zerkleinern	AF 2	Wärme abgeben
EF 3	Energie einschalten	IF 3	Kaffeemehl aufbewahren	AF 3	Geräusch abgeben
...		IF 4	Finger schützen	AF 4	Mahlende melden
		...		...	

Es gibt weder eine „richtige" noch eine „vollständige" Funktionsstruktur (allenfalls eine falsche). Es ist aber auch nicht möglich, *alle* Funktionsstrukturen für eine bestimmte Gesamtfunktion anzugeben.

6.4 Wirkprinzipien

6.4.1 Allgemeines

Bedeutung Ein *Wirkprinzip* ermöglicht die Umsetzung einer (Teil-)Funktion in ein physikalisches (chemisches o. a.) Geschehen, zunächst ohne Rücksicht auf die technische oder wirtschaftliche Realisierbarkeit. Es basiert stets auf einem physikalischen (o. a.) *Effekt*, siehe Tab. 6.8. Die zweckmäßige Konkretheit hängt dabei von der jeweiligen Problemstellung ab. Häufig geht es darum, zu einer Funktion möglichst viele Wirkprinzipien und damit neue Lösungsansätze zu finden.

Arten von Wirkprinzipien Die folgende Liste gibt Anregungen; sie kann nach Bedarf beliebig verfeinert werden:

- mechanisch (elastisch, plastisch; statisch, dynamisch; kraftschlüssig, formschlüssig, stoffschlüssig),
- elektrisch (ohmsch, induktiv, kapazitiv; magnetostriktiv, piezoelektrisch, elektromagnetisch),
- hydraulisch (hydrostatisch, hydrodynamisch),
- …

Suche nach Wirkprinzipien Hilfen sind insbesondere Kreativitätsmethoden (siehe Abschn. 7.2) sowie die Verwendung von Konstruktionskatalogen (siehe Abschn. 6.4.3).

Tab. 6.8 Physikalischer (o. a.) Effekt, Wirkprinzip und Lösungsprinzip

Bezeichnung	Beispiel	Beschreibung
Effekt	Trockene Reibung	Verbal (qualitativ) oder als Formel (quantitativ) (beides stets lösungsneutral)
Wirkprinzip	Klemmung	Kombination von Teilfunktion und Effekt, der diese Teilfunktion ermöglicht; verbal oder als Black Box
Lösungsprinzip	Schraubzwinge	Kombination von Wirkprinzip und Anordnungsschema (aber ohne Formgestaltung und Dimensionierung)

6.4.2   Entwickeln von Prinziplösungen

Bedeutung Eine Prinziplösung (Konzept) ist eine Struktur (Anordnung) von Wirkprinzipien, die gemeinsam das physikalische (o. a.) Geschehen erzwingen, vgl. Tab. 6.8; die Struktur entspricht einer Funktionsstruktur.

Vorgehensweise Ausgehend von der Funktionsstruktur werden zu den Teilfunktionen (möglichst viele) Wirkprinzipien gesucht, die die Funktionen erfüllen, und zwar entweder

- *verbal:* Liste von physikalischen (o. a.) Effekten (Anhaltspunkte zum Suchen von Konstruktionselementen); oder als
- *Wirkstruktur:* entsprechend einer Funktionsstruktur, mit Angabe der physikalischen (o. a.) Größen bzw. Effekte; oder als
- *Prinzipskizze:* Strichdarstellung mit einfachen Symbolen (z. B. Getriebeskizze).

Kombination zur Prinziplösung (Konzept) Aufsuchen von verträglichen Kombinationen der Wirkprinzipien (hier liegt eine kritische Stelle im Produktentwicklungsprozess). Folgende Methoden bieten sich dazu an, vgl. dazu Pahl et al. (2007):

- *„Vorwärtsschreiten"* von den Eingangsgrößen aus,
- *„Rückwärtsschreiten"* von den Ausgangsgrößen aus,
- *morphologischer Kasten,* siehe Abschn. 7.2.3.3.

Nachweis der physikalischen Realisierbarkeit Voraussetzung zur Weiterbearbeitung ist, dass der vorgesehene physikalische (o. a.) Ablauf überhaupt möglich ist. Der Nachweis kann geschehen durch

- formelmäßige Ableitung und Berechnung,
- numerische Simulation,
- Versuche.

6.4.3   Konstruktionskataloge

Bedeutung Konstruktionskataloge enthalten für bestimmte, wiederkehrende Teilaufgaben möglichst umfassende Lösungssammlungen in systematisch und übersichtlich gegliederter Form (Informationsspeicher), vgl. dazu „VDI 2222 Blatt 2" (1982) bzw. Roth (2000) und (2001).

Merkmale von Katalogen Konstruktionskataloge sind:

- übersichtlich und systematisch gegliedert (Suchhilfe),

- möglichst umfassend (Vollständigkeit, Übersicht über ein Gebiet),
- durch beschreibende Merkmale und Beispiele gekennzeichnet (Anwendungshilfe),
- möglichst abgestimmt auf die methodische Produktentwicklung (Aktivitäten),
- möglichst für Computerverarbeitung geeignet (Algorithmisierbarkeit).

Arten von Katalogen Nach dem *Inhalt* lassen sich Konstruktionskataloge einteilen in (die Grenzen sind oft fließend):

- *Objektkataloge:* Sie enthalten technische Objekte, die zum Konstruieren nötig sind; sie sind unabhängig von der Entwicklungs aufgabe. Beispiel: Wälzlagerkatalog (Typen und Größen).
- *Operationskataloge:* Sie enthalten Verfahren, Verfahrensschritte oder Regeln und deren Anwendungsbedingungen. Beispiel: Wälzlagerberechnung (Lebensdauer u. a.).
- *Lösungskataloge:* Sie enthalten für eine bestimmte Aufgabenstellung ein möglichst vollständiges Spektrum an Lösungen. Beispiel: Spindellagerungen.

Wenn der darzustellende Inhalt eines Gebiets sehr groß ist, können auch *Katalogsysteme* erstellt werden; sie enthalten

- *Übersichtskataloge* und
- *Detailkataloge.*

Nach dem *Grad der Allgemeinheit* können Konstruktionskataloge ebenfalls unterteilt werden in:

- *Allgemeine Konstruktionskataloge:* Sie sind auf beliebige Produktgruppen anwendbar und somit nicht firmenabhängig. Sie werden zum Beispiel von Hochschulinstituten erstellt. Beispiel: Werkzeugspannsysteme.
- *Firmenspezifische Konstruktionskataloge:*
  - Zur internen Information der Produktentwickler (u. a.) in einem Betrieb (hier kann die Hochschule z. B. methodische Hilfen geben). Beispiel: Sonderspannzeuge einer Firma.
  - Angebotskataloge zur Information Dritter (hier weniger von Bedeutung).

Allgemeine Konstruktionskataloge Jeder Katalog besteht im Allgemeinen aus vier Teilen:

- *Gliederungsteil:* Er enthält die wesentlichen Gesichtspunkte, die den Hauptteil, d. h. den eigentlichen Kataloginhalt, logisch unterteilen. Er soll widerspruchsfrei sein und die Vollständigkeit des Katalogs überprüfbar machen. Er entspricht dem *Inhaltsverzeichnis* eines Buchs.

- *Hauptteil:* Eigentlicher *Inhalt* des Katalogs. Er enthält Objekte, Operationen (Regeln) oder Lösungen als Skizzen, Gleichungen, Texte.
- *Zugriffsteil:* Er enthält Zugriffsmerkmale, die wichtige Eigenschaften kennzeichnen, und erleichtert damit das Auffinden passender Objekte, Operationen oder Lösungen des Hauptteils. Er kann vom Benutzer durch neue Zugriffsmerkmale beliebig erweitert werden. Er entspricht dem *Sachregister* eines Buchs.
- *Anhang:* Er enthält Hinweise, Erläuterungen, Beispiele u. Ä. Er kann vom Anwender frei ergänzt werden.

Auch wenn im Einzelfall andere Bezeichnungen vorkommen, sind die ersten drei Teile stets in irgendeiner Form vorhanden. Ein Beispiel für einen allgemeinen Konstruktionskatalog ist in Abb. 6.5 dargestellt.

Firmeninterne Informationskataloge Die Sammlung, Aufbereitung und Darstellung von konstruktiven Lösungen, die im Laufe der Zeit in einer Firma erarbeitet wurden, stellt ein mächtiges geistiges Potenzial dar. Seine Nutzung erspart nicht nur Zeit und Kosten, indem Mehrfachentwicklungen vermieden und jüngere Produktentwickler schneller an das Know-how herangeführt werden, sondern vor allem auch in der Arbeitsvorbereitung und Fertigung, denn jede *neue* Konstruktion erfordert auch neue Arbeitspläne, Vorrichtungen usw. Die Aufbereitung vorhandener Lösungen scheitert jedoch meist am Zeitaufwand und an mangelnden Hilfen zur Systematisierung. Solche Kataloge sollten ähnlich wie allgemeine Konstruktionskataloge aufgebaut sein. Nützlich sind häufig auch Gut-Schlecht-Beispiele.

Anwendung Grundsätzlich ist eine Kataloganwendung in allen Aktivitäten der Produktentwicklung (von der Aufgabe bis zur Gesamtkonstruktion) möglich. Der Schwerpunkt liegt bei allgemeinen Katalogen meist auf den Wirkprinzipien, bei firmenspezifischen Katalogen eher auf den Konstruktionselementen bzw. der Gesamtkonstruktion.

Verständlichkeit Entscheidend für die Anwendung eines Katalogs in der Praxis ist seine schnelle Verständlichkeit. Wesentlich dafür sind bild- bzw. symbolhafte Darstellungen, die die Wirkprinzipien (o. Ä.) unmittelbar deutlich machen. Ein Katalog, der einem durchschnittlich begabten Produktentwickler Verständnisschwierigkeiten bereitet, wird nicht benutzt. Verständlichkeit ist dabei gegebenenfalls wichtiger als strenge und abstrakte Logik der Begriffe.

Computerunterstützung Der systematische Katalogaufbau erlaubt eine Speicherung und Verarbeitung im Computer (z. B. Suchen am Bildschirm im Dialog). Kataloge lassen sich zum Beispiel zusammen mit entsprechend geordneten Berechnungsunterlagen, Literaturhinweisen, Werkstoffdaten u. Ä. zu Informations- bzw. wissensbasierten Systemen ausbauen.

Gliederungsgesichtspunkte					Auswahlmerkmale					
Allgemeine Funktionen	Spezieller Effekt	Gleichung	Anordnungsbeispiel		Verstärkungsfaktor V	Hub s	Einfluß der Reibung auf Verstärkung	Baulänge l	Zahl der Führungen (1 Freiheit)	Zusätzliche Eigenschaften
1	2	1	2	Nr.	1	2	3	4	5	6
Energiewandelnde Systeme	Keil	$F_2 = \cot(\alpha + 2\varrho) F_1$		1	$V = \cot(\alpha + 2\varrho)$ $V_{max} \approx 10$	$s_{2max} = (1/V) \cdot l$	Steigender Reibwert mindert die Verstärkung	$l = V \cdot s_{2max}$	3 Schubführungen	Bewegungssperrung in einer Richtung für $\alpha < \varrho$
	Kniehebel	$F_2 = \cot\alpha \cdot F_1$		2	$V = \cot\alpha$ $V_{max} \to \infty$	$s_{2max} \approx 0{,}6\,l$	geringer Einfluß infolge von Drehgelenken	$l \approx 1{,}7\,s_{2max}$	2 Schub- 2 Drehführungen	progressive Kraftverstärkung
	Hebel	$F_2 = \frac{l_1}{l_2} F_1$		3	$V = l_1/l_2$ $V_{max} \to \infty$	s_{2max} beliebig (Rad) $\approx 2\,l_2$ (Hebel)		$l \approx 2d$ (Rad) $l = l_1 + l_2$ (Hebel)	2 Schub- 1 Drehführungen	Übertragung unbegrenzter Bewegungen (Rad)
	Flaschenzug	$F_2 = F_1 \cdot F_0$		4	$V = 2n$ n untere Ösenzahl $V_{max} \approx 8$	abhängig von Seillänge	Reibung begrenzt die maximale Verstärkung	$l > s_{2max}$	1 Schubführung	einfache Kraftleitung und Richtungsumlenkung möglich
	Druckausbreitung	$F_2 = \frac{A_2}{A_1} F_1$		5	$V = \frac{A_2}{A_1}$ V_{max} begrenzt durch Dichtproblem	—	kaum Einfluß bei Wahl eines geeigneten Mediums		2 Schubführungen	
Energieverknüpfende Systeme	Reibung	$F_2 = \frac{1}{\mu} F_1$		6	$V = \frac{1}{\mu}$	s_{2max} entspricht dem Federweg	erhöhte Reibung mindert die Verstärkung	keine expliziten Angaben möglich	2 Drehführungen	Energiespeicher erforderlich
	verschiedene Federkonstanten	$F_2 = \frac{1}{\frac{1}{V}\frac{c_1}{c_2}+V} F_1$		7	$V = \frac{1}{\frac{1}{V}\frac{c_1}{c_2}+V}$	$s_2 \to 0$	kaum Einfluß auf Verstärkung		2 Drehführungen	Energiespeicherung
Energiespeichernde Systeme	Hammerwirkung	$\bar{F}_2 = \frac{\Delta t_1}{\Delta t_2} F_1$	F mittlere Beschleunigungskraft des Hammers	8	$V = \frac{\Delta t_1}{\Delta t_2}$	—			je nach Ausführung	nachhaltige Kraftwirkung
	Rückstoßwirkung	$F_2 \approx 2 F_1$		9	$V \approx 2$	klein	erhöhte Reibung mindert die Verstärkung		—	für beliebig bewegte Systeme verwendbar

Abb. 6.5 Ausschnitt aus einem Lösungskatalog für „einstufige Kraftverstärkung" (Roth et al., 1972)

Abb. 6.6 Axial belastete
Kreiselpumpe (Roth, 1974)

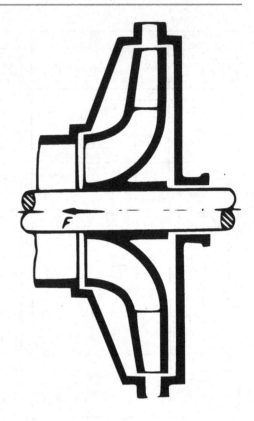

Beispiel „Kreiselpumpe" Bei Kreiselpumpen treten infolge der Druck- und Strömungsver-
hältnisse zwischen Druck- und Saugseite axiale Zusatzbelastungen auf. Für die Entlastung
eines Axiallagers einer einstufigen, einflutigen Kreiselpumpe gemäß Abb. 6.6 sollen mithilfe von Konstruktionskatalogen neue Lösungsansätze gesucht werden. Dazu wird der in
Abb. 6.7 gezeigte (Ausschnitt aus einem) Katalog für „Krafterzeugung" herangezogen.
Dabei führen die Wirkprinzipien 2, 3, 7, 8, 9, (16, 18, 32, 37, in Abb. 6.7 nicht gezeigt) zu
den in Abb. 6.8 angegebenen konstruktiven Lösungen.

6.5   Konstruktionselemente

Bedeutung Unter dem Begriff „Konstruktionselemente" können zwei unterschiedliche
Bereiche verstanden werden, nämlich entweder die *Aufteilung* eines größeren Systems
(Maschine, Anlage) in einzelne Elemente (Gruppen, Komponenten, Module) oder die
maßstäbliche Gestaltung der funktionswichtigen Flächen, der sogenannten *Wirkflächen*.

Gliederungsgesichtspunkte			Lösungen			Auswahlmerkmale					
Kraft-typ	physikalisches Gesetz	spezieller Effekt	Gleichung	Anordnungsbeispiel		ständige Energiezufuhr nötig	Dauer der Kraftwirkung	Größe der erzeugbaren Kräfte	charakteristische Abmessung	Anordnung aus ausschließlich Festkörpern	typisches Beispiel (Anwendung o.Auftreten)
1	2	3	1	2	Nr.	1	2	3	4	5	6
Schwerkräfte	Gravitationsgesetz $F=\Gamma\cdot\frac{m_1\cdot m_2}{r^2}$	Erdanziehung	$F=\Gamma\cdot\frac{m_E\cdot m}{r^2}$		1	nein	bei Wirkung auf ruhendes System beliebig	mittel	$\sqrt[3]{m/\varrho}$	ja	Satellit
		Gewicht	$F=m\cdot g$		2						Waage
		Auftrieb	$F=\varrho\cdot g\cdot V$		3				$\sqrt[3]{V}$	nein	Schiffe
Trägheitskräfte	Newtonsches Gesetz $\frac{dm}{dt}$	Bahnbeschleunigung	$F=m\cdot a$		4	ja (Reibung)	begrenzt	groß	$\sqrt[3]{m/\varrho}$		Beschleunigungsmesser
		Zentrifugalkraft	$F=m\cdot\omega^2\cdot r$		5		beliebig		r	ja	Zentrifuge
		Corioliskraft	$F=2m\,\omega\,v_r$		6		begrenzt durch Weg				Foucaultscher Pendelversuch
		Strahlkraft „Staudruck"	$F=\dot{m}\cdot v\,(1-\cos\alpha)$ α Ablenkwinkel		7						Hydrostatische Lager
		Rückstoßprinzip	$F=\dot{m}\,v_r$		8	ja		sehr groß	—	nein	Rakete
		konvektive Beschleunigung	$F=A\cdot\varrho\cdot\frac{v^2}{2}\left(\left(\frac{A_1}{A_2}\right)^2-1\right)$		9		bei Wirkung auf	groß	$\sqrt[6]{A_1 A_2 A}$		Spritzvergaser

Abb. 6.7 Ausschnitt aus einem Lösungskatalog für „Krafterzeugung" (Roth et al., 1972)

Im Folgenden wird vornehmlich der letztere Aspekt betrachtet, mit dem der eigentliche Konstruktionsvorgang im engeren Sinne beginnt.

6.5.1 Wirkflächen

Bedeutung Wirkflächen sind diejenigen Flächen eines Bauteils, die seine Funktionen bewirken. Meist sind es Flächen, an denen eine Berührung mit angrenzenden Flächen, Medien o. Ä. stattfindet.

Konstruktionselemente Sie sind die räumlich-stofflich ausgestalteten Wirkflächen. Sie können durch Maschinenelemente dargestellt werden, sind aber oft nur Teile davon.

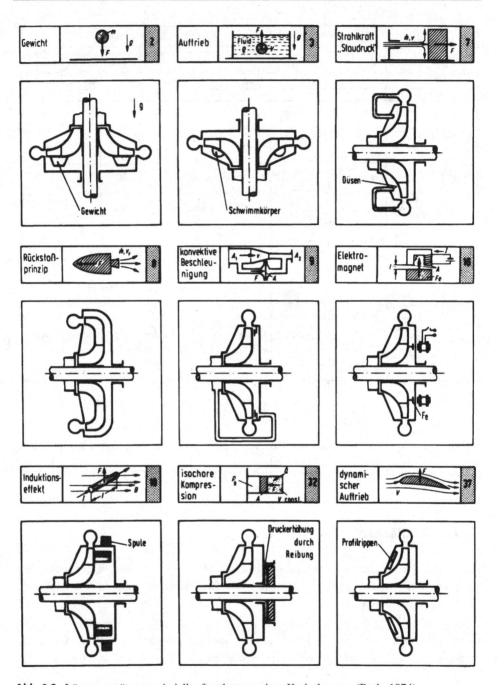

Abb. 6.8 Lösungsansätze zur Axialkraftentlastung einer Kreiselpumpe (Roth, 1974)

Einordnung in den Konstruktionsvorgang

1. *Überschlagsrechnung* (o. Ä.) zur Bestimmung der ungefähren Abmessungen der Wirkflächen durchführen.
2. Nach *vorhandenen Elementen* suchen (in Katalogen o. Ä.). Falls erfolglos oder unzweckmäßig:
3. Gemäß dem Wirkprinzip Wirkflächen *maßstäblich* skizzieren (ggf. auch zunächst nicht maßstäblich, u. U. räumlich dargestellt).
4. Konstruktionselemente durch Herstellung des *Stoffzusammenhangs* zwischen den Wirkflächen bilden; gegebenenfalls korrigieren.
5. Wirkflächen *systematisch variieren,* um weitere Lösungsmöglichkeiten zu finden.
6. *Mängel* in den einzelnen Entwurfsskizzen feststellen.
7. Entwurfsskizzen entsprechend *verbessern,* soweit möglich; gegebenenfalls anhand der maßstäblichen Darstellung genauere Nachrechnung und Korrektur durchführen.
8. Entwürfe nach der Anforderungsliste *bewerten.*
9. Günstigste Entwürfe *auswählen.*

Beispiel Die Wirkflächen eines Zahnrads ergeben sich aus der Berechnung und den Anschlussbedingungen zu den angrenzenden Teilen: Zahnflanken, Bohrung, Passfedernut, seitliche Anlageflächen, siehe Abb. 6.9. Das Konstruktionselement wiederum ergibt sich aus den Randbedingungen wie Werkstoff, Seriengröße, Fertigungsverfahren usw.

Abb. 6.9 (a) Wirkflächen eines Zahnrads, (b) Gestaltung als Gussteil

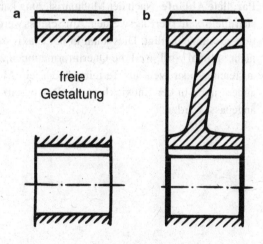

6.5.2 Modularisierung

Bedeutung Größere Konstruktionsvorhaben, Anlagen u. Ä. werden zweckmäßig zunächst in einzelne realisierbare Gruppen (Module) unterteilt. Die Gliederung ergibt sich häufig bereits aus der Auflistung der Funktionen bzw. der Funktionsstruktur.

Baukastenbauweise Modularisierung führt häufig zur Baukastenbauweise, die die Verwendung gleicher Module in verschiedenen Geräten oder Konstruktionsvarianten ermöglicht und damit eine wirtschaftlichere Angebotserstellung, Kalkulation, Fertigung, Lagerhaltung, Instandhaltung und Recyclingmöglichkeit, vgl. dazu Pahl et al. (2007). Von größter Bedeutung ist hierbei die Standardisierung der Schnittstellen der Module (Anschlüsse, Anschlussmaße usw.), und zwar nicht allein firmenintern, sondern international (vgl. Schrauben, Wälzlager, Steckkarten usw.).

Produktentwicklungsprozess Es lässt sich nicht grundsätzlich festlegen, an welcher Stelle des Produktentwicklungsprozesses die Modularisierung erfolgen soll. Sie kann bereits nach der Funktionsauflistung bzw. der Funktionsstruktur geschehen oder aber nach der Erarbeitung von Prinziplösungen. Bei einfachen Entwicklungs aufgaben kann sie sogar ganz wegfallen. Die Modularisierung wird daher hier – im Gegensatz zu „VDI 2221 Blatt 1" (2019) – nicht als eigene Aktivität aufgeführt.

Parallele Abläufe Nach der Modularisierung kann jedes Element (Modul, Baugruppe) für sich allein weiterverfolgt werden. Am Schluss werden die Module dann zur Gesamtkonstruktion zusammengefügt. Dies kann in der Praxis dazu führen, dass die Gesamtkonstruktion nicht optimal wird, weil die Querinformationen zwischen den Entwicklungsgruppen nicht ausreichen oder weil aus Termingründen ein Modul bereits gefertigt wird, während das andere noch in der Entwicklung ist. Das bereits gefertigte Modul kann dann nicht mehr angepasst werden.

6.5.3 Leitregeln zur Gestaltung

6.14 Grundregel

Die Gestaltung soll *einfach, eindeutig* und *sicher* sein.

Diese drei Forderungen gelten allgemein für jede Art von konstruktiver Gestaltung, zum Beispiel:

- *Einfach* in Aufbau, Wirkungsweise, Fertigung usw.
- *Eindeutig* in Funktion; Stoff-, Energie- und Informationsfluss; Wirkzusammenhang; Montage usw.
- *Sicher* in Funktion, Lebensdauer, Handhabung usw.

Diese Forderungen widersprechen sich jedoch häufig, denn was einfach ist, ist unter Umständen nicht eindeutig oder nicht sicher genug. Häufig müssen Abwägungen gemacht und Kompromisse getroffen werden, siehe Abb. 6.10.

6.15 Integralbauweise

Zwecks einfacher Gestaltung ist zu prüfen, ob mehrere Funktionen ohne Einschränkung oder Behinderung in *einem* Konstruktionselement (Funktionsträger) vereinigt werden können.

Daraus ergibt sich im Allgemeinen eine geringere Anzahl von Bauteilen, aber eine insgesamt schlechtere Funktionserfüllung, weil nicht alle Funktionen gemeinsam optimal erfüllt werden können. Ein Beispiel für Integralbauweise ist in Abb. 6.11 dargestellt.

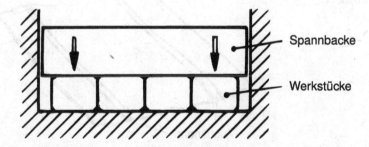

Spannbacke

Werkstücke

Abb. 6.10 Einspannung von vier Werkstücken zum Bohren. Die Anordnung ist zwar einfach, aber nicht eindeutig, da die Werkstückhöhen fertigungsbedingt streuen

Abb. 6.11 Integrierte
Pkw-Achslagerung (Fa. SKF)

6.16 Differentialbauweise
Nur falls nötig, sind zwecks eindeutiger bzw. sicherer Gestaltung einzelne Funktionen in mehrere Elemente aufzuteilen.

Auswirkungen:

- Optimierung der einzelnen Funktionen möglich, zum Beispiel durch
  - eindeutiges Verhalten (keine gegenseitige Beeinflussung) oder
  - bessere Ausnutzung der Bauteile (Grenzbelastung, dadurch größere Leistungsfähigkeit);
- Erhöhung des Bauaufwands (Kosten, Gewicht usw.);
- Erhöhung der Anzahl von Teilen (Fehlerquellen, Versagensrisiko usw.).

Ein Beispiel für Differentialbauweise ist in Abb. 6.12 dargestellt.

Abb. 6.12 Elemente eines
Verpackungsbandes

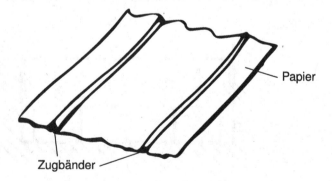

Papier

Zugbänder

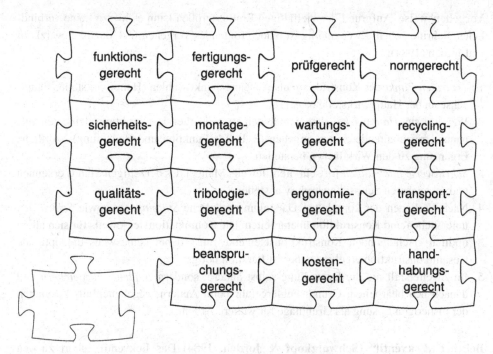

Abb. 6.13 Beispiele für „Gerechtheiten" in der Produktentwicklung

6.5.4 Systematik der Gestaltung

Bedeutung Zahlreiche Gebiete stellen unterschiedliche, sich teils widersprechende Anforderungen an die Produktentwicklung. Diese Anforderungen werden häufig als sogenannte „Gerechtheiten" formuliert, siehe Abb. 6.13. Näheres zur Systematik der Gestaltung findet sich zum Beispiel in Pahl et al. (2007) oder Ehrlenspiel und Meerkamm (2017).

6.6 Gesamtkonstruktion

Bedeutung Die Gesamtkonstruktion ist die maßstäbliche Darstellung des Produkts mit allen *notwendigen* Einzelheiten. Was „notwendig" ist, hängt von der Entwicklungsphase ab (Planungsskizze, Entwurfszeichnung oder fertigungsreife Ausarbeitung). Sie ist Grundlage für die Bewertung, Entscheidung und das weitere Vorgehen (z. B. für die Ausarbeitung oder die Fertigung).

Vorgehensweise Aufgrund der vielfältigen Einflussgrößen kann es hierzu keine verbindlichen Schritte geben. Zweckmäßig ist jedoch folgendes Vorgehen, vgl. dazu Schwarzkopf und Jorden (1984):

1. *Zentralen Punkt* der Konstruktion als Ausgangspunkt wählen (Hauptwirkstelle, Hauptachse an der Hauptwirkstelle o. Ä.).
2. Von dort aus *Hauptwirkflächen* gemäß den ausgewählten Konstruktionselementen aufbauen; freizuhaltende Zonen angeben (z. B. für Funktion und Bedienung); stoffliche Ergänzung zu den Wirkflächen herstellen.
3. *Schrittweise nach außen* fortschreiten: Jeweils Mängel des derzeitigen Stands erkennen und im nächsten Schritt konstruktiv abstellen.
4. Nach Vorliegen der kompletten Darstellung mögliche *Störeinflüsse* sowie *Schwächen* untersuchen und Konstruktion überarbeiten. Die Kombination der jeweils für sich allein optimal erscheinenden Konstruktionselemente muss dabei keineswegs die optimale Gesamtkonstruktion ergeben; daher ist Iteration nötig.
5. Im Zweifelsfall nie die Darstellung selbst ändern, sondern *zunächst abspeichern* und danach neu bearbeiten. Grund: Fehlergefahr beim Ändern; gegebenenfalls Festhalten der bisherigen Lösung als Grundlage für weitere Arbeiten.

Beispiel „Eckventil" (Schwarzkopf & Jorden, 1984) Das Eckventil gehört zu den Absperrmitteln (für Rohrleitungen u. Ä.), welche folgende Funktionen haben können:

- Durchfluss sperren bzw. freigeben (trennen/verknüpfen),
- Durchflussmenge steuern (Verknüpfen von Stoffstrom und Information) bzw. Druck vermindern (Verknüpfen von Energie und Information); beides hängt zusammen.

Die Entstehung eines Eckventils entsprechend oberer Vorgehensweise soll im Folgenden wiedergegeben werden. Die maßstäbliche Gestaltung beginnt an einem zentralen Punkt *M*, der als Hauptwirkstelle bezeichnet wird. Bei einem Eckventil befindet sich dieser Punkt am Schnittpunkt der Rohrachsen (Abb. 6.14a). Der erforderliche Ventilhub *s* ergibt sich aus dem notwendigen Strömungsquerschnitt (Abb. 6.14b). Die Druckbelastung (Abb. 6.14c) ermöglicht die Abschätzung der Dicke des Ventiltellers sowie die Auslegung der Ventilspindel.

Die erste Detaillösung bezieht sich auf die Verbindung zwischen Spindel und Teller (Abb. 6.15a). Es werden verschiedene starre (Abb. 6.15b) sowie bewegliche Verbindungen (Abb. 6.15c) skizziert. Nach Betrachtung aller Möglichkeiten wird die bewegliche Verbindung entsprechend Abb. 6.16 ausgewählt.

Als nächstes muss die Spindel im Gehäuse abgedichtet werden (Abb. 6.17). Dazu werden verschiedene Detaillösungen entwickelt, darunter berührende (Abb. 6.17a) und berührungsfreie (Abb. 6.17b) Varianten. Schließlich fällt die Entscheidung zugunsten

Abb. 6.14 Beginn des
Konstruktionsvorgangs;
(**a**) maßstäbliche Anordnung
am zentralen Punkt *M*;
(**b**) ungefährer
Strömungsverlauf zur
Ermittlung der Hubhöhe *s*;
(**c**) Belastung des Ventiltellers
im geschlossenen Zustand
(Leyer, 1969)

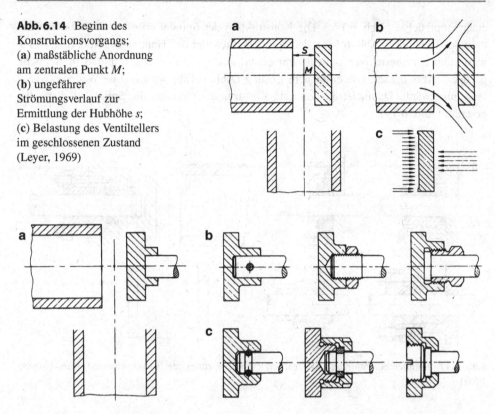

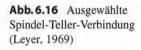

Abb. 6.15 Entwurf des Ventiltellers; (**a**) Bemessung von Ventilteller und Spindel; (**b**) verschiedene starre und (**c**) verschiedene bewegliche Verbindungen zwischen Spindel und Teller (Leyer, 1969)

Abb. 6.16 Ausgewählte
Spindel-Teller-Verbindung
(Leyer, 1969)

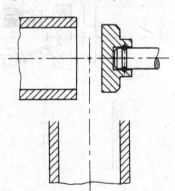

einer Stopfbüchse (Abb. 6.17c). Die Konstruktion der Spindel erfordert auch die Gestaltung des Gewindes (Abb. 6.18a), der Spindelmutter und des Handrades (Abb. 6.18b). Es wird auch ein alternativer Entwurf mit einem axial feststehenden Handrad in Betracht gezogen (Abb. 6.18c). Die einfachere Lösung (Abb. 6.18b) wird für die Weiterentwicklung ausgewählt. Damit ist das zentrale Konstruktionselement, die Spindel, vollständig gestaltet (Abb. 6.19).

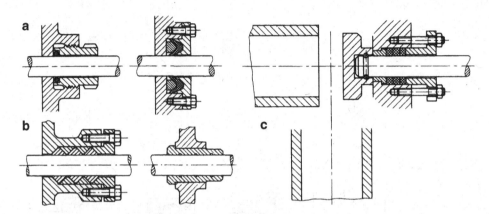

Abb. 6.17 Spindelabdichtungen; (**a**) berührend; (**b**) berührungsfrei; (**c**) ausgeführte Lösung (Leyer, 1969)

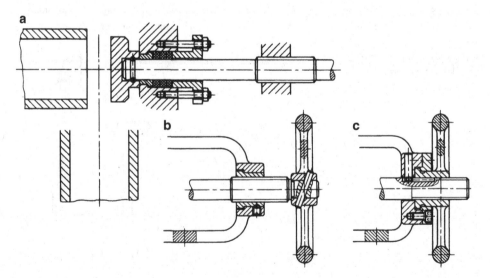

Abb. 6.18 Spindelbetätigung; (**a**) Gewindeteil der Spindel; (**b**) Gewindemutter und Handrad; (**c**) Alternativlösung mit axial feststehendem Handrad (Leyer, 1969)

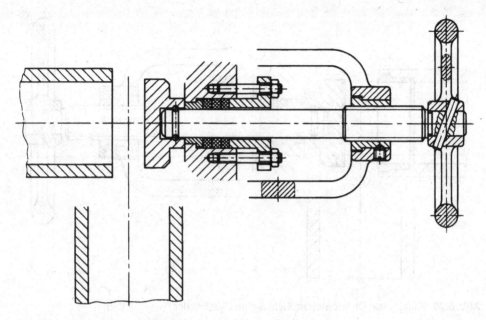

Abb. 6.19 Vollständige Spindelkonstruktion (Leyer, 1969)

Die weitere Ausarbeitung der Konstruktion betrifft die Dichtleisten am Ventilteller und im Gehäuse (Abb. 6.20), sowie die Fertigstellung des Gehäuses und des Gehäusedeckels (Abb. 6.21). Nach der Gestaltung der Anschlussflansche ist die Konstruktion vollständig (Abb. 6.22).

Abb. 6.23 visualisiert den Konstruktionsprozess des Ventils „von innen nach außen".

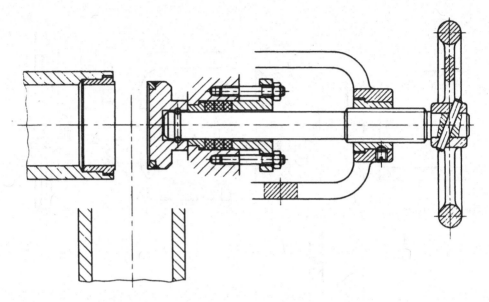

Abb. 6.20 Eingesetzte Dichtleisten im Gehäuse und Ventilteller (Leyer, 1969)

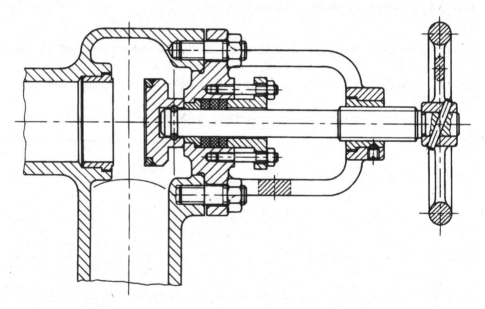

Abb. 6.21 Vervollständigung von Gehäuse und Gehäusedeckel (Leyer, 1969)

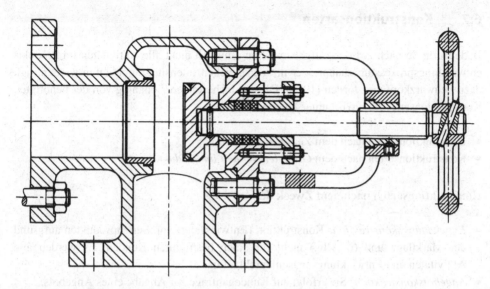

Abb. 6.22 Fertige Ventilkonstruktion mit Flanschen (Leyer, 1969)

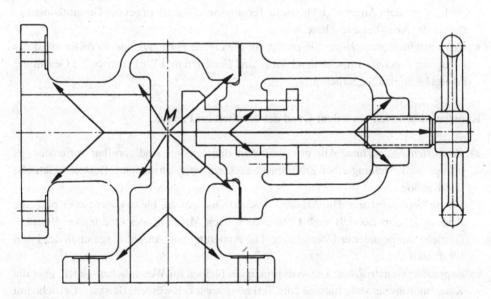

Abb. 6.23 Entwicklungsrichtungen beim Entwerfen, vom zentralen Punkt *M* ausgehend (Leyer, 1969)

6.7   Konstruktionsarten

Bedeutung Je nach Art der Aufgabenstellung müssen nicht alle Aktivitäten im Produkt-entwicklungsprozess überhaupt oder mit der gleichen Intensität durchlaufen werden, vgl. dazu Schwarzkopf und Jorden (1985). Dies ist insbesondere abhängig von der benötigten Konstruktionsart. Dabei wird unterschieden zwischen

- Konstruktionsarten nach dem *Zweck des Auftrags,*
- Konstruktionsarten nach dem *Grad der Neuheit im Produkt.*

Konstruktionsarten nach dem Zweck des Auftrags

- *Entwicklungskonstruktion:* Konstruktion (Entwicklung) von Serienprodukten aufgrund der Marktlage und (i. Allg.) nicht für einen bestimmten Kunden. Es werden alle Aktivitäten und Entwicklungsphasen durchlaufen.
- *Angebotskonstruktion:* Sie erfolgt auf Kundenanfrage zur Abgabe eines Angebots.
- *Auftragskonstruktion:* Sie erfolgt auf Kundenauftrag mit (meist) festliegender Aufgaben-stellung aus dem Angebot. Es herrscht Termindruck, vor allem bei der Gesamtkonstruk-tion in der Ausarbeitungsphase.
- *Betriebsmittelkonstruktion:* Sie erfolgt für die eigene Fertigung und ist daher meist der Fertigung zugeteilt. Entscheidend dabei sind Funktion und Wirkprinzip; die Gestaltung erfolgt bezüglich Sicherheit u. a.

Konstruktionsarten nach dem Grad der Neuheit im Produkt

a) *Baukastenkonstruktion:* Alle erforderlichen Bauelemente sind abrufbar vorhanden; es erfolgt die Erstellung einer Zusammenbauskizze oder -anweisung. Beispiel: Getriebe laut Katalog.

b) *Variantenkonstruktion:* Die Art der Konstruktionselemente bleibt gleich; es erfolgt eine Änderung hauptsächlich nach Größe, auch nach Material oder Oberfläche. Beispiel: Getriebe mit geänderter Übersetzung. Die Änderung von Anzahl, Lage und/oder Form führt auf die

c) *Anpassungskonstruktion:* Die Wirkprinzipien bleiben im Wesentlichen gleich, aber die Konstruktionselemente müssen zum Teil neu entwickelt werden. Beispiel: Getriebe mit dem Abtrieb oben statt seitlich.

d) *Neukonstruktion:* Funktionen und Wirkprinzipien sind neuartig, wenn auch meist auf vorhandene Erfahrungen (ähnliche Funktionen oder Prinzipien) zurückgegriffen werden kann. Beispiel: Reibradgetriebe statt Zahnradgetriebe.

Die Übergänge sind, wie fast immer, gleitend. Die Entwicklung der Baukastenelemente zu Punkt a) ist ihrerseits eine Neukonstruktion. Tab. 6.9 ordnet die notwendigen Aktivitäten der methodischen Produktentwicklung den verschiedenen Konstruktionsarten zu.

6.8 Methodikplan

Bedeutung Vor Beginn einer Produktentwicklung sollte zunächst einmal Klarheit darüber verschafft werden, welche Aktivitäten des Produktentwicklungsprozesses überhaupt durchlaufen werden sollen bzw. müssen und welche nicht. Durchzuführen sind generell diejenigen Aktivitäten, zu denen Lösungen bzw. Informationen fehlen; dies hängt im Allgemeinen vom Neuheitsgrad der Aufgabe ab. Die Planung lässt sich sinnvoll mit einer Personal-, Termin- und Kostenplanung kombinieren.

Vorgehensweise Anhand Tab. 6.10 werden die einzelnen Aktivitäten überprüft und die durchzuführenden angekreuzt. „Aufgabe" und „Gesamtkonstruktion" gehören grundsätzlich immer dazu. Unter „Erläuterung" kann vermerkt werden, worauf es ankommt, was fehlt oder weshalb die Aktivität nicht durchzuführen ist. In den folgenden Spalten werden die verantwortlichen und zusätzlichen Mitarbeiter genannt. Darauf folgen Termine und Kosten bis zum Abschluss der einzelnen Aktivitäten; sie können durch Ist-Daten ergänzt werden.

Verantwortlichkeit Verantwortlich für den gesamten Methodikplan ist meist der Projektleiter. Die zweckmäßige Form des Plans sollte im Betrieb erprobt und festgelegt werden.

Zweck Der Methodikplan wirkt zunächst unsympathisch, weil er nach Bürokratie und Kontrolle aussieht. Bei näherem Hinsehen ist das Misstrauen jedoch unbegründet, denn:

- Der Plan dokumentiert einfach und übersichtlich, was zu tun ist.
- Er verweist (je nach Aufmachung) auf dafür geeignete Hilfsmittel.
- Eine Festlegung von Personal, Terminen und Kosten ist in einer rationellen Konstruktionsarbeit nicht zu umgehen.
- Ein Soll-Ist-Vergleich ist bei einer wirtschaftlichen Tätigkeit notwendig, denn er dient vor allem als Grundlage für spätere, bessere Planungen (Lerneffekt) und nicht als Kontroll- oder gar Druckmittel.
- Der Plan übt einen – insbesondere in der Anfangsphase notwendigen (!) – „sanften Zwang" zur Anwendung der methodischen Produktentwicklung aus. (Sonst besteht die Gefahr des „Einschlafens".)

Tab. 6.9 Zuordnung von Aktivitäten zu Konstruktionsarten; ×: neu bearbeiten, (×): ändern

Erforderliche Aktivitäten	Konstruktionsarten			
	Baukastenkonstruktion	Variantenkonstruktion	Anpassungskonstruktion	Neukonstruktion
Aufgabe	×	×	×	×
Funktionen				× (×)
Wirkprinzipien			(×)	×
Konstruktionselemente		(×)	×	×
Gesamtkonstruktion	(×)	×	×	×

Tab. 6.10 Beispiel für den Aufbau eines Methodikplans. (Nach Schwarzkopf, 1987)

Aktivitäten	Hilfs-mittel	Durchzuführen		Verantwortlich	Mitarbeiter	Termine		Kosten	
		Ja	Erläuterung			Soll	Ist	Soll	Ist
Aufgabe		×							
Funktionen									
Wirkprinzipien									
Konstruktionselemente									
Gesamtkonstruktion		×							

Literatur

Ehrlenspiel, K., & Meerkamm, H. (2017). *Integrierte Produktentwicklung* (6. Aufl.). Hanser.

Jorden, W. (1983). Die Diskrepanz zwischen Konstruktionspraxis und Konstruktionsmethodik. In V. Hubka & M. M. Andreasen (Hrsg.), *Proceedings of the International Conference on Engineering Design* (Bd. 2, S. 487–494). Heurista.

Leyer, A. (1969). *Maschinenkonstruktionslehre. Heft 5: Spezielle Gestaltungslehre – 3. Teil.* Birkhäuser.

Pahl, G., Beitz, W., Feldhusen, J., & Grote, K.-H. (2007). *Pahl/Beitz Konstruktionslehre. Grundlagen erfolgreicher Produktentwicklung. Methoden und Anwendung* (7. Aufl.). Springer.

Roth, K., Franke, H.-J., & Simonek, R. (1972). Aufbau und Verwendung von Katalogen für das methodische Konstruieren. *Konstruktion, 24*(11), 449–458.

Roth, K. (1974). Aufbau und Handhabung von Konstruktionskatalogen. *VDI-Berichte Nr. 219,* 35–40.

Roth, K. (2000). *Konstruieren mit Konstruktionskatalogen – Bd. I: Konstruktionslehre.* Springer.

Roth, K. (2001). *Konstruieren mit Konstruktionskatalogen – Bd. II: Konstruktionskataloge.* Springer.

Schwarzkopf, W., & Jorden, W. (1984). Die Gestaltung – Stiefkind der Konstruktionsmethodik? *Konstruktion, 36*(8), 299–304.

Schwarzkopf, W., & Jorden, W. (1985). Flexible Konstruktionsmethodik mit Hilfe eines Methodik-Baukastensystems. *Konstruktion, 37*(2), 73–77.

Schwarzkopf, W. (1987). Bildung eines flexiblen Systems für das konstruktionswissenschaftliche Methodenpotential unter Berücksichtigung der Anpassungsfähigkeit an praktische Anwendungsbedingungen. *VDI-Fortschritt-Berichte, Reihe 1, Konstruktionstechnik/Maschinenelemente, Nr. 152.* VDI.

VDI-Richtlinie 2221 Blatt 1. (2019). *Entwicklung technischer Produkte und Systeme – Modell der Produktentwicklung.* Beuth.

VDI-Richtlinie 2222 Blatt 1. (1997). *Konstruktionsmethodik – Methodisches Entwickeln von Lösungsprinzipien.* Beuth.

VDI-Richtlinie 2222 Blatt 2. (1982). *Konstruktionsmethodik – Erstellung und Anwendung von Konstruktionskatalogen.* Beuth.

Entfaltung der Kreativität

Für eine gute Produktentwicklungsarbeit ist stets ein kreatives Verhalten erforderlich. Die Kreativität eines jeden Einzelnen lässt sich fördern und bei Nutzung von Kreativitätsmethoden (Methoden als Werkzeuge) insgesamt effektiver gestalten. Kreativität ist aber keineswegs beschränkt auf das Anwenden bestimmter Methoden und das Vermeiden entsprechender Blockaden. Vielmehr geht es darum, sich selbst bzw. dem Team ein kreatives Verhalten anzueignen, welches sich positiv auf die Innovationstätigkeit auswirkt.

7.1 Grundlagen

7.1.1 Überblick

Bedeutung „Kreativität" bedeutet *schöpferische Kraft*, die Fähigkeit, etwas Neues hervorzubringen, d. h. etwas, das es – zumindest aus der Sicht des Schaffenden – in dieser Form noch nicht gab. Sie ist Basis aller Ideenfindung und damit notwendige Voraussetzung für eine innovative Produktentwicklung.

Beispiel Zur Illustration eines kreativen Sprungs soll das folgende Beispiel nach Leyer (1969) dienen, siehe Abb. 7.1. Seit Jahrzehnten wurden Dampfturbinenrotoren stets nach demselben konstruktiven Prinzip gestaltet, nämlich als durchgehende Welle mit darauf befestigten Scheiben (a). Eine wesentliche Schwachstelle war dabei stets die Bohrung im Zentrum der Scheiben, da die fliehkraftbedingte Aufweitung der Scheiben ihre Zentrierung auf der Welle beeinträchtigte. Diese Schwierigkeit wurde mit einem Schlag behoben, als

J. Schlattmann and A. Seibel, *Produktentwicklungsprojekte - Aufbau, Ablauf und Organisation*, https://doi.org/10.1007/978-3-662-67988-3_7

a

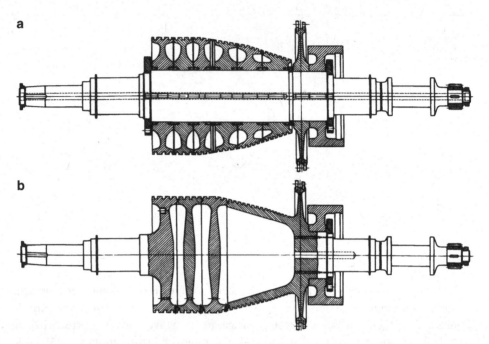

b

Abb. 7.1 Beispiel eines kreativen Sprungs: (**a**) klassischer Entwurf eines Dampfturbinenrotors mit Welle, (**b**) innovative Lösung durch Weglassen der Welle (Leyer, 1969)

die Welle schlicht weggelassen und die Scheiben an ihrem Umfang zu einem biegesteifen Rotor verschweißt wurden (b).

Erscheinungsformen der Kreativität Aus den zahlreichen Formen der Kreativität stellt Tab. 7.1 einige markante heraus. Sie sind nicht scharf abgrenzbar.

Eigenschaften der Kreativität Tab. 7.1 sowie die Literatur führen auf folgende allgemeine Feststellungen, vgl. dazu Jorden (1977):

- *Jeder* Mensch besitzt Kreativität. Diese angeborene Eigenschaft lässt sich fördern und entfalten (bis zu einem individuellen Grad, wie beim Singen).
- Kreativität gehört teils zu den Fähigkeiten, teils zu den Verhaltensweisen. Sie ist tief im *Unbewussten* verwurzelt. Ihre Förderung erfordert Persönlichkeitsentwicklung.
- Kreativität hat Bedeutung sowohl für den *Einzelnen* (Entwicklung der Persönlichkeit, Selbstverwirklichung) als auch für die *Allgemeinheit* (als Grundlage und Motor jeder Entwicklung, geistig, sozial, technisch usw.). Für die Existenz eines Industriebetriebs ist sie lebensnotwendig.

Tab. 7.1 Erscheinungsformen der Kreativität. (Nach Taylor, 1959)

Bezeichnung	Erforderliche Fähigkeiten	Ergebnis	Einsatz, Reaktionen	Beispiele
Naive Kreativität	Keine	Neu nur für den Schöpfenden	Freude	Kind kritzelt
Produktive Kreativität	Gewisse Fertigkeiten	Neu, begrenzt nützlich/schön	Persönlicher Einsatz, Freude	Bastler, Hobbymaler
Erfinderische Kreativität	Kenntnisse, Fähigkeiten	Nützlich/wertvoll für die Allgemeinheit	Anstrengung, u. U. Lächerlichkeit	Karl Freiherr von Drais (Fahrrad)
Erneuernde Kreativität	Tiefes Verständnis	Bedeutsame Änderung oder Einsicht	Einsatz der Persönlichkeit, Widerstände	Johannes Kepler, impressionistische Malerei
Geniale Kreativität	„Genie"	Durchbricht Grundsätze	Erschrecken, Lebensgefahr	Albert Einstein, Giordano Bruno

- Kreativität lässt sich betrachten in Bezug auf die *Person* (z. B. Kind), das *Ergebnis* (z. B. Fahrrad, Naturgesetz), die *Allgemeinheit* (z. B. Erkenntnis, Fortschritt) und den *kreativen Prozess* (siehe folgenden Abschnitt).

7.1.2 Der kreative Prozess

Bedeutung Die Vorgänge, die beim schöpferischen Prozess ablaufen, können ein tieferes Verständnis für das Wesen der Kreativität wecken. Wie alle psychischen Vorgänge lassen sie sich nur mittels Bilder oder analoger Vorstellungen beschreiben, hier mittels zweier extrem unterschiedlicher Beispiele, vgl. dazu Quiske et al. (1973).

Beispiel 1 aus der Verhaltensforschung Ein hungriges Huhn befindet sich hinter einem seitlich offenen Zaun (Abb. 7.2a); außerhalb des Zauns liegen Futterkörner. Das Huhn versucht, über den Zaun zu fliegen und um ihn herumzulaufen, kehrt aber jedes Mal um, sobald es die Körner aus dem Blick verloren hat: Es ist „blockiert" und würde ohne fremde Hilfe verhungern. Die Verallgemeinerung der Situation in Abb. 7.2b zeigt das Problem (= ungelöste Aufgabe) wie eine Mauer zwischen Person und Ziel, die sich nicht auf direktem Wege durchbrechen lässt, sondern nur durch eine zeitweilige Entfernung vom Problem.

Beispiel 2 aus der Geschichte Eines Tages bat König Hieron II. von Syrakus seinen Freund, den Mathematiker Archimedes, zu überprüfen, ob eine von ihm in Auftrag gegebene Krone tatsächlich aus massivem Gold bestünde oder mit einem anderen, weniger wertvollen Metall versetzt worden war. Das spezifische Gewicht, d. h. das Gewicht pro Volumen, war zur

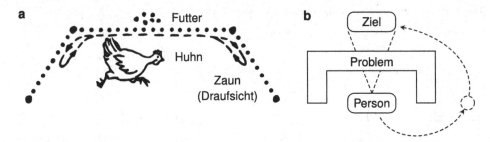

Abb. 7.2 Blockierte Situation eines Huhns; (**a**) hinter einem offenen Zaun, (**b**) Verallgemeinerung der Situation. (Nach Quiske et al., 1973)

damaligen Zeit zwar bekannt, allerdings war es Archimedes nicht möglich, das Volumen der kompliziert geformten Krone mathematisch zu berechnen. Er dachte sehr intensiv über das Problem nach, konnte jedoch keine Lösung finden. Als er eines Tages ein Bad nahm und dabei beobachtete, dass sein verdrängtes Körpervolumen das Wasser in der Wanne ansteigen ließ, kam ihm schlagartig die Erkenntnis: Er musste die Krone nur in ein zylindrisches Wassergefäß legen und über den Pegelhöhenunterschied das verdrängte Wasservolumen berechnen. Er führte dies aus und stellte fest, dass die Krone keineswegs das spezifische Gewicht von Gold hatte; d. h. es lag ein Betrug vor.

Über den kreativen Prozess lassen sich aus beiden Beispielen und der Literatur folgende Erkenntnisse gewinnen:

Phasen des kreativen Prozesses Der kreative Prozess läuft im Wesentlichen in *vier Phasen* ab, vgl. dazu Poincaré (1913):

1. *Vorbereitung:* Intensive Beschäftigung mit dem Problem; keine Lösung.
2. *Inkubation:* Wartezeit, oft frustrierend; Entfernung vom Problem.
3. *Inspiration:* Blitzartiger Erkenntnissprung aus dem Un- bzw. Vorbewussten.
4. *Realisierung:* Überprüfung, Bewertung, Ausarbeitung, Erprobung.

Aktivität und Passivität Neues entsteht immer aus dem Zusammenwirken einer *aktiven* Komponente (Wille zur Lösung, wiederholte Vorstöße in Richtung Lösung, Zähigkeit in der Ausarbeitung – nach Edison ist Genie nur 1 % Inspiration und 99 % Transpiration) und einer *passiven* Komponente (Loslassen können, Entfernen vom Problem, Geduld üben, Frustration ertragen). Die Lösung kommt nie aus dem bewussten Intellekt, sondern aus dem „Unbewussten" (bzw. der zwischengeschalteten Instanz, dem „Vorbewussten"). Beispiel: Auf der Heimfahrt (passiv) fällt uns die Lösung plötzlich ein, während es in der aktiven Phase selbst bei wiederholten Vorstößen zur Lösungssuche nicht gelungen ist.

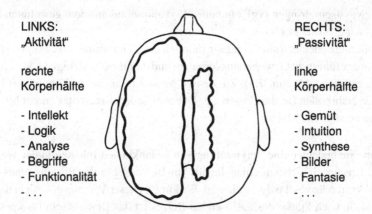

LINKS:
„Aktivität"

rechte
Körperhälfte

- Intellekt
- Logik
- Analyse
- Begriffe
- Funktionalität
- ...

RECHTS:
„Passivität"

linke
Körperhälfte

- Gemüt
- Intuition
- Synthese
- Bilder
- Fantasie
- ...

Abb. 7.3 Einseitigkeit des „modernen" Menschen. (Nach Jorden, 1988)

Polarität als Grundlage des menschlichen Bewusstseins Dem menschlichen Bewusstsein
ist eine Erkenntnis nur durch Aufspaltung in zwei gegensätzliche *Pole* möglich. Zum Beispiel
ist der Begriff „positive Zahlen" völlig unverständlich, wenn es nicht auch „negative Zahlen"
gibt. Beide Pole gehören untrennbar zusammen. Menschen neigen aber dazu, den einen Pol
überzubetonen und den anderen zu vernachlässigen oder abzulehnen, siehe Abb. 7.3. Dies
führt zur Einseitigkeit und letztlich zur Unfähigkeit, so als wenn jemand von der Batterie nur
den „Pluspol" benutzen möchte, aber den „Minuspol" ablehnt. Wesentlich ist, die Polarität
zu durchschauen und die Existenzberechtigung des „Negativen" zu akzeptieren.

Musterbildung Das menschliche Bewusstsein legt aufgrund von Erfahrungen sogenannte
„Muster" an (Verhaltensmuster, analog etwa den Unterprogrammen eines Computers), die
das Verhalten oder auch das Erkennen von alltäglichen Abläufen oder Gegenständen (wie
z. B. einer Tür) steuern, ohne dass wir es merken bzw. es uns gezielt ins Bewusstsein bringen.
Erfolgserlebnisse führen verstärkt zur Musterbildung. Dabei gilt, vgl. dazu Jorden (1977):

- Im *Problemfall* werden zunächst *alle passenden Muster* mobilisiert, d. h. solche, die
  früher in ähnlichen Situationen zum Erfolg geführt haben (vgl. Huhn-Zaun-Beispiel).
  Gelingt die Lösung nicht, so entstehen Frustration und Blockade. Die Blockade lässt
  sich dabei nur über zeitweises Entfernen vom Problem aufheben („Loslassen"; vgl.
  Meditation: dem Willen gelingt kein Zugang zum Unbewussten).
- Eine *neue* Erkenntnis entsteht *unbewusst* und *sprungartig* aus dem Zusammenfügen
  unterschiedlicher Muster, die zwar bereits vorhanden waren, aber nicht gemeinsam
  gesehen wurden (vgl. Archimedes-Beispiel).
- Die Musterbildung macht uns überhaupt erst *lebensfähig*. Sie ordnet und selektiert die
  Flut auf uns einstürmender Informationen und lässt dabei nur das gerade Benötigte in

unser Bewusstsein dringen (vgl. ein neues Verkehrsschild auf dem gewohnten Weg zur
Arbeit – wir „sehen" es nicht).

- Musterbildung bedeutet *Routinebildung* (ähnlich der „Subroutine" im Computer). Festsitzende Muster führen zu Gewohnheitsverhalten und damit zur Unfähigkeit, sich auf Neues
einzulassen (siehe Abschn. 7.3). Zu wenige Muster (mangelnde Kenntnisse) bedeuten
fehlenden Nährboden für die Kreativität. Daher erfordert Kreativität immer hinreichend
viele und bewegliche Muster.

Assoziation Sie bedeutet eine Verknüpfung von gedanklichen Inhalten in der Weise, dass
das Vorhandensein eines bestimmten Inhalts im Bewusstsein die Präsenz eines anderen
Inhalts hervorruft oder begünstigt (Reizwort-Wirkung). Dieser Vorgang geschieht unbewusst
und dauernd. Je nach Stärke des auslösenden Reizes ist das Bewusstsein für kürzere oder
längere Zeit „abwesend" und springt dann wieder zurück (analog dem „Time-Sharing"
beim Computer). Ketten von Assoziationen („von Hölzchen auf Stöckchen kommen") sind
Grundlage unseres Denkens.

Logisches und intuitives Denken Das in unserem Kulturkreis derzeit überbewertete
logische (konvergente) Denken führt von einer Aufgabe (d. h. einer bereits strukturierten Problemstellung mit erkennbarem Lösungsweg) schrittweise zu einer Lösung (Abb. 7.4a); diese
lässt sich meist nach „richtig/falsch" bewerten. Intuitives (divergentes) Denken dagegen
führt auf verschiedenen, keineswegs geradlinigen Wegen über sprunghafte Assoziations-
ketten zu unterschiedlichen Lösungsansätzen, die sich nach „besser/schlechter" beurteilen
lassen (Abb. 7.4b). Diese Denkweise ist die entwicklungsgeschichtlich ältere; sie findet
ihre Entsprechung in der Gehirnstruktur. In Wirklichkeit lassen sich die beiden Denkweisen
jedoch nie scharf trennen.

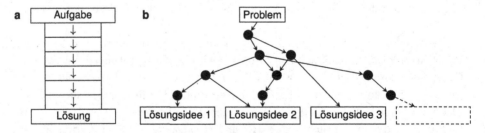

Abb. 7.4   (**a**) Logisches (konvergentes) und (**b**) intuitives (divergentes) Denken

7.2 Kreativitätsmethoden

7.2.1 Allgemeines

Bedeutung Eine „Methode" ist eine in logisch aufeinander folgenden Schritten aufgebaute Vorgehensweise, die den Zweck hat, möglichst schnell, sicher und wirtschaftlich von einem Ausgangspunkt (Aufgabe) zu einem Ziel (Lösung) zu gelangen. Extreme Beispiele sind eine Feuerleiter (vom Dach zum Erdboden) oder ein Schema (völlig starr).

Methode und Kreativität Beide Begriffe scheinen sich zunächst zu widersprechen. Der scheinbare Widerspruch löst sich jedoch, wenn die „Leiter" zu einem „Regal" umfunktioniert wird: Das Regal (Methode) legt den Rahmen (Vorgehensweise) fest, die Kreativität füllt die Fächer (Schritte) mit Inhalt, vgl. dazu Jorden (1977).

Beispiel Fußball: Der Trainer legt die Taktik (Methode) fest, die Spieler können aber innerhalb der taktischen Vorgaben immer noch frei (kreativ) agieren. Wichtig ist hier, stets das „relativ richtige Maß" zu finden (siehe Kap. 9), damit aus den Vorgaben kein „taktisches Korsett" entsteht.

Anforderungen an Kreativitätsmethoden Zur Entfaltung der Kreativität müssen Methoden folgendes beinhalten, vgl. dazu Quiske et al. (1973):

a) *Informationen sammeln:* Möglichst viele Informationsspeicher anzapfen (Ausgangsbasis für Lösungen).
b) *Blockaden beseitigen:* Hemmende Situationen, festsitzende Vorstellungen u. Ä. auflösen (Möglichkeit kreativer Lösungen schaffen).
c) *Verschiedenartige Muster zusammenbringen:* Wahrscheinlichkeit eines kreativen Sprungs (Lösung) erhöhen (eine Gewähr gibt es nie!).
d) *Lösungen bewerten:* Prüfen und beurteilen, welcher Ansatz das Problem löst bzw. lösen könnte. Dieser Punkt gehört an sich nicht mehr zu den Kreativitätsmethoden (siehe Kap. 8), hängt aber eng damit zusammen.

Kreatives Problemlösen Es führt häufig auf folgendem (Um-)Weg zum Ziel:

- Problem *erkennen* (d. h. ihm möglichst nahekommen),
- Problem *abstrahieren* (d. h. sich möglichst weit davon entfernen),
- Problem *lösen* (d. h. sich gezielt aus der Entfernung nähern),
- Lösung *überprüfen* (d. h. unter Einsatz des logischen Denkens).

Zur Unterstützung der Ideenfindung lassen sich die nachfolgenden Kreativitätsmethoden einsetzen. Sie werden in intuitiv betonte und logisch betonte Methoden unterteilt (vgl. Abschn. 7.1.2).

7.2.2 Intuitiv betonte Methoden

7.2.2.1 Brainstorming

Bedeutung Das Brainstorming (Osborn, 1953) ist die älteste, einfachste und bekannteste Kreativitätsmethode. Sie wurde 1939 entwickelt und gehört heute weitgehend zum Allgemeinwissen.

Organisation Das Brainstorming wird stets in einer Gruppe (Team) durchgeführt, siehe Kap. 10:

- *Teamgröße* von etwa 5 bis 8 (max. 12) Mitgliedern,
- *Niveau* der Teilnehmer möglichst ausgeglichen (nach Stellung, Ausbildung u. Ä.),
- *Fachgebiete* der Teilnehmer möglichst verschieden,
- *Teamleiter* als neutraler Koordinator und Steuermann.

Vorgehensweise Sie erfolgt in drei Phasen:

1. *Informationsphase:* Problem *erläutern,* diskutieren; Fragen klären.
2. *Grünphase: Ideen* frei äußern, mit folgenden „Spielregeln":
   - *keinerlei Kritik* zulässig (!),
   - *Menge* wichtiger als Qualität,
   - auch „spinnige" Ideen werden erwartet,
   - kein Konkurrenzverhalten (andere übertrumpfen, Ideen für sich behalten wollen u. Ä.),
   - Ideen *sichtbar* notieren (auf Whiteboard, Flipchart o. Ä.),
   - *positive* Aspekte der Ideen suchen und weiterentwickeln (!).
3. *Rotphase: Kritik,* Beurteilung und Auswahl von Ideen:
   - Sortieren nach Zusammengehörigkeit (an Whiteboard nummerieren, Flipchartpapier zerschneiden o. Ä.),
   - besprechen und bewerten (freie Diskussion, ggf. einfache Punktbewertung, siehe Abschn. 8.2.1),
   - unbrauchbare Ideen (z. B. „spinnige") streichen,
   - geeignet erscheinende Ideen zur Weiterbearbeitung vorsehen.

Vergleich mit den Anforderungen aus Abschn. 7.2.1

a) *Informationen sammeln:*
   - Informationsphase („Problemnähe").
b) *Blockaden beseitigen:*
   - Kritikverbot in der Grünphase gibt psychologische Sicherheit und Freiheit. (Das *Grün-Rot-Prinzip* oder Prinzip der zurückgeschobenen Kritik ist die wichtigste Regel bzw. Verhaltensweise bei allen kreativen Aktionen!)

- Erwartung „spinniger" Ideen gibt Mut zum Äußern und Aufgreifen ungewöhnlicher Betrachtungsweisen.
- Passendes Niveau der Teilnehmer verhindert ein „Schielen" zum Vorgesetzten bzw. zu den Mitarbeitern (mit Scheu bzw. Profilierungssucht).

c) *Verschiedenartige Muster zusammenbringen:*
- Ideen fortspinnen durch Assoziationen (offenes Notieren).
- Suche nach *positiven* Aspekten. (Jede Idee hat solche; wir sehen aber gern zuerst die negativen.)
- „Spinnige" Ideen können neuartige Sichtweisen hervorrufen.

d) *Lösungen bewerten:*
- Rotphase (nur erster Schritt zur Bewertung und Auswahl; hier beginnt ggf. der Projektablauf, siehe Kap. 4).

Praxiserfahrungen

- Das Brainstorming lässt sich schnell und mit geringem Aufwand durchführen bzw. erlernen, vorausgesetzt, es wird „ernst gespielt" (wie Kinder spielen); „Alberei" ist ebenso unangebracht wie „Bierernst".
- Brauchbare Ergebnisse lassen sich bei geschickter Leitung auch erreichen, wenn die organisatorischen Voraussetzungen (siehe oben) nicht erfüllt sind.
- Häufig erscheint es so, als ob nach Ablauf einer Sitzung (20 bis max. 30 Minuten) kaum brauchbare Ideen herausgekommen wären. Erst später führen dann die „Ideenkeime" bei einer intensiven Weiterbearbeitung über Kombinieren, Assoziieren usw. doch noch zu guten neuen Lösungen (die Tätigkeit des Unbewussten braucht Zeit).
- Nützlich für den Leiter: Flott skizzieren können (üben!), stimulierende Fragen stellen.

7.2.2.2 Varianten zum Brainstorming

Bedeutung Die folgenden Varianten sollen die Möglichkeiten des Brainstormings erweitern.

Problemumformulierung Es werden nicht sofort Lösungsideen, sondern zunächst andere Formulierungen für die Aufgabenstellung gesucht (z. B. Umkehr der Sichtweise, Frage nach dem Kern des Problems, Präzisierung), denn die Aufgabenstellung enthält oftmals die Lösungsrichtung bzw. schränkt sie ein, vgl. Abschn. 6.2.

Beispiel (Quiske et al., 1973)*:* Ein hungriger Affe sitzt in einem Käfig mit einem Kletterbaum darin; außerhalb des Käfigs liegt unerreichbar eine Banane. Für ihn heißt das Problem: „Wie komme ich an die Banane?" Eine Umformulierung dieses Problems könnte lauten: „Wie kommt die Banane zu mir?" Durch diese Umformulierung wird das Gehirn auf andere Aspekte des Problems gelenkt, die neue Lösungsalternativen ermöglichen. Beispielsweise könnte sich der Affe einem Wärter bemerkbar machen, der ihm die Banane in den Käfig reicht. Oder er könnte einen Ast vom Baum brechen und diesen als Werkzeug benutzen.

Weitere Beispiele für Problemumformulierungen liefert Tab. 7.2.

Brainwriting Jeder Teilnehmer schreibt innerhalb von fünf Minuten drei Lösungsideen auf. Für die Teilnehmer bedeutet dies einen gewissen Stress; daher wird das Brainwriting zum Teil auch als „Initialzündung" zu Beginn einer nachfolgenden Brainstorming-Sitzung angewendet, damit die Teilnehmer bei letzterer sofort voll aktiv sind.

Methode 6-3-5 (Rohrbach, 1969) Schriftliche Version des Brainstormings, denn mancher kann sich besser schriftlich äußern. Gleichzeitig werden die Ideen schriftlich festgehalten. Die Vorgehensweise ist dabei wie folgt:

- **6** Teilnehmer (Zusammensetzung wie beim Brainstorming).
- Jeder schreibt für sich **3** Lösungsideen auf ein Blatt Papier.
- Die Blätter werden reihum weitergereicht, insgesamt **5** Mal.

Tab. 7.2 Umformulierung des Problems ergibt neue Lösungsrichtung. (Nach Quiske et al., 1973)

Ausgangsformulierung des Problems	Problemumformulierung	Ergebnis
Ein Beispiel aus der Literatur: Wie kommt der Fuchs zum Käse, den der Rabe im Schnabel hat?	Wie kommt der Käse zum Fuchs?	Der Fuchs fordert den Raben zum Singen auf. Der Rabe singt, und der Käse fällt aus dem Schnabel
Ein Beispiel aus dem Handel: Wie kommt der Kunde zu mir?	Wie komme ich zum Kunden?	Erfindung des Versandhandels; Versand von Katalogen. Heute: Internetwerbung, soziale Netzwerke
Ein Beispiel aus der Kindererziehung: Wie kann ich verhindern, dass das Kind den Christbaum demoliert? (Lösung: Kind in den Laufstall)	Wie kann ich das Kind vor dem Christbaum schützen?	Christbaum in den Laufstall
Ein Beispiel aus dem Marketing: Wie kann ich das, was ich produziere, verkaufen?	Was muss ich produzieren, um Kundenwünsche zu befriedigen?	Produktion nach Marktforschungsergebnissen ausrichten
Ein Beispiel aus dem Bankenwesen: Wie bekomme ich Kunden in die Bank?	Wie komme ich zu den Kunden?	Verkauf von Produkten an der Haustür. Heute: Online-Banking
Ein Beispiel aus der Technik: Wie kann man Walnüsse knacken, ohne den Inhalt zu beschädigen	Wie kann man Walnüsse von innen her öffnen?	In die Walnuss eingeführtes Gas wird zur Expansion gebracht

- Jeder sieht die vorhergehenden Ideen und schreibt drei neue hinzu.

Erfahrungen zur Methode 6-3-5 Theoretisch stehen nach Ende der Sitzung $6 \times 3 \times 6$ = 108 Ideen auf den sechs Blättern. Praktisch sind es jedoch viel weniger, weil manche doppelt auftauchen und nicht jedem immer drei Ideen einfallen. Es lässt sich daher – neben der Teilnehmerzahl – auch die vorgegebene Zahl der Ideen verändern (z. B. Methode 6-2-5, 5-2-4 o. Ä.).

7.2.2.3 Bildmethoden

Bedeutung Bildmethoden versuchen, die Art und Vielfalt der Lösungsideen gegenüber dem Brainstorming weniger zufallsabhängig zu machen und die Loslösung vom Problem zu intensivieren, indem ein Bild analysiert wird. Das Bild wird zeitweise vor das Problem geschoben und verdeckt dieses somit („Entfernung vom Problem", „Blockaden beseitigen"); anschließend wird versucht, Beziehungen zwischen dem Bild und dem Problem herzustellen („unterschiedliche Muster zusammenbringen").

Kriterien für die Bildauswahl

- Das Bild sollte allen Teilnehmern *gefallen*.
- Es muss den Teilnehmern hinreichend *bekannt* sein.
- Es muss vom Problembereich weit genug *entfernt* sein. Beispielsweise ist bei einem Problem aus der Technik ein Bild aus der Natur zu empfehlen und bei einem sozialen Problem eher ein Bild aus der Technik.

Arten von Bildmethoden

- *Bisoziationsmethode* (Koestler, 1966): Die Bisoziation ist das gleichzeitige Betrachten zweier verschiedener (Bild-)Vorstellungen. Das Bild sollte zum Problem möglichst gegensätzlich sein. Es wird von den Teilnehmern nach freier Fantasie vorgeschlagen.
- *Analogiemethode:* Das Bild sollte mit dem Problem prinzipiell verwandt sein, aber aus einem entfernten Bereich stammen.

Beispiel

- *Problem:* neuer Regenschirm
- *Bisoziationsbild:* untergehende Sonne
- *Analogiebild:* Pilz

Vorgehensweise zur Auswahl von Bildern (Empfehlung)

- Teilnehmer schlagen Bilder vor (durch Zuruf).

- Teamleiter notiert sichtbar die Bildernamen.
- Teamleiter sondert Bilder aus, die nicht den Regeln entsprechen (mit kurzer Begründung).
- Jeder Teilnehmer notiert sich, welches Bild ihm am besten gefällt.
- Teamleiter lässt sich die bevorzugten Bilder nennen (über Handzeichen oder mit Strichliste).
- Gewählt ist das Bild mit den meisten Nennungen; gegebenenfalls Stichwahl.

Vorgehensweise zu Bildmethoden

1. *Problem erläutern,* diskutieren; Fragen klären.
2. *Bild auswählen:* Vorgehensweise siehe oben.
3. *Bild gemeinsam beschreiben:*
   - Aussagen in einfachen Sätzen formulieren.
   - Aussagen sichtbar notieren (Teamleiter auf Whiteboard, Flipchart o. Ä.).
   - Keine Kritik.
4. *Verknüpfungen herstellen* zwischen Bildaussagen und Problem:
   - Ohne Kritik.
   - Ideen sichtbar notieren.
   - *Positive* Aspekte suchen und Ideen weiterentwickeln.
5. Ideen sortieren, *bewerten* und *auswählen* („Rotphase").

Beispiel für Bisoziationsmethode (Quiske et al., 1973)

1. *Problem:* Motivierung von Mitarbeitern zur Teilnahme an Weiterbildungskursen
2. *Gewähltes Bild:* „Küken im Ei"
3. *Analyse des Bilds* (Auswahl)*:*
   - Dem Küken wird es zu eng in der Schale, es bricht die Schale auf.
   - Mit Anstrengung verlässt es die Hülle und begibt sich in eine neue Welt.
   - Es muss auf eigenen Beinen stehen und sich behaupten.
   - Es beginnt zu wachsen und sich zu entwickeln.
4. *Werbeformulierungen für Weiterbildung:*
   - Durch Weiterbildung verlässt man seinen engen Bereich und stößt in neue geistige Gefilde vor.
   - Durch Weiterbildung geht man Risiken ein, die aber die Chance für völlig neue berufliche Möglichkeiten bedeuten.
   - Ohne Weiterbildung ist man eingeengt, abhängig und wenig lebensfähig. Man lebt quasi in einer Zwangsjacke, wie in einem Ei.

7.2.2.4 Synektik

Bedeutung Die Synektik (Gordon, 1961) ist eine spezielle, ausgefeilte Analogiemethode. Sie arbeitet mit einer völligen Problementfernung bis zum Vergessen des Ursprungsproblems. Wesentlich sind dabei der Meditation verwandte Techniken, wie sich persönlich in etwas hineinzuversetzen und das Bilden von paradoxen Wortkombinationen („Jede Wahrheit ist paradox", d. h. besteht aus zwei Gegenpolen, vgl. Abschn. 7.1.2). Die Methode setzt, mehr noch als Bildmethoden, ein geübtes Team und einen erfahrenen Teamleiter voraus (siehe Kap. 10). Für eine effektive Ausführung ist eine Schulung notwendig.

Vorgehensweise Die Methode läuft in insgesamt zehn Schritten ab (Beispiel siehe Tab. 7.3):

1. Problem erläutern, Fragen klären.
2. Problemumformulierungen suchen (vgl. Abschn. 7.2.2.2).
3. Kurzes Brainstorming als „Blitzableiter": Spontan auftauchende „Patentlösungen" blockieren sonst unter Umständen die freie Teilnahme am weiteren Ablauf.
4. Eine Problemformulierung auswählen.
5. Direkte Analogien zum Problem suchen. Diese sollten mit dem Problem zwar verwandt sein, aber aus einem anderen Bereich stammen.
6. Eine Analogie auswählen. Sie sollte allen gefallen und muss hinreichend bekannt sein.
7. Persönliche Analogien zur gewählten Analogie bilden: „Wie fühle ich mich als …?"
8. Symbolische Analogien zu persönlichen Analogien bilden: Paradoxa aus Adjektiv und Substantiv („Buchtitel").
9. Fantasie-Analogien zu symbolischen Analogien suchen: beliebige Einfälle (kann auch entfallen).
10. Lösungen suchen durch Verbindungen zwischen den Analogien (insb. den symbolischen) und dem Problem: spontan, ohne Kritik, gegebenenfalls Analogien einzeln durchgehen.

Anmerkungen

- Wenn die Ergebnisse aus Schritt 10 nicht befriedigen, dann zurückgehen zu Schritt 6 (neue Analogie wählen) oder zu Schritt 4 (neue Problemformulierung wählen).
- Vereinfacht können die Schritte 1 bis 6 sowie 10 durchlaufen (d. h. die Schritte 7 bis 9 weggelassen) werden; auch das wird in der Praxis als Synektik bezeichnet.
- Die Methode kann hochkreative Lösungen hervorbringen; aber eine Gewähr für Erfolg kann auch sie nicht geben.

7.2.3 Logisch betonte Methoden

Bedeutung In diesem Abschnitt werden einige stärker gedanklich betonte Methoden betrachtet; selbstverständlich hat darin auch die Intuition ihren gebührenden Platz. Diese Methoden brauchen nicht unbedingt ein Team.

Tab. 7.3 Ablauf einer Synektik-Sitzung für die Entwicklung eines Thermosflaschen-Verschlusses. (Nach Quiske et al., 1973)

Vorgehensweise	Ergebnis
1. Problem erläutern, Fragen klären	Anforderungen an den Verschluss: • Mit Flasche integriert • Leicht zu reinigen • Große Öffnung (Esslöffel)
2. Problemumformulierungen suchen	• Wie kann man eine Thermosflasche öffnen? • Wie verschließt sich die Flasche von allein?
3. Kurzes Brainstorming als „Blitzableiter"	• Lamellenverschluss • Schwerkraft • Schieber
4. Eine Problemformulierung auswählen	Entwicklung eines Thermosflaschen-Verschlusses
5. Direkte Analogien zum Problem suchen: verwandt, aber aus einem anderen Bereich	Wo wird in der Natur etwas verschlossen? • Augenlid/Iris • Fleischfressende Pflanze • Poren • After • Blüte • Mund • Muschel • Igel
6. Eine Analogie auswählen. Sie sollte allen gefallen und muss hinreichend bekannt sein	Augenlid
7. Persönliche Analogien zur gewählten Analogie bilden: „Wie fühle ich mich als …?"	• Dünn/durchscheinend • Feucht/nass • Vorgespannt • Gekrümmt • Elastisch • Behaart • Schnell • Weich
8. Symbolische Analogien zu persönlichen Analogien bilden: Paradoxa aus Adjektiv und Substantiv („Buchtitel")	• Dünne Dickheit • Feuchte Trockenheit • Vorgespannte Lockerheit (1) • Gekrümmte Geradheit (2) • Elastische Starrheit • Behaarte Kahlheit • Schnelle Trägheit • Weiche Härte

(Fortsetzung)

Tab. 7.3 (Fortsetzung)

Vorgehensweise	Ergebnis
9. Fantasie-Analogien zu symbolischen Analogien suchen	Zu (1): Regentropfen/Akrobatikseil Zu (2): Erdoberfläche
10. Lösungen suchen durch Verbindungen zwischen den Analogien und dem Problem: spontan, ohne Kritik	Luftballon, der verdreht wird (wurde auf Thermosflaschen-Verschluss übertragen und in den USA patentiert)

7.2.3.1 Analyse natürlicher Systeme

Bedeutung Die „Bionik" – ein Kunstwort aus den Begriffen „*Bio*logie" und „Tech*nik*" – beschäftigt sich mit dem Studium und der Übertragung von Lösungen und Prinzipien aus der Natur auf technische Systeme (Nachtigall, 2002). Die systematische Analyse von natürlichen Systemen, ihrer Funktionen, Mechanismen und Interaktionen kann zu neuen und insgesamt effizienteren Lösungen für technische Probleme führen. Sie ermöglicht dem Produktentwickler zudem, seine Kreativität zu verbessern und seinen Horizont zu erweitern.

Beispiel Abb. 7.5 zeigt die systematische Analyse der Gelenke eines menschlichen Arms und die Übertragung der Erkenntnisse auf die Konstruktion eines Roboterarms. Betrachtet man das Schultergelenk, so lässt sich dieses als Kugelgelenk abstrahieren. Das Ellenbogengelenk lässt sich insgesamt in drei Teilgelenke untergliedern: Das Gelenk zwischen Oberarmknochen und Elle entspricht einem Scharniergelenk, das Gelenk zwischen Oberarmknochen und Speiche einem Kugelgelenk und das obere Gelenk zwischen Elle und Speiche einem Kurvengelenk. Das Handgelenk lässt sich schließlich als Kardangelenk interpretieren.

7.2.3.2 Analyse von Formeln

Bedeutung Es werden Gleichungen untersucht, die den physikalischen (o. a.) Effekt oder das Wirkprinzip beschreiben (vgl. Abschn. 6.4). Aus der Betrachtung der Einflussgrößen lassen sich neue (Teil-)Wirkprinzipien oder auch Konstruktionselemente (vgl. Abschn. 6.5) ableiten.

Beispiel (Pahl et al., 2007) Ansätze zur Erhöhung des Lösemoments M_L einer Schraube bzw. Mutter:

$$M_L = F_S \cdot \left[\frac{D_K}{2} \cdot \mu_K + \frac{d_F}{2} \cdot \tan\left(\frac{\rho_F}{\cos(\beta/2)} - \varphi \right) \right] \tag{7.1}$$

1. Schraubenkraft F_S größer (höherfeste Schraube),
2. Kopfauflagedurchmesser D_K größer (breiterer Kopf),

Gelenk	Ersatzsystem	Arm
Schulter		
Ellenbogen		
Hand		

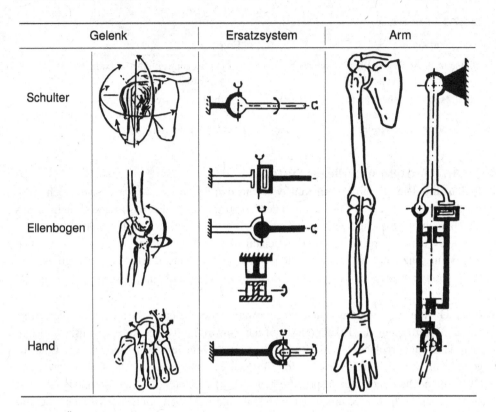

Abb. 7.5 Übertragung der Kinematik eines menschlichen Arms auf einen Roboterarm. (Nach Schlattmann, 1989)

3. Kopfreibbeiwert μ_K größer (Kleben, Werkstoffwahl, Verzahnung),
4. Flankendurchmesser d_F größer (dickere Schraube),
5. Flankenreibung ρ_F größer (Kleben, trockene Flächen),
6. $\cos(\beta/2)$ kleiner bzw. β größer (Spitzgewinde),
7. Steigungswinkel φ kleiner (Feingewinde).

7.2.3.3 Morphologischer Kasten

Bedeutung Die Morphologie (Zwicky, 1971) ist die Lehre von der Gestalt oder Struktur. Das Prinzip und seine technische Anwendung gehen aus Tab. 7.4 hervor. Der morphologische Kasten wird üblicherweise nur als zweidimensionale morphologische Tabelle verwendet, in der die Strukturparameter und möglichst viele Ausprägungen je Parameter aufgelistet werden.

Tab. 7.4 Prinzip und Anwendung der Morphologie

Allgemeines Prinzip	Beispielhafte Anwendung
Ein Problem wird auf seine Struktur hin untersucht, d. h. auf seine Parameter	Eine Funktion wird auf ihre Teilfunktionen hin untersucht
Jeder Parameter wird möglichst in allen seinen Ausprägungen dargestellt	Für jede Teilfunktion werden möglichst alle entsprechenden Wirkprinzipien aufgelistet
Lösungsstrukturen ergeben sich aus (sämtlichen) möglichen Kombinationen von Ausprägungen	Prinziplösungen ergeben sich aus möglichen (verträglichen) Kombinationen von Wirkprinzipien

Vorgehensweise Sie besteht aus sechs Schritten:

1. *Problem* erläutern.
2. Problem in *Parameter* aufteilen (z. B. Funktion in Teilfunktionen).
3. *Ausprägungen* zu jedem Parameter suchen (z. B. Wirkprinzipien zu jeder Funktion):
   - ohne Kritik und Wertung,
   - möglichst viele,
   - zweckmäßig nach Sachgruppen (z. B. mechanisch, elektrisch usw.).
4. *Kombinationen* von verträglichen Ausprägungen (Wirkprinzipien) suchen. Daraus ergeben sich Ansätze für Prinziplösungen.
5. Kombinationen (Prinziplösungen) *bewerten*.
6. Kombination(en) zur Weiterbearbeitung *auswählen*.

Beispiel Tab. 7.5 zeigt ein Beispiel für einen morphologischen Kasten für eine Uhr. Zu den Funktionen (oben) werden die passenden Wirkprinzipien (unten) aufgelistet und zu verträglichen Lösungen kombiniert.

Anwendung Der morphologische Kasten lässt sich auf viele Problemarten anwenden, die eine Untergliederung gestatten. Die in Tab. 7.4 dargestellte Anwendung auf Funktionen und Wirkprinzipien ist typisch; sie zeigt Verwandtschaft zur Produktentwicklungsmethodik (vgl. Kap. 6).

Vorteile

- Die Methode ist leicht verständlich.
- Sie zwingt zum systematischen Durchdringen des Problems.

Tab.7.5 Beispiel eines morphologischen Kastens für eine Uhr

Energie einbringen	Energie speichern	Energie umwandeln	Energie übertragen	Energie steuern	Zeit anzeigen
Handkraft	Feder	Federmotor	Kette	Pendel	Zeiger
Gewichtskraft	Gewicht	Gewichtsmotor	Zahnräder	Unruh	Klappziffern
Bewegungsenergie	Druckluftbehälter	Druckluftmotor	Fluidische Schaltung	Stimmgabel	Leuchtdioden
Luftdruckschwankung	Akku	Elektromotor	Elektronische Schaltung	Schwingquarz	Flüssigkristall
Elektrisches Netz	Sandbehälter	Elektromagnet	Lichtstrahl	Elektronische Schaltung	Glockenzeichen
Batterie	Ohne	Elektronische Schaltung	Glasröhre	Fluidische Schaltung	Piepton

- Es ergibt sich eine große Lösungsvielfalt.
- Das Grün-Rot-Prinzip ist enthalten.
- Die Methode kann auch vom einzelnen Problemlöser angewendet werden.

Nachteile

- Die Methode ist nur für relativ wenige Parameter geeignet (sonst zu aufwendig und unübersichtlich).
- Sie setzt immer eine vorhandene, zumindest eine vorstellbare Struktur voraus. Daraus resultiert jedoch eine Gefahr der Vorfixierung.
- Die Art und Vielfalt der Lösungen sind stark von der Parameteraufteilung abhängig. Da es beliebig viele unterschiedliche Parameteraufteilungen gibt, ist der Anspruch, dass mit der Methode *sämtliche* Problemlösungen gefunden werden können, nicht haltbar.
- Die Methode hilft nicht bei der Zusammenfassung mehrerer Funktionen in einem Funktionsträger (vgl. Abschn. 6.5.3).

7.2.3.4 Gezielte Merkmalvariation

Bedeutung Die gezielte Merkmalvariation (z. B. nach GALFMOS) ist eine einfache, aber wirksame Methode, um, ausgehend von einer bereits existierenden konstruktiven oder Prinziplösung, systematisch zu völlig neuen Lösungsansätzen zu gelangen, vgl. dazu Rodenacker (1970). Das Akronym GALFMOS (nach Jorden) leitet sich dabei von den konstruktiven Merkmalen ab, die bei dieser Methode systematisch variiert werden, siehe Tab. 7.6.

Ausgehend von einer insgesamt leichteren Überschaubarkeit mit der Fokussierung unseres Gehirns auf einen bestimmten Teilaspekt können auf diese Weise eine Vielzahl von Lösungsvarianten geschaffen werden. Die Methode eignet sich vor allem für konstruktive Tätigkeiten (vom Skizzieren bis zum Detaillieren), wenn bereits eine Lösung als Prinzipskizze oder Zeichnung vorliegt, die aber nicht befriedigt.

Tab. 7.6 Gezielte Merkmalvariation nach GALFMOS

Merkmal	Varianten	Auswirkung
Größe Anzahl Lage Form	Geometrische	Von oben nach unten meist zunehmende Veränderung der vorgegebenen konstruktiven Lösung
Material Oberfläche Schlussart	Sonstige	

Beispiel Ein Beispiel für die Anwendung von GALFMOS ist in Abb. 7.6 illustriert. Ausgehend von einer klassischen Schraubenfeder aus Federstahl wird zunächst das Merkmal *Größe* variiert, indem der Außendurchmesser der Feder (linkes Bild), der Drahtdurchmesser (mittleres Bild) bzw. die Federlänge (rechtes Bild) verändert werden. Eine Variation der *Anzahl* führt zum Beispiel auf mehrere, parallel geschaltete Federn. Das Merkmal *Lage* lässt sich beispielsweise durch die Lage des Kraftangriffs variieren. In allen drei dargestellten Fällen wirkt die Kraft als Zugkraft. Dabei wird die Feder im linken Bild auf Druck, diejenige im mittleren Bild auf Zug und die beiden Federn im rechten Bild wiederum auf Druck belastet. Eine Variation der *Form* ergibt als beispielhafte Lösungen eine kegelförmige Druckfeder

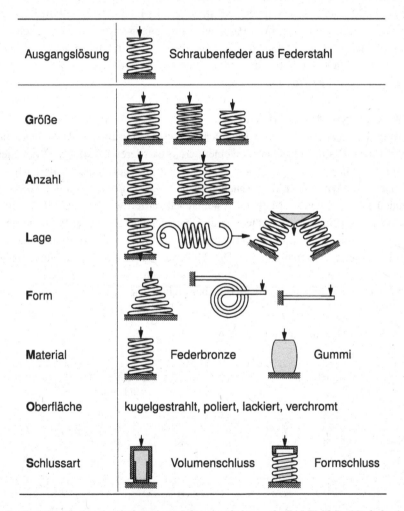

Abb. 7.6 Gezielte Merkmalvariation einer Schraubenfeder nach GALFMOS. (Nach Jorden; vgl. dazu Linde & Hill, 1993)

(linkes Bild), eine Drehfeder (mittleres Bild) oder eine Balkenfeder (rechtes Bild). Als alternatives *Material* für die Feder ist zum Beispiel Federbronze (linkes Bild) oder auch Gummi (rechtes Bild) denkbar. Die *Oberfläche* kann dabei kugelgestrahlt, poliert, lackiert oder auch verchromt sein. Als *Schlussart* sind beispielsweise ein Volumenschluss als Gasdruckfeder (linkes Bild) oder ein Formschluss über eine zylindrische Führung (rechtes Bild) denkbar.

Praxiserfahrungen Die gezielte Suche in verschiedenen, vorgezeichneten Richtungen führt relativ schnell von Vorfixierungen weg. Durch Weiterspinnen und Kombinieren der Ideen lassen sich – unter Umständen in mehreren Anläufen – mit wenig Aufwand neue Lösungsansätze gewinnen. Die Methode kann sowohl in der Gruppe als auch von Einzelnen angewendet werden.

7.2.3.5 Analyse von Wirkflächen

Bedeutung Flächen eines Bauteils lassen sich unter anderem unterscheiden in Funktionsflächen, Montageflächen und Freiflächen. Letztere haben für die Bauteilfunktion keine unmittelbare Aufgabe und sollten daher – auch im Sinne der Integralbauweise (vgl. Leitregel 6.15) – bei einer Bauteilüberarbeitung bzw. Ausweitung der Bauteilfunktion zuvorderst betrachtet werden. Dies ist insbesondere vorteilhaft, da eine Änderung an den Freiflächen meist weit weniger Auswirkungen auf das Gesamtsystem bzw. das Bauteil als Teil einer Maschine nimmt. Ein Beispiel für die Wirkflächenanalyse zeigt Abb. 7.7.

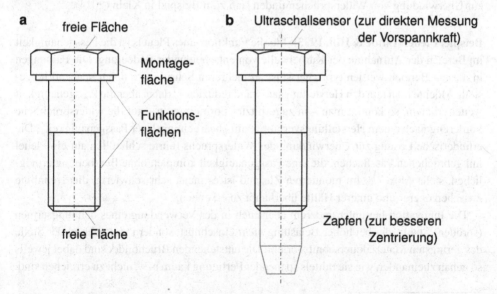

Abb. 7.7 Beispiel einer Wirkflächenanalyse anhand einer Schraube

7.2.3.6 TRIZ

Bedeutung TRIZ ist das russische Akronym für „Theorie des erfinderischen Problemlösens". Sie basiert auf einer umfangreichen Patentanalyse[1], aus welcher drei wesentliche Erkenntnisse abgeleitet werden konnten, vgl. dazu Altschuller (1998):

1. Eine Vielzahl von Erfindungen basiert auf einer kleinen Anzahl allgemeiner Lösungsprinzipien.
2. Innovative Entwicklungen entstehen durch die Überwindung von technischen Widersprüchen.
3. Die Evolution technischer Produkte folgt bestimmten Mustern und Gesetzen.

Umgang mit Widersprüchen Dieser lässt sich grundsätzlich in zwei Kategorien unterteilen:

- Kompromisslösungen und
- Lösungen auf Erfindungsniveau.

Kompromisslösungen sind neue, aber eher wenig anspruchsvolle Lösungen. Sie gehen oft auf Kosten bestimmter Anforderungen und akzeptieren gewisse Einschränkungen. Im Gegensatz dazu führen Lösungen auf Erfindungsniveau, bei denen erkannte Widersprüche mithilfe neuer Prinzipien überwunden werden, zu einzigartigen und innovativen Lösungen. Die Kunst der innovativen Entwicklung besteht folglich darin, Widersprüche (in Form von Konflikten) zu erkennen, diese klar zu formulieren und kreativ zu überwinden. Zahlreiche Methoden zur Überwindung von Widersprüchen finden sich zum Beispiel in Klein (2014).

Beispiel Pleuel (Linde & Hill, 1993) Für die Funktion eines Pleuels ist die Passgenauigkeit im Bereich der Aufnahme der Kurbelwelle von entscheidender Bedeutung. Die Passungen in diesem Bereich werden typischerweise in mehreren Schritten komplett spanend hergestellt. Möchte man nun den Herstellungsaufwand reduzieren, dabei aber die Passgenauigkeit weiter erhöhen, so kommt man – in zugespitzter Formulierung – auf die widersprüchliche Forderung nach einem Herstellungsverfahren mit „bearbeitungsloser Passgenauigkeit". Die erfinderische Lösung zur Überwindung des Widerspruchs führte schließlich auf ein Pleuel mit gebrochenen Passflächen, die eine Passgenauigkeit komplett ohne Bearbeitung ermöglichen, siehe Abb. 7.8. Im montierten Zustand ist es meist sehr schwierig, die Trennlinie zwischen oberer und unterer Hälfte überhaupt zu erkennen.

Die Innovation lag unter anderem aber auch in der Verwendung eines dehnungsarmen (spröden) Stahls, der bei hoher Belastung *nicht* einschnürt, sondern vielmehr an der Stelle des geringsten Materialquerschnitts bricht. Die entstehenden Bruchbilder sind dabei jeweils so genau zueinander, wie sie mittels spanender Fertigung kaum bzw. nicht zu erreichen sind.

---

[1] Bis heute wurden über 2,5 Mio. internationale Patente untersucht.

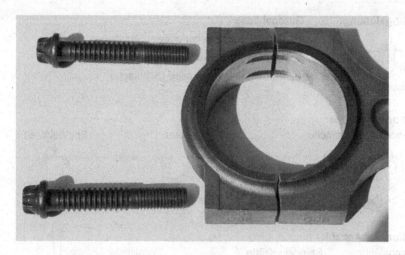

Abb. 7.8 Pleuel mit gebrochenen Passflächen (Mikroformschluss ohne Bearbeitung); die Schrauben sind dabei in zwei Gewindeabschnitte unterteilt. Das Gewinde unter dem Schraubenkopf dient als „Führung" der Bruchflächen zueinander. Dagegen sorgt das zweite Gewinde für eine Pressung der Bruchflächen aufeinander

7.2.4 Praxisbeispiel „Torusventil"

Bedeutung Hauptziel der Entwicklung war es, eine Ventileinheit zu schaffen, welche es ermöglicht, auch höhere Fluiddrücke leckagefrei abzudichten.

Lösungssuche Der erste Schritt war eine allgemeine Analyse aller Funktionen und ihrer möglichen Lösungen. Parallel zur funktionalen Betrachtung wurden auch die geometrischen Grundlagen von Absperr- und Drosselventilen sowie die entsprechenden Kraftverhältnisse am Ventilteller untersucht. Eine systematische Variation der Merkmale bei einem Kegelventil (Abb. 7.9) führte schließlich zur gewünschten Lösung.

Lösung Die Lösung besteht in der Verwendung eines schräg zur Kegelachse angeordneten Torus als komplementäres Dichtelement, siehe Abb. 7.10. Die linienförmige Dichtgeometrie dieser Lösung kombiniert ein hohes Dichtungspotenzial (auch für Metallkörper) mit geringem Strömungswiderstand, kompakter Größe und niedrigen Herstellungskosten. Der wichtigste Vorteil jedoch ist eine optimalere Verteilung der Dichtkräfte, wodurch auch höhere Drücke abgesperrt werden können. Abb. 7.11 zeigt einen Schnitt durch das Ventilgehäuse. Das gesamte Ventil ist in Abb. 7.12 dargestellt.

Ausgangslösung: - Gussgehäuse

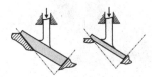

- mit Gummi ummantelter ebener Ventilteller
- Abdichtung durch Kraftschluss
- unbearbeitete kegelförmige Dichtfläche

Variation der Größe:
Breite der Dichtfläche　　　　　　　　　Kegelwinkel　　　　　　　　Spindel/Kraft

Variation der Anzahl:
Dichtfläche　　　Spindeln/Kräfte　　　　　　　Ventilteller

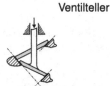　　　　　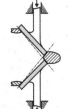

Variation der Lage:
Kegel　　　　　　　　　　　　　　　　Kraft　　　　　Ventilplatte

　　　　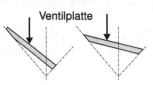

Variation der Form:
　　　　　Dichtfläche:　　　Ventilteller:

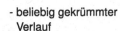

- zylinderförmig

Kugel　　　Ellipsoid　　- abgeknickter Verlauf

- beliebiger Rotationskörper
- beliebig gekrümmte Flächen

- beliebig gekrümmter
  Verlauf

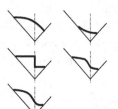

Variation des Materials:　　Gehäuse:　　　　　　　　　　　Ventilteller:

- Kunststoff/Verbundwerkstoff　　- Kupfer

- Keramik　　　　　　　　　　　- Kunststoff

Variation der Oberfläche:　　- unbearbeitet　　- poliert　　- profiliert

- geschliffen　　- geriffelt　　- beschichtet

Variation der Schlussart:　　- Formschluss (z. B. Schnappverbindung)

- Stoffschluss (z. B. Klebschicht)

Abb. 7.9 Systematische Variation der Merkmale nach GALFMOS bei einem Kegelventil

Abb. 7.10 Prinzip einer
torusförmigen Dichtgeometrie
bei einem Kegelventil

Abb. 7.11 Schnitt durch das
Ventilgehäuse mit
torusförmiger Dichtgeometrie

7.3 Blockaden der Kreativität

Bedeutung Bestimmte Verhaltensweisen behindern bzw. blockieren die Kreativität. Eine gezielte Nutzung der Kreativität macht folglich die Beseitigung von Blockaden notwendig. Im Folgenden werden sechs solcher Aspekte betrachtet, die sich teilweise überlappen.

7.3.1 Eingefahrene Gleise

Bedeutung „Eingefahrene Gleise" bedeutet, dass jemand auf Bisheriges festgelegt ist und damit nicht aufnahmebereit ist für Neues. Das Dilemma besteht darin, dass die Bildung

Abb. 7.12 Kegelventil mit torusförmiger Dichtgeometrie (Schlattmann, 1996)

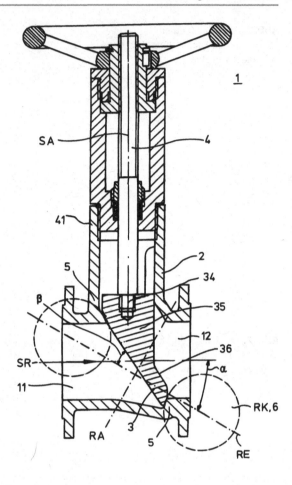

und Anwendung von Mustern lebensnotwendig ist und deswegen laufend geschieht (vgl. Abschn. 7.1.2), und zwar immer unbewusst, sodass eine Person gar nicht merkt, wenn sie sich routinemäßig verhält.

Kategorienbildung Das Bewusstsein gliedert seine Muster in Kategorien. Diese ermöglichen bzw. erleichtern die Anpassung des Verhaltens an die Erfordernisse des Lebens; sie bestimmen aber auch über die Beweglichkeit und Verfügbarkeit der Muster:

- Kategorien ermöglichen das rasche *Identifizieren* und *Einordnen* von Wahrnehmungen in die vorhandene Einteilung. Die Gefahr liegt im vorschnellen (voreingenommenen) Urteil („Vorurteil"). Beispiel: Ein Mann torkelt. Urteil: „Der Mann ist betrunken." (Wirklich? Vielleicht Schwächeanfall? Hilfe nötig?)
- Das Bewusstsein versucht stets, mit der *geringst möglichen Anzahl* an Kategorien auszukommen und diese beizubehalten. Das Umordnen und Anlegen neuer Kategorien

erfordert geistige Anstrengung und wirkt angstauslösend, weil dann ein Teil des bisher gewohnten Weltbilds aufgegeben werden muss. Die „bequeme" Beibehaltung bedeutet Unbeweglichkeit, „Verkalkung", Konfliktscheu, Verzicht auf Kreativität und letztlich auf Weiterentwicklung der Persönlichkeit. Extrembeispiel (Karikatur): Der „Sanitätsgefreite Neumann" behandelt alles, was er sehen kann, mit Jod, und was er nicht sehen kann, mit Abführmittel.

- Kategorien enthalten meist einen richtigen Grundansatz, sind aber oft wenig rational; außerdem sind sie in der Regel emotional gefärbt. Auch eine ursprünglich einmal sinnvolle Zuordnung ist nach einiger Zeit mangels Anpassung unangemessen oder wird unzulässig verallgemeinert; das führt zu Vorurteilen und sachlich ungerechtfertigten Ansichten. Diese sind der Feind der Persönlichkeitsentwicklung. Der sicherste Weg, sie zu behalten, ist der Spruch „Ausnahmen bestätigen die Regel.". Beispiel: „Wenn ich schon sehe, dass ...."

Ansätze gegen „eingefahrene Gleise" Die zentrale Aufgabe heißt „bewusstwerden" (Ziel jeder Persönlichkeitsentwicklung). Dies geschieht durch:

- Voraussetzungen hinterfragen:
  - Worauf kommt es wirklich an?
  - Was ist das eigentliche Problem?
  - Welche Bedingungen sind tatsächlich gegeben, welche nicht?
- Viele Anregungen aufnehmen und bewusst verarbeiten.
- Neue Aspekte suchen und nicht verdrängen, Kategorien überprüfen und gegebenenfalls neu anlegen.
- Geistige Beweglichkeit trainieren (siehe Abschn. 7.4), d. h. spielen mit Worten, Begriffen, Vorstellungen (weg vom Klischee).

7.3.2 Autoritätshörigkeit

Bedeutung Autoritätshörig ist jemand, der blind, d. h. ohne zu hinterfragen, alles das übernimmt, was eine „höhere" Instanz (z. B. Eltern, Vorgesetzter, Experte, Staat, Partei, Kirche) für richtig erklärt. Auch wirkliche Autoritäten können irren; jeder sieht ein Problem stets aus seiner persönlichen Sicht.

Beispiel Zu Zeiten der ersten funktelegrafischen Experimente, argumentierte der angesehene französische Mathematiker Henri Poincaré, dass es sich nicht über den Atlantik funken lasse, weil die Erdkrümmung wie ein Berg dazwischenstehe. Guglielmo Marconi, ein italienischer Amateurfunker, erkannte jedoch, dass Funksignale an der Ionosphäre reflektiert werden können und experimentierte mit der optimalen Frequenz, um diese Reflexionen für die Übertragung zu nutzen. Durch das Hinterfragen der Voraussetzungen und seine

Beharrlichkeit bei der Weiterentwicklung der Technologie gelang es Marconi schließlich, die Übertragung von Funksignalen über den Atlantik zu realisieren und damit Poincarés Behauptung zu widerlegen.

Ansätze gegen Autoritätshörigkeit

- Eigene Meinung hinterfragen:
  - Woher stammt die Ansicht?
  - Ist sie erwiesen?
  - Ist sie einseitig bzw. ergänzungsbedürftig?
- Allgemein anerkannte Ansichten auf den Kopf stellen und Folgerungen daraus ableiten („Wie würde die Welt aussehen, wenn ....").
- Nicht nur logisch suchen, sondern auch auf die eigene „innere Stimme" (Intuition) hören.

7.3.3 Konformität

Bedeutung Konformität bedeutet Orientierung an Wertmaßstäben, welche die Umgebung (Gruppe, Allgemeinheit) setzt. Dadurch erfolgt eine Anpassung an das Übliche und somit Einschränkung des eigenen Blickfelds. Kreativität bedeutet hingegen immer, dem „Üblichen" etwas neues entgegenzusetzen. Die Konformität ist damit der Autoritätshörigkeit und, wie diese, im weiteren Sinne den „eingefahrenen Gleisen" verwandt.

Extreme Beispiele

- Reichstagsabstimmung über den „totalen Krieg", bei der Joseph Goebbels' rhetorische Manipulation eine ganze Nation dazu bewegte, sich trotz schwerwiegender Bedenken und anfänglicher Zweifel geschlossen hinter die radikale Kriegspolitik der NS-Führung zu stellen.
- Konformitätsexperiment von Asch (1951): Eine (unwissende) Testperson sitzt einer (eingeweihten) Gruppe gegenüber. Der Testperson werden in mehreren Durchgängen jeweils drei deutlich verschieden lange Striche gezeigt sowie ein Referenzstrich, dessen Länge ebenso deutlich einem der drei Striche gleicht; die Testperson soll sagen, welchem. In zwei Drittel der Fälle äußert die Gruppe dazu geschlossen eine falsche Ansicht und in einem Drittel eine korrekte, um glaubhaft zu erscheinen. Das Ergebnis zeigte, dass etwa ein Drittel der Testpersonen seine Antwort stets korrigierte und sich der sichtbar falschen Gruppenmeinung anschloss. Ein Viertel der Testpersonen dagegen blieb unbeeinflusst. Sobald auch nur ein einziges Gruppenmitglied der Meinung der Testperson war, war die Zahl der „Umfaller" fast Null.

Die Beispiele zeigen, dass sich das Bewusstsein manipulieren lässt, vergleichbar der Ausrichtung der magnetischen Dipole im Weicheisen beim Anlegen eines Magnetfelds.

Ansätze gegen Konformität

- Ähnlich wie bei der Autoritätshörigkeit (siehe oben).
- Bewusstmachen der Vorgänge ist entscheidend.

7.3.4 Emotionale Unsicherheit

Bedeutung Neue Ideen sind unbequem. Um sie zu äußern, werden *Mut* (von der einzelnen Person aus) und *geistiger Freiraum* (von der Gruppe aus) benötigt. Beides beeinflusst sich. Der Einzelne kann nur so lange Ideen auf ein Ziel (Problemlösung) hin produzieren, als er emotional frei genug ist, d. h. seine Energie nicht für persönliche Aktionen bzw. Reaktionen verwenden muss, siehe folgendes Beispiel.

Beispiel Problembesprechung (Quiske et al., 1973) Im Idealfall (Abb. 7.13a) sind alle Aktivitäten sachbezogen auf das Ziel gerichtet. Allerdings betrachtet jeder Teilnehmer das Problem nur aus der eigenen Perspektive. Eine Annäherung ist nur möglich, wenn jeder bereit ist, zumindest zeitweise einmal seinen „Standpunkt" zu ändern, „tiefer" in das Problem einzudringen oder sich einmal „über die Sache" zu stellen.

Im negativen Fall (Abb. 7.13b) führt eine persönliche „Attacke" (z. B. Kritik) von Person A dazu, dass sich Person B „getroffen" fühlt, unbewusst in eine „Verteidigungsstellung" geht, einen „Schutzschild" aufbaut, der ihr die Sicht auf das Problem zumindest teilweise verdeckt, gereizt ist (auch meist unbewusst) und ihrerseits irgendwann etwas zum Beispiel gegen Person C „abschießt", die an dem Vorgang bisher unbeteiligt war. Nach einiger Zeit

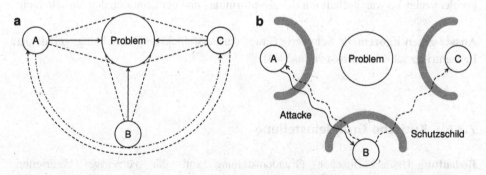

Abb. 7.13 Problembesprechung; (a) problembezogen, (b) mit persönlichen Attacken. (Nach Quiske et al., 1973)

sind alle aggressiv und agieren nur noch persönlich gegeneinander; das Problem befindet sich im Abseits.

Weitere Beispiele

- Plenardebatte im Deutschen Bundestag.
- Kreativitätsuntersuchungen an Schulklassen ergaben, dass eine Klasse mit einem strengen Lehrer *weniger* kreativ war als andere, aber auch weniger bewusste (!) Schulangst aufwies. Die Verdrängungsmechanismen, die die Angst unterdrücken, belegen offenbar wie ein „Betriebssystem" einen erheblichen Teil des „Arbeitsspeichers" und blockieren wesentliche „Dateien" mit ihren „Mustern" (insb. mit unkonventionellen, d. h. für die Kreativität wichtigen).

Ansätze gegen emotionale Unsicherheit

- Anwenden von Kreativitätsmethoden mit dem Grün-Rot-Prinzip.
- Schaffen einer kreativen Umgebung durch Üben des Grün-Rot-Prinzips auch im alltäglichen Umgang (siehe Abschn. 7.3.6).

7.3.5 Egozentrik

Bedeutung Egozentrik heißt, sich selbst immer im Mittelpunkt zu sehen. Sie stellt eine Übersteigerung des Egoismus (der *Ich*-Bezogenheit) dar, der in gewissem Maße lebensnotwendig ist (Selbstachtung und Selbstliebe sind Grundvoraussetzung für die Persönlichkeitsentwicklung). Der Egozentriker aber sieht im Prinzip nur das Ich wie in einem Spiegel und nicht das Problem. Zu den blockierenden egozentrischen Verhaltensweisen gehört auch das Status- oder Rollendenken („Der Chef kann so etwas nicht äußern."). Das Problem zeigt Verwandtschaft mit der „Konformität" und der „emotionalen Unsicherheit".

Ansatz gegen Egozentrik Schwierig (Frage der Persönlichkeitsentwicklung; gerade dem Egozentriker schwer bewusst zu machen).

7.3.6 Kritische Grundeinstellung

Bedeutung Unter kritischer Grundeinstellung soll die *vorzeitige* Verurteilung (*Vor*verurteilung) von neuen Ideen aufgrund von negativen Aspekten verstanden werden. Alles Existierende hat positive und negative Aspekte (Frage der Sichtweise, nicht absolut!); wir sind häufig geneigt, zuerst die negativen zu sehen und zu äußern. Das bedeutet oft den Tod der Idee und gleichzeitig eine Kränkung des Urhebers. Das heißt nicht, dass jemand etwa unkritisch sein soll; aber er sollte *zunächst* stets die *positiven* Aspekte betrachten, bevor er urteilt.

Ausprägungen Eine kritische Grundeinstellung zeigt sich unter anderem darin, dass negative Forderungen erhoben werden („Wir wollen nicht länger ....“, „Nieder mit ....“), ohne den Willen zur Gegenleistung, ganz zu schweigen von Vorleistung (diese ist grundsätzlich immer nötig). Auch „zu viel Wissen“ kann zu einer kritischen Grundeinstellung führen: Der „Spezialist“ sieht bei neuen Ideen sofort nur Bedenken und Gefahren (Verwandtschaft mit den „eingefahrenen Gleisen“).

Ansätze gegen kritische Grundeinstellung

- Forderungen oder Wünsche stets *positiv formulieren*.
- Das *Grün-Rot-Prinzip* sich bewusst zu eigen machen.
- Anderen Menschen *zuhören* (bewusst üben; üblicherweise hören wir nur so lange zu, bis der andere etwas äußert, das wir missbilligen).
- Bei auseinandergehenden Meinungen (z. B. Expertenbesprechung) die *Gemeinsamkeiten* heraussuchen, gegebenenfalls aus „höherer Warte“ betrachten (vgl. Abb. 7.13).

7.4 Förderung des kreativen Verhaltens

7.4.1 Eigenschaften von kreativen Menschen

Bedeutung Psychologische Untersuchungen zeigen, dass es eine Reihe von Eigenschaften gibt, die sich bei kreativen Persönlichkeiten finden lassen, aber keine, die als unbedingte Voraussetzung anzusehen ist. In diesem Zusammenhang hat Guilford (1967) sechs „kognitive Fähigkeiten“ eines kreativen Menschen definiert („kognitiv“ heißt auf den Wahrnehmungs-, Denk- und Gedächtnisbereich bezogen). Bei anderen Psychologen finden sich teils ähnliche, teils auch unterschiedliche Begriffe bzw. Zuordnungen. Solche Fähigkeiten lassen sich üben, ähnlich wie jemand seinen Körper durch Gymnastik oder Sport trainiert und beweglich hält.

1 Sensitivität: Fähigkeit, Probleme zu erfassen; Aufgeschlossenheit gegenüber der Umwelt.

2 Gedankengeläufigkeit: Fähigkeit, Gedächtnismaterial (Muster) zu aktivieren, und zwar in:

- *Worten* (Wortgeläufigkeit).
- *Assoziationen:* Inhaltliche Verbindungen herstellen.
- *Ausdrücken:* Gedankliche Inhalte formulieren.
- *Ideen:* Für bestimmte Bedingungen sinnvolle Begriffe o. Ä. finden.

3 Beweglichkeit (Flexibilität): Fähigkeit, gewohnte Wege zu verlassen, vorhandene Denkmuster zu verschieben, und zwar:

- *spontan:* Wechsel zwischen verschiedenen Sichtweisen;
- *anpassend:* Einstellung auf die jeweiligen Erfordernisse der Situation, ohne an der vorigen zu hängen.

4 Originalität: Fähigkeit, Dinge anders zu sehen, ungewöhnliche Assoziationen herzustellen, treffende Begriffe zu finden.

5 Neudefinition: Fähigkeit, gewohnte Betrachtungen von vertrauten Gegenständen aufzugeben, sie anders zu definieren und zu verwenden.

6 Ausarbeitung: Fähigkeit, aus gegebenen Informationen eine Struktur/einen Plan zu erstellen und darin mit eingeschlossene Einzelheiten herauszulesen.

7.4.2   Leitregeln zum kreativen Verhalten

Bedeutung Nachfolgend sind einige Leitregeln zum kreativen Verhalten aufgezeigt, deren Anwendung sich insgesamt auf alle Arbeitsbereiche positiv auswirken kann. Die Regeln erheben dabei weder Anspruch auf Vollständigkeit, noch macht ihre sture Anwendung Sinn. Vielmehr sollen sie brauchbare Hinweise für eine kreative Vorgehensweise geben.

7.1 Prozess
Kenntnis des kreativen Prozesses erwerben und vermitteln.

7.2 Zuhören
Anderen Menschen ebenso wie der eigenen Intuition zuhören, ohne sogleich zu werten.

7.3 Positives
Aus neuen Ideen zunächst immer das Positive ziehen.

7.4 Denkschemata

Keine starren Denkschemata benutzen oder erzwingen.

7.5 Spielerisches

Spielerischen Umgang mit Gegenständen wie mit Gedanken pflegen.

7.6 Einschüchterung

Keine Einschüchterung vor Meisterleistungen anderer empfinden.

Ängstlichkeit blockiert. Es sollte stets beachtet werden, auf welch langem Wege das Meisterwerk entstanden ist.

7.7 Anregung

Andere zu schöpferischen Handlungen anregen (durch kreative Atmosphäre, verzwickte Fragen, Anerkennung von Ideen).

Andere kreativ zu machen ist auch eine Art von Kreativität, die gerade bei Führungskräften wichtig ist.

7.8 Persönlichkeiten

Kreative Persönlichkeiten fördern und dazu anhalten, den Unwillen anderer zu vermeiden.

Nichtkonformes Denken heißt nicht, sich gegen Konventionen (d. h. Spielregeln, die das tägliche Miteinander erleichtern) aufzulehnen. Gerade starke Persönlichkeiten sollten sich bewusst in den allgemeinen Rahmen einordnen, sonst verpufft viel Energie in nutzlosen Aktionen.

7.9 Phasen

Aktive und passive Phasen abwechseln lassen.

7.10 Verwirklichung
Ideen notieren, verwirklichen bzw. für die Verwirklichung sorgen.

7.11 Kenntnisse
Wissen und Kenntnisse auf vielen Gebieten (neben dem Spezialgebiet) erwerben.

7.12 Gruppenarbeit
Kenntnisse des menschlichen Verhaltens in Gruppen erwerben, Gruppenarbeit fördern und üben, siehe Kap. 11.

Literatur

Altschuller, G. S. (1998). *Erfinden – Wege zur Lösung technischer Probleme* (limitierter Nachdruck der 2. Aufl.). BTU.
Asch, S. E. (1951). Effects of group pressure upon the modification and distortion of judgment. In H. Guetzkow (Hrsg.), *Groups, Leadership and Men* (S. 177–190). Carnegie Press.
Gordon, W. J. J. (1961). *Synectics: The Development of Creative Capacity.* Harper.
Guilford, J. P. (1967). *The Nature of Human Intelligence.* McGraw-Hill.
Jorden, W. (1977). Ist Kreativität erlernbar? *Paderborner Studien, 3/4*(1/2), 44–51.
Jorden, W. (1988). Zur Ausbildung des Menschen im Studiengang Konstruktionstechnik. In V. Hubka (Hrsg.), *Proceedings of the International Conference on Engineering Design* (Bd. 1, S. 459–465). Heurista.
Klein, B. (2014). *TRIZ/TIPS – Methodik des erfinderischen Problemlösens.* De Gruyter.
Koestler, A. (1966). *Der göttliche Funke – Der schöpferische Akt in Kunst und Wissenschaft.* Scherz.
Leyer, A. (1969): *Maschinenkonstruktionslehre. Heft 5: Spezielle Gestaltungslehre 3. Teil.* Birkhäuser.
Linde, H., & Hill, B. (1993). *Erfolgreich erfinden – Widerspruchsorientierte Innovationsstrategie für Entwickler und Konstrukteure.* Hoppenstedt Technik Tabellen.
Nachtigall, W. (2002). *Bionik: Grundlagen und Beispiele für Ingenieure und Naturwissenschaftler* (2. Aufl.). Springer.
Osborn, A. F. (1953). *Applied Imagination: Principles and Procedures of Creative Thinking.* Scribner.
Pahl, G., Beitz, W., Feldhusen, J., & Grote, K.-H. (2007). *Pahl/Beitz Konstruktionslehre. Grundlagen erfolgreicher Produktentwicklung. Methoden und Anwendung* (7. Aufl.). Springer.
Poincaré, H. (1913). *The Foundations of Science.* Science Press.
Quiske, F. H., Skirl, S. J., & Spiess, G. (1973). *Denklabor Team – Konzept für kreative Problemlösungen in Forschung, Verwaltung und Industrie.* Deutsche Verlagsanstalt.

Rohrbach, B. (1969). Kreativ nach Regeln – Methode 635, eine neue Technik zum Lösen von Problemen. *Absatzwirtschaft, 12*(19), 73–75.

Schlattmann, J. (1989). Applications of biological problem solutions in the process of finding optimal mechanisms. In *International Conference on Engineering Design* (Bd. 1, S. 435–445). Harrogate, 22.–25. August.

Schlattmann, J. (1996). *Ventil und Verfahren zu dessen Herstellung*. Deutsches Patent Nr. DE000019637663C2.

Taylor, I. A. (1959). The nature of the creative process. In P. Smith (Hrsg.), *Creativity: An Examination of the Creative Process* (S. 51–82). Hastlings House.

Zwicky, F. (1971). *Entdecken, Erfinden, Forschen im Morphologischen Weltbild*. Droemer Knaur.

Bewertung und Auswahl 8

In der Produktentwicklung lassen sich eine Vielzahl an Bewertungs- und Auswahlmethoden einsetzen. Diese sind unter anderem einfache verbale Methoden sowie Punktwert- und Kennzahlmethoden. Es versteht sich dabei von selbst, dass die zu wählende Methode der jeweiligen Bewertungs- bzw. Auswahlaufgabe angepasst sein muss. Ferner darf bei einer solchen Vorgehensweise nicht verkannt werden, dass die Bewertungsmethoden häufig eine nicht selbstverständlich vorliegende Sicherheit in der Bewertung vermitteln, diese jedoch keineswegs zwangsläufig gegeben sein muss.

8.1 Übersicht

Bedeutung Die Tätigkeiten „Bewerten" und „Auswählen" treten immer dort auf, wo mehr als eine Idee oder Lösung vorliegt. Zusammen mit der „Kreation" bilden sie den Kern des Problemlösungsprozesses. Die methodische Grundlage bildet die „VDI 2225 Blatt 3" (1998).

Bewertungsmethoden Zusammenfassung der zur Bewertung erforderlichen bzw. vorhandenen Informationen anhand eines einheitlichen Schemas; Verdichtung der Informationen (meist) zu einer bzw. zwei Wertzahlen oder einem Werturteil. Es wird unterschieden zwischen

- verbalen Methoden,
- Punktwertmethoden,
- Kennzahlmethoden.

Tab. 8.1 Beispiel für eine verbale Bewertung

Kriterien	Beurteilung
Markt	Groß, wachsend
Fertigung	Neue Maschine nötig, ggfs. kompetente Mitarbeiter
...	...
Gesamturteil: aussichtsreich	

Tab. 8.2
Anwendung von Bewertungsmethoden

Phasen	Methoden		
	Verbale Methoden	Punktwertmethoden	Kennzahlmethoden
Planen	×	×	
Entwerfen		×	
Ausarbeiten		×	×

Verbale Methoden Einfachste Art der Bewertung (Beispiel siehe Tab. 8.1). Es werden Kriterien bzw. Fragen aufgelistet (z. B. nach Markt, Herstellbarkeit usw.) und anschließend verbal beantwortet; das Gesamturteil entsteht intuitiv durch Abwägung der Einzelteilurteile.

Punktwertmethoden Die Erfüllung der Bewertungskriterien wird mittels einer Punkteskala zahlenmäßig bewertet und anschließend aufsummiert (mit oder ohne Gewichtung), siehe Abschn. 8.2.

Kennzahlmethoden Bewertung durch Bestimmung von einzelnen, betriebswirtschaftlichen Kennzahlen, vgl. dazu „VDI" (1983).

Anwendung der Methoden Sie lassen sich den Phasen der Produktentwicklung in etwa nach Tab. 8.2 zuordnen.

8.2   Punktwertmethoden

8.2.1   Einfache Punktbewertung

Grundlage Die Kriterien zur Bewertung von Alternativen basieren auf der Anforderungsliste (vgl. Abschn. 6.2.3); sie enthält üblicherweise

- Festforderungen (sie müssen erfüllt werden),

- begrenzte Forderungen (die Grenze muss eingehalten werden),
- Wünsche (sie sollten erfüllt werden, je nach Aufwand).

Vorgehensweise zur Punktbewertung

1. *Kriterien* aufstellen mit folgenden Eigenschaften:
   - alle wesentlichen Eigenschaften abdeckend (Anforderungsliste),
   - etwa gleichgewichtig (keine unwichtigen enthaltend),
   - voneinander unabhängig (d. h. es sollte möglich sein, irgendeine Eigenschaft des zu bewertenden Produkts genau *einem* der Kriterien zuzuordnen),
   - positiv formuliert (z. B. „geringe Kosten" statt „Kosten"),
   - etwa 6 bis 10 an der Zahl (nicht zu viele).

   Ein Beispiel für eine Kriterienliste liefert Tab. 8.5.
2. *Gewichtung G* der Kriterien festlegen: Kann auch entfallen, dann sind alle Kriterien gleichgewichtig (oft ausreichend; die Gewichtung macht sich nur bemerkbar, wenn hoch gewichtete Kriterien sehr hohe bzw. sehr niedrige Erfüllungsgrade haben, siehe Punkt 4). Dazu gibt es folgende Möglichkeiten:
   - Intuitiv abschätzen, welche Kriterien schwerer wiegen, und Faktoren zuordnen (z. B. $G = 2$);
   - Abschätzung über eine Gewichtungsmatrix (siehe Abschn. 8.2.3).
3. *Punkteskala* vorgeben: Zweckmäßig sind Punktezahlen E nach Tab. 8.3. Es sind auch andere Skalen möglich (z. B. $E = 1 \ldots 10$, $E = 1 \ldots 100$, Schulnoten usw.); die Skala nach Tab. 8.3 hat sich jedoch besonders bewährt.
4. *Erfüllungsgrade E* ermitteln: Zu jedem Kriterium abschätzen, wie gut es durch die einzelnen Lösungen erfüllt wird. (Zweckmäßig ist es, die Kriterien einzeln durchzugehen und die Lösungen untereinander zu vergleichen.)
5. *Punktesumme* $P = \sum G \cdot E$ berechnen: Die Lösung mit der höchsten Summe P ist relativ die beste; dies sagt aber noch nichts über ihre absolute Eignung (sie kann immer noch schlecht sein).
6. *Wertigkeit W* berechnen: Die erreichte Punktezahl P wird auf die maximal mögliche Punktezahl $P_{max} = n \cdot E_{max}$ bezogen (n = Anzahl der Kriterien): $W = \frac{P}{P_{max}}$

Tab. 8.3 Punkteskala zur Bewertung. (Nach „VDI 2225 Blatt 3", 1998)

Punkte	Definition	Bedeutung
$E = 4$	Ausgezeichnet	E_{max}, seltene Spitzenqualität (ideal)
$E = 3$ $E = 2$ $E = 1$	Gut (+ bzw. A) Durchschnittlich (○ bzw. B) Schlecht (− bzw. C)	Normaler Wertebereich
$E = 0$	Untragbar	Blockiert die Lösung (schlägt durch)

Tab. 8.4 Bedeutung der Wertigkeit (Anhalt)

Wertigkeit W	Bedeutung
über 0,8	Sehr gut
0,8 bis 0,7	Gut
0,7 bis 0,6	Brauchbar
unter 0,6	Unzureichend

Tab. 8.5 Beispielhafte Punktbewertung von Getriebeentwürfen ($E_{max} = 4$, $P_{max} = 40$)

		Entwurf A		Entwurf B		Entwurf C	
Kriterien	G	E	$G \cdot E$	E	$G \cdot E$	E	$G \cdot E$
Geringe Anzahl verschiedener Gussteile	2	1	2	2	4	3	6
Geringe Anzahl verschiedener Zahnräder	1,5	3	4,5	3	4,5	1	1,5
Raumsparender Aufbau	1,5	4	6	3	4,5	2	3
Geringes Gewicht des Getriebes	1	3	3	2,5	2,5	1	1
Übersetzungsvarianten je Gehäuse	1	2	2	2	2	3	3
Einfache Lagerhaltung	1	1	1	3	3	3	3
Günstige Vorratsproduktion	2	1	2	2,5	5	3	6
Summe			20,5		25,5		23,5
Wertigkeit W			0,51		0,63		0,58

7. *Wertigkeit beurteilen:* Den Zahlenwerten W können ungefähr (!) die Bedeutungen nach Tab. 8.4 zugeordnet werden; die Begriffe sind aber nur als Anhaltswerte zu verstehen.

Beispiel Tab. 8.5 zeigt eine (nicht mustergültige) Bewertung von drei Entwürfen für Zahnradgetriebe in Baukastenbauweise.

8.2.2 Wirtschaftliche Wertigkeit

Bedeutung Die wirtschaftliche Wertigkeit ist ein Teilaspekt der Wertigkeitsermittlung (vgl. Abschn. 8.2.1). Sie wird gesondert betrachtet, weil sie auf verschiedene Weisen gehandhabt werden kann:

a) Wirtschaftliche Gesichtspunkte (Kosten) sind in der *Kriterienliste* enthalten. Dann hängt es von der Gewichtung bzw. der Anzahl der Kriterien ab, in welchem Maße die Bewertung und Auswahl von Lösungen durch funktionsbezogene (d. h. technische) bzw. kostenbezogene (d. h. wirtschaftliche) Gesichtspunkte bestimmt wird.

b) Wirtschaftliche Kriterien werden *getrennt* behandelt (siehe weiter unten). Nach „VDI 2225 Blatt 3" (1998) werden die technische W_t und wirtschaftliche Wertigkeit W_w einzeln ermittelt und einander gegenübergestellt. Damit lässt sich zum Beispiel die Tendenz zum „Luxus-" bzw. „Billigprodukt" steuern.

c) Bei der *Nutzwertanalyse* (siehe Abschn. 8.2.3) lassen sich die Kriterien in „technische" und „wirtschaftliche" untergliedern und ebenfalls getrennt verfolgen.

Wirtschaftliche Wertigkeit nach „VDI 2225 Blatt 3" (1998) Sie beinhaltet nur die Herstellkosten und nicht die Betriebskosten; letztere müssen dann bei den technischen Kriterien berücksichtigt werden. Die Schwierigkeit liegt darin, einen Bezug zur „idealen" Lösung (Lösung mit E_{max}) zu finden.

Vorgehensweise zur Bestimmung

1. Den *niedrigsten vergleichbaren Marktpreis* $P_{M,min}$ ermitteln (aus Marktuntersuchung o. Ä.). Das Problem liegt in der Vergleichbarkeit.
2. Der *Kostenfaktor* β ergibt sich aus der Betriebsabrechnung: $\beta = \frac{\text{Marktpreis } P_M}{\text{Herstellkosten } H}$ (grober Anhaltswert: $\beta \approx 2$)
3. „Zulässige" Herstellkosten für das neue Produkt: $H_{zul} = \frac{P_{M,min}}{\beta}$
4. „Ideale" Herstellkosten (Erfahrungswert): $H_{ideal} = 0,7 \cdot H_{zul}$
5. *Wirtschaftliche Wertigkeit* des neuen Produkts: $W_w = \frac{H_{ideal}}{H_{Entwurf}}$

Gegenüberstellung der Wertigkeiten Wenn die technische und wirtschaftliche Wertigkeit getrennt erfasst werden, können sie zur Veranschaulichung im *Wertigkeitsdiagramm* (auch „Stärkediagramm" genannt) grafisch gegenübergestellt werden, siehe Abb. 8.1. Ausgewogene Lösungen liegen etwa auf der Diagonalen. Untereinander etwa (!) gleichwertige Lösungen liegen auf Kreisen um den Idealpunkt; nach einer anderen Vorstellung auf Geraden senkrecht zur Diagonalen.

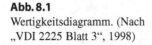

Abb. 8.1
Wertigkeitsdiagramm. (Nach
„VDI 2225 Blatt 3", 1998)

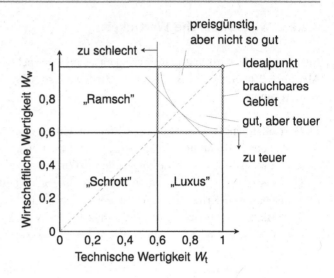

8.2.3   Nutzwertanalyse

Bedeutung Die Nutzwertanalyse (Zangemeister, 1970) ist eine *verfeinerte* Punktbewertung. Die folgende Vorgehensweise enthält im Wesentlichen die Unterschiede zur *einfachen* Punktbewertung nach Abschn. 8.2.1.

Vorgehensweise

1. *Kriterienplan:* Die Bewertungskriterien werden hierarchisch untergliedert, d. h. es werden zunächst wenige Hauptkriterien aufgestellt und diese dann weiter unterteilt (Beispiel siehe Abb. 8.2). Dadurch lassen sich die Kriterien besser überschauen und unabhängig halten.
2. *Gewichtung der Kriterien:* Die Kriterien werden so gewichtet, dass die Summe der Gewichtungen auf jeder Ebene 100 % (bzw. 1) ergibt (Beispiel siehe Abb. 8.3). Dadurch wird Folgendes erreicht:
   – Die *Bedeutung* der Hauptkriterien ist sichtbar (z. B. Betonung von niedrigen Kosten).
   – Ein direkter *Vergleich* der Kriterien untereinander auf jeder Ebene, insbesondere auf der untersten, ist möglich.
   Die Gewichtung kann nach freier Schätzung erfolgen oder unter Verwendung einer *Gewichtungsmatrix* (Tab. 8.6):
   a) Innerhalb einer Gruppe von Kriterien wird jedes Kriterium mit jedem anderen verglichen.
   b) Das jeweils höher eingeschätzte Kriterium wird in das Matrixfeld eingetragen (und auf der Diagonalen das Kriterium selbst).

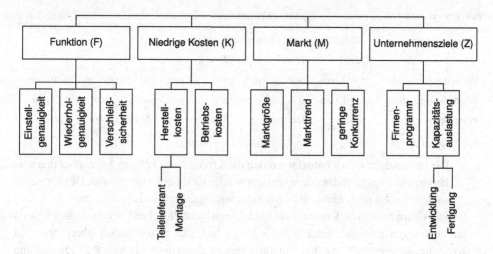

Abb. 8.2 Beispiel eines hierarchisch aufgebauten Kriterienplans

Abb. 8.3 Beispiel einer
Gewichtung zu Abb. 8.2

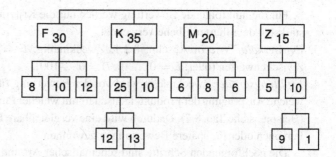

Tab. 8.6 Beispiel einer Gewichtungsmatrix

Kriterien		F	K	M	Z	$\sum$	G (vorläufig)	G (endgültig)
Funktion (F)	F	(F)	K	F	F	3	30 %	30 %
Niedrige Kosten (K)	K	K	(K)	K	K	4	40 %	35 %
Markt (M)	M	F	K	(M)	M	2	20 %	20 %
Unternehmensziele (Z)	Z	F	K	M	(Z)	1	10 %	15 %
Summen						10	100 %	100 %

c) Die Anzahl an Nennungen jedes Kriteriums in seiner eigenen Zeile ist ein Maß für seine Bedeutung.

d) Die Anzahlen werden proportional hochgerechnet, sodass ihre Gesamtsumme 100 % ergibt (vorläufige Gewichtung).

Tab. 8.7 Beispiel einer Bewertungstabelle (Ausschnitt)

Einzelkriterien	Erfüllungsgrade (Bewertungsstufen)				
	$E = 4$	$E = 3$	$E = 2$	$E = 1$	$E = 0$
Einstellgenauigkeit	$\leq 2\,\mu m$	$> 2 \dots 4\,\mu m$	$> 4 \dots 7\,\mu m$	$> 7 \dots 10\,\mu m$	$> 10\,\mu m$
Wiederholgenauigkeit	$\leq 1\,\mu m$	$> 1 \dots 2\,\mu m$	$> 2 \dots 3\,\mu m$	$> 3 \dots 5\,\mu m$	$> 5\,\mu m$
Verschleiß	Kein	Gering	Üblich	Etwas größer	Größer

e) Die endgültigen Gewichtungen werden nach freier Einschätzung gegenüber den vorläufigen korrigiert, sodass sie insgesamt wieder 100 % ergeben. [Grund: Der Vergleich nach a) besagt noch nichts über das zahlenmäßige Verhältnis.]

Bei der Gewichtung von Kriterien auf niedrigeren hierarchischen Ebenen werden jeweils nur diejenigen Kriterien untereinander verglichen, die zu demselben übergeordneten Kriterium gehören (z. B. die drei Unterkriterien zu „Funktion" aus Abb. 8.2). Die Summe der Gewichtungen in jeder Unterebene ist gleich der Gewichtung der übergeordneten Ebene.

Für die nun folgende Bewertung werden nur die Kriterien der untersten, d. h. der am stärksten detaillierten Ebene verwendet.

3. *Punkteskala:* Wie in Abschn. 8.2.1. Zweckmäßig: $E = 0 \dots 4$, gegebenenfalls mit Zwischenwerten (oder: $E = 0 \dots 10$, $E = 0 \dots 100$).

4. *Erfüllungsgrade:* Zweckmäßig wird vor der Bewertung für jedes Kriterium festgelegt, welche Ausprägung der Produkteigenschaft mit welcher Punktezahl bewertet werden soll (Beispiel siehe Tab. 8.7). Dadurch wird eine vergleichbare Basis für mehrere bewertende Personen oder für spätere Bewertungen gewonnen.

Die nachfolgenden Schritte sind schematischer Art und entsprechen dem Ablauf aus Abschn. 8.2.1:

5. *Nutzwert* = Punktesumme: $P = \sum G \cdot E$

6. *Wertigkeit* (relativer Nutzwert): $W = \frac{P}{P_{max}}$

7. *Beurteilung:* Anhaltswerte vgl. Tab. 8.4.

Vorteile der Nutzwertanalyse

- Sie zwingt zur systematischen Durchdringung der Bewertung.
- Der Aufwand ist relativ gering, insbesondere bei Verwendung von Formblättern oder entsprechender Software (z. B. Excel).
- Die notwendigen Informationen sind meist betriebsintern zu bekommen.
- Die Gewichtung der Hauptkriterien gestattet es, die Richtung der Produktentwicklung zu steuern (z. B. Billigprodukt/Luxusprodukt).
- Die Ergebnisse sind transparent, d. h. es ist zu erkennen, warum welches Produkt besser oder schlechter abschneidet.

Nachteile der Nutzwertanalyse

- Kriterien, Gewichtung und Erfüllungsgrade sind immer subjektiv.
- Die Unabhängigkeit der Kriterien ist nicht immer gewährleistet, vgl. dazu Sell (1998).
- Die Schematisierung kann eine Exaktheit vortäuschen, die nicht vorhanden ist.

Daher sollte nicht allein auf das Zahlenergebnis der Wertigkeit geschaut werden! Schlecht bewertete Eigenschaften, d. h. niedrige Erfüllungsgrade, zeigen Ansatzpunkte für eine Produktverbesserung. Gegebenenfalls können mögliche höhere Erfüllungsgrade im Bewertungsschema vermerkt (z. B. eingeklammert) werden.

Beispiel Abb. 8.4 zeigt die Anwendung der Nutzwertanalyse bei der Bewertung von zwei Antriebskonzepten für ein Stadtfahrzeug.

KRITERIENPLAN					LÖSUNGSBEWERTUNG			
① Hauptkriterien	② Gewichtung G	① Einzelkriterien	Kurzzeichen	① Gewichtung G	Lösung 1: Verbrennungsmotor		Lösung 2: Elektroantrieb	
					E	$E \cdot G$	E	$E \cdot G$
Leistung	20	Geschwindigkeit	7		4	28	1	7
L		Beschleunigung	6		2,5	15	3	18
		Reichweite	7		4	28	1	7
Wirtschaft-	30	Niedriger Anschaffungspreis	9		3	27	2	18
lichkeit		Ger. Energiekosten u. Steuern	12		2	24	2,5	30
W		Geringe Wartungskosten	9		2	18	2	18
Bedienung	15	Einfache Bedienung	3		2	6	3	9
B		Geringer Kraftaufwand	2		3	6	2	4
		Verfügbarkeit	5		3,5	17,5	1,5	7,5
		Zuverlässigkeit	5		3	15	4	20
Umweltver-	35	Geringe Abgasemission	15		1	15	3	45
träglichkeit		Wenig Lärmentwicklung	10		1,5	15	4	40
U		Recyclingfähigkeit	10		3	30	2,5	25
Summe	100		$\sum G$	100				

	Lösung 1	Lösung 2
⑤ Punktesumme P (Nutzwert)	244,5	248,5
⑥ $P_{max} = E_{max} \cdot \sum G \Rightarrow$ Wertigkeit $W = \frac{P}{P_{max}}$	0,61	0,62

② Gewichtungsmatrizen

Kriterien \ Kriterien	1	2	3	4	5	6	$\sum$	$G_{vorl.}$	$G_{end.}$
		L	W	B	U				
1 Leistung	L	L	W	½	U		1,5	15	20
2 Wirtsch.	W	W	W	W	U		3	30	30
3 Bed.	B	B½	W	B	U		1,5	15	15
4 Umw.	U	U	U	U	U		4	40	35
5									
6									
Summen							10	100	100

Kriterien \ Kriterien	1	2	3	4	5	6	$\sum$	$G_{vorl.}$	$G_{end.}$
1									
2									
3									
4									
5									
6									
Summen									

③ Punkteskala und ④ Erfüllungsgrade	Erfüllungsgrade (Bewertungsstufen)				
	$E_{max} = 4$	$E = 3$	$E = 2$	$E = 1$	$E = 0$
④ Einzelkriterien \ ③ generelle Bedeutung	ausgezeichnet (ideal)	gut	durchschnittlich	schlecht	untragbar (blockiert)
Geschwindigkeit	> 100	80...100	70...80	60...70	< 60
Reichweite	> 200	150...200	100...150	60...100	< 60

Abb. 8.4 Beispiel für eine Bewertung von zwei Antriebskonzepten für ein Stadtfahrzeug (Ausschnitt)

Literatur

Sell, I. (1998). Wenn Bewertungskriterien voneinander Nutzenabhängig sind. *Konstruktion, 50*(1/2), 17–22.

Verein Deutscher Ingenieure (VDI). (Hrsg.). (1983). *Systematische Produktplanung*. VDI.

VDI-Richtlinie 2225 Blatt 3. (1998). *Konstruktionsmethodik – Technisch-wirtschaftliches Konstruieren – Technisch-wirtschaftliche Bewertung*. Beuth.

Zangemeister, C. (1970). *Nutzwertanalyse in der Systemtechnik*. Wittemannsche Buchhandlung.

Führen von Mitarbeitern

Zur Mitarbeiterführung reicht es heute nicht mehr aus, alle Mitarbeiter „über einen Kamm zu scheren", sondern es gilt zunehmend, die Individualität des Einzelnen zu berücksichtigen, gruppendynamische Kenntnisse einzubringen und entsprechende Menschenkenntnis zu erwerben. Dabei hat sich die frühere Sichtweise mit „Behandle jeden Mitarbeiter so, wie du selbst behandelt werden möchtest" zunehmend erweitert auf „Behandle jeden so, wie er/sie selbst behandelt werden möchte". Dazu gehört vor allem die Schaffung einer gegenseitigen Vertrauenskultur, die Freiräume schafft, Fehler toleriert und zu besonderen Leistungen und kreativem Schaffen anregt.

9.1 Grundlagen

Definition Führen heißt, andere so zu beeinflussen, dass sie ihren Standort (körperlich oder geistig) in gewünschter Weise ändern (nach Schleip; vgl. dazu Ammelburg, 1993).

Thesen zur Führung Führen ist mehr als „Anweisen"! Dazu gelten folgende Thesen:

* *Menschenführung* ist erlernbar und muss gelernt werden wie alle anderen beruflichen Qualifikationen auch.
* *Fehler* in der Führung von Menschen können weitaus größere Schäden anrichten als Fehler in der Berechnung und Gestaltung von Produkten.
* *Führungsqualifikationen* kommen in der üblichen Hochschulausbildung meist *viel zu kurz*.

J. Schlattmann and A. Seibel, *Produktentwicklungsprojekte - Aufbau, Ablauf und Organisation*, https://doi.org/10.1007/978-3-662-67988-3_9

Führungsstile Typische Führungsstile sind:

- *Autoritäre Führung* (= Befehlen)*:*
  - Nachteile: Wenig Selbstentfaltung, Einengung der Initiative.
  - Führt zu Unzufriedenheit, Aggression, Intrigen.
  - Heute weitgehend indiskutabel.
- *Laissez-faire-Führung* (= Nichteingreifen):
  - Nachteile: Auseinanderlaufen der Initiativen, mangelnde Koordination und Gemein-schaft.
  - Führt zu Unzufriedenheit, Durcheinander.
- *Kooperative Führung* (= Motivieren):
  - Der Mitarbeiter wird (trotz Hierarchie) als gleichberechtigt und gleichrangig angese-hen und angesprochen (Maßnahmen werden erläutert; Befehl nur als letzte Maßnahme bei Fehlentwicklungen).
  - Führt zu Selbstentfaltung, Initiative, Harmonie und positiver Zusammenarbeit nach innen und außen.
  - Grundlage der Menschenführung.

Wandel des Autoritätsverständnisses Der andauernde Wertewandel in der Gesellschaft führte zu einer Veränderung im Autoritätsverständnis, und zwar weg von einer Autorität „ex officio" (Kraft des Amtes) hin zu einer Autorität „ex persona" (aus der Persönlichkeit heraus).

Motivierung Menschliche Einstellung, bei der jemand etwas aus *Eigeninteresse* und inne-rem Bedürfnis heraus tut. Sie ist nur möglich, wenn der Führende folgende Kenntnisse besitzt:

- *Menschenkenntnis,*
- Grundlagen der *angewandten Psychologie.*

Elementare Fehler in diesen Punkten – meist unbewusst – sind Ursache für die meisten Fälle des Versagens bei Führungsaufgaben.

Anmerkung Es ist nicht möglich, innerhalb eines Kapitels fundierte Menschenkenntnis zu vermitteln. Trotzdem wird hier versucht, einige in der Praxis bewährte Anregungen zu geben, und zwar als Hinweise zur eigenen Weiterbildung und Persönlichkeitsentwicklung, vor allem aber als Anleitung, wenigstens die schlimmsten und häufigsten Führungsfehler zu erkennen und mit diesen möglichst umgehen zu können.

9.2 Menschlicher Wesensaufbau

9.2.1 Einführung

Menschenkenntnis im Alltagsgebrauch Sie geschieht meist unbewusst, etwa nach

- erstem Eindruck (hat u. U. Aussagekraft; aber Vorsicht: Verfälschung möglich durch z. B. augenblickliche äußere Umstände, Stimmung usw.),
- Sympathie bzw. Antipathie (individuelle Reaktion, kein Kriterium!),
- momentanen Handlungen (Momentaufnahme, keine Allgemeingültigkeit),
- Äußerlichkeiten (z. B. hohe Stirn, lange Nase usw.).

Auf diese Weise ist Menschenkenntnis nicht möglich, denn dadurch entstehen unbegründete, vorschnelle Urteile = *Vor*urteile (schlimmster Feind der Persönlichkeitsentwicklung, verfestigt durch die Einstellung „Ausnahmen bestätigen die Regel").

Schichtenmodell der Wesensbereiche In diesem Modell nach Endres (1954) liegen die menschlichen Wesensbereiche wie Zwiebelschalen um den Wesenskern, siehe Abb. 9.1. Je dunkler die Schichten in Abb. 9.1 sind, desto mehr gehören sie zum Unbewussten, d. h. desto *„tiefer"* liegen sie. Die tiefer liegende Schicht ist dabei stets *stärker* als die höher liegende. Beispiel: Argumente (logisches Denken) nützen nichts gegen Liebe (Fühlen bzw. Erleben).
   Beispiel aus der Kindererziehung (Ammelburg, 1993)*:* Ein Vater kommt abends nach Hause und bittet seine kleine Tochter, ihm aus dem Keller eine Flasche Wein zu holen. Die Tochter hat Angst und weigert sich (sie befindet sich in der Gefühlsschicht): Im Keller sei es dunkel und vielleicht habe sich dort ein böser Mann versteckt. Der Vater versucht zu beschwichtigen: Das Haus sei abgeschlossen und sie könne ja das Licht einschalten („Denken", eine Schicht oberhalb von „Fühlen"). Die Tochter weint und geht nicht. Da kommt die Mutter und sagt: „Du wolltest doch heute Abend mit uns ‚Mensch ärgere Dich nicht' spielen. Das Spiel liegt in der Spielkiste gleich neben dem Weinregal; bringst du es bitte zusammen mit der Weinflasche herauf, damit wir spielen können, wie du es wolltest?" („Wollen", „Erleben"; beide unterhalb von „Fühlen".) Und die Tochter geht in den Keller und holt beide Sachen herauf.

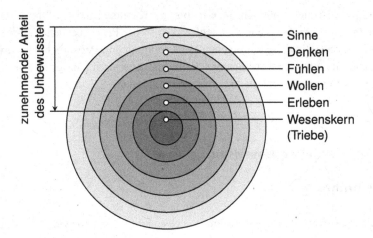

Abb. 9.1 Zwiebelmodell des menschlichen Wesensaufbaus. (Nach Endres, 1954; vgl. dazu Ammelburg, 1993)

Im Folgenden werden die fünf Wesensbereiche sowie der Triebbereich näher betrachtet, soweit sie für die Führungspsychologie wesentlich sind, vgl. dazu Ammelburg (1993).

9.2.2 Sinnesbereich

Bedeutung Zu den Sinnen gehören Sehen, Hören, Riechen, Schmecken, Tasten (Berührung, Temperatur) sowie weitere, wie Gleichgewichtssinn und Lagesinn (Gliederlage). Sinne sind die Eingangstore zum Menschen; je mehr davon angesprochen werden, desto stärker ist die Wirkung. Etwa 80 bis 85 % der Sinneseindrücke gehen durch das Auge und etwa 10 bis 15 % durch das Ohr. Daher ist Anschauungsmaterial wichtig (vgl. Fernsehen zu Radio, bildlich unterstützte Präsentation statt nur mündlicher Beschreibung).

Zusammenhänge Sinnesfunktionen werden nie isoliert angesprochen; stets sind andere Wesensbereiche mitbeteiligt (Denken; Fühlen; Wollen; Erleben, z. B. Ansehen eines Unfalls). Daraus resultieren unter Umständen Sinnestäuschungen (innere Überlagerung durch tiefere Schichten):

9.1 Sinne
Sinne sind *täuschbar*.

Dies kann sogar bis zur konkreten Wahrnehmung von objektiv nicht vorhandenen Dingen gehen (z. B. Halluzinationen oder Vorstellungen unter hypnotischem Einfluss).

9.2.3 Denkbereich

Bedeutung Zum Denken gehört jede Art von verstandesmäßigem Erfassen und Verarbeiten (z. B. Logik, Reflexion, Erkenntnis, Vernunft, Erinnerung). Unterschiede bestehen nicht nur in der *Fähigkeit* zu denken (intelligent bzw. dumm; darin liegt eine Wertung!), sondern vor allem auch in der *Art* zu denken (diese ist *wertfrei*).

Strukturkreis der Denktypen Insgesamt lassen sich sechs verschiedene Denktypen herausstellen, die sich als drei Polpaare in Kreisform darstellen lassen, siehe Abb. 9.2:

- *Logischer Denker:* Denkt folgerichtig und systematisch; lässt keinen Schritt aus (z. B. Jurist, Kriminalbeamter, Programmierer).
- *Organischer Denker:* Denkt auch noch logisch, richtet aber den Blick mehr auf das Ganze als organisch zusammenhängenden Komplex; kann dabei auch einmal einen Schritt überspringen.
- *Anschaulicher Denker:* Muss alles mit Sinnen wahrnehmen, sich vorstellen können.
- *Intuitiver Denker:* Gegenpol des logischen Denkers, daher sprunghaft, schöpferisch; Erfindertyp! Zur Auswertung ist oft ein Logiker nötig, vgl. Architekt (intuitiv) + Statiker (logisch).
- *Abstrakter Denker:* Gegenpol des anschaulichen Denkers. Braucht keine Anschauung, erfasst Probleme aus sich heraus (z. B. Mathematiker, Philosoph, Theologe).
- *Detailorientierter Denker:* Gegenpol des organischen Denkers. Analysiert bis ins Kleinste, seziert die Probleme; das komplexe Ganze interessiert ihn weniger (z. B. Forscher, Bücherrevisor).

Während die Bereiche der meisten Denktypen in Abb. 9.2 fließend ineinander übergehen, liegt zwischen dem detailorientierten und dem intuitiven Denktyp jedoch eine Art „Grenzübergang" (Sprung vom kleinsten Detail zum detaillosen Ganzen). Dadurch resultiert ein geistiges Spannungsfeld.

Individuelle Schwerpunkte Jeder Mensch hat im Denkkreis nach Abb. 9.2 irgendwo seinen individuellen Schwerpunkt, der unterschiedlich stark ausgeprägt und verschieden breit sein kann. Ausbildung und Übung können die Breite vergrößern. Der Gegenpol aber wird immer mehr Schwierigkeiten bereiten als der eigene Schwerpunktbereich. Dementsprechend besteht die Gefahr, die eigene Denkart (unbewusst!) als „richtig" anzusehen und Menschen des entgegengesetzten Denktyps negativ zu beurteilen; beides ist jedoch objektiv falsch (in

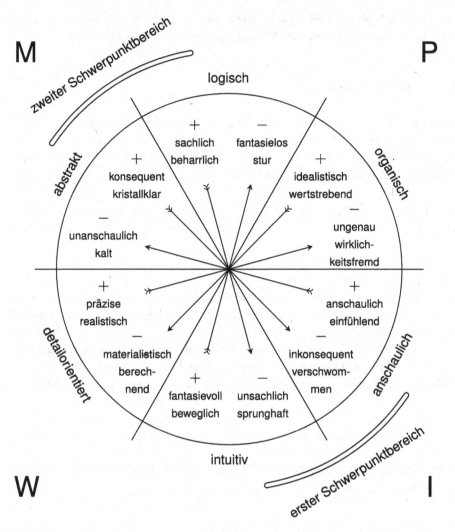

Abb. 9.2 Strukturkreis der Denktypen (mit subjektiven Werturteilen) (nach Schleip; vgl. dazu Ammelburg, 1993) sowie den (grob) eingetragenen vier Persönlichkeitstypen (P – Pioniere, M – Macher, I – Integratoren, W – Wächter), siehe Abschn. 9.3

Abb. 9.2 mit + und – gekennzeichnet). Wenn Menschen „aneinander vorbeireden", kann dies die gleiche Ursache haben.

Schwerpunktbereiche Insgesamt existieren *zwei große Schwerpunktbereiche* (vgl. Abb. 9.2):

1. *anschaulich-intuitiver* Bereich (größte Gruppe; häufiger bei Frauen anzutreffen),
2. *logisch-abstrakter* Bereich (häufiger bei Männern).

9.2.4 Gefühlsbereich

Bedeutung Zum Gefühlsbereich gehören Empfindungen, Stimmungen, Launen usw. Gefühle liegen teilweise im Unbewussten, d. h. wir sind uns oft über die genaue Ursache nicht im Klaren. Sie bestimmen unser Verhalten weitaus stärker, als wir oft wahrhaben wollen.

Übertragbarkeit von Gefühlen Wesentlich ist:

9.2 Gefühle
Gefühle wirken „ansteckend", d. h. sie übertragen sich unmittelbar auf andere.

Wer anderen Menschen mit positiver, aufgeschlossener Grundeinstellung gegenübertritt, überträgt diese Einstellung (direkt oder indirekt) auf sein Gegenüber und trifft daher auf viel mehr positive Reaktionen als ein negativ eingestellter Mensch.
Umgekehrt gilt es (leider) auch:

9.3 Negative Grundeinstellung
Wer mit einer falschen, negativen Einstellung an die Dinge des Lebens herangeht, wird sich in seiner falschen Einstellung letzten Endes immer bestätigt sehen.

Die „Ansteckungskraft" von Gefühlen ist umso stärker, je größer die Anzahl der versammelten Menschen ist (Konformisierung, Fanatisierung). Die Gefühle von Menschenmassen sind äußerst labil und explosiv (Beispiel: Randalierende Friedensdemonstranten); bei geschickter Manipulation lassen sich Massen leicht gegen jegliche Vernunft beeinflussen (Beispiel: Reichstagsabstimmung über den „totalen Krieg", vgl. Abschn. 7.3.3).

9.2.5 Willensbereich

Bedeutung Zum Bereich des „Wollens" gehören Energie, Ausdauer, Durchsetzungskraft, Fleiß usw.

Bewusstheit Zum Verständnis menschlichen Verhaltens ist zu unterscheiden zwischen

- *bewusstem Willen* (vom Verstand gesteuert) und
- *unbewusstem Wollen* [kommt aus tieferen Schichten, z. B. aus früheren Erlebnissen, angeborenen Verhaltensweisen (Instinkt) o. Ä.].

Der bewusste Bereich ist viel kleiner als wir gemeinhin annehmen. Viele unserer Handlungen sind unbewusst gesteuert und werden vom Bewusstsein nachträglich „legitimiert" (vgl. Nachrationalisierung von getroffenen Entscheidungen).

9.2.6 Erlebnisbereich

Bedeutung Hierzu zählen zum Beispiel Erfahrungen, Enttäuschungen, Schock, auch Träume.

Engramme Eindrücke, die bis zur Erlebnisschicht vordringen, bleiben dauerhaft wirksam (häufig unbewusst) und werden daher als „Engramme" (= fest eingeschrieben) bezeichnet. Engramme formen Verhaltensweisen und prägen so die Persönlichkeit mit. Zum Beispiel erzeugt Enttäuschung meist Aggressivität, auch gegen Menschen, die nichts damit zu tun haben. Umgekehrt lernt der Mensch am meisten durch Erfolgserlebnisse. Sie sind zur eigenen Fortbildung und Persönlichkeitsentwicklung ebenso wichtig wie zur Führung (Motivation) anderer: Anerkennung nützt viel mehr als Tadel! Aber sie braucht auch die konstruktive Kritik als Gegenpol.

9.2.7 Triebbereich

Bedeutung Triebe sind im Wesenskern angesiedelt und daher unbewusst.

Kardinaltriebe Triebe lassen sich in unterschiedlicher Weise gliedern. Übersichtlich ist eine Einteilung in drei Kardinaltriebe, siehe Tab. 9.1.

Triebausprägung Alle drei Kardinaltriebe sind gleich stark latent vorhanden. Der stärkste Trieb ist stets derjenige, der akut am wenigsten befriedigt ist. Bei gleicher Erfüllung ist der entwicklungsgeschichtlich älteste Trieb der stärkste; es ergibt sich die folgende Reihenfolge: Kontakttrieb vor Geltungstrieb vor Besitztrieb.

Triebe und Motivation In dem Maße, wie es dem Menschen gelingt, seine Kardinaltriebe zu befriedigen, hat er das Gefühl des Erfolgs (Erfolgserlebnis). Langsam sich steigernde Erfolgserlebnisse schaffen Motivation. Die Kardinaltriebe sind somit Quelle möglicher Erfolgserlebnisse, der Motivation und damit der Menschenführung. Bleibt ein Trieb unbefriedigt, so kann dies nicht durch eine stärkere Befriedigung der anderen Triebe wettgemacht werden (Geld ersetzt z. B. nicht fehlende Anerkennung). Dennoch ist der Mechanismus der

Tab. 9.1 Die drei Kardinaltriebe. (Nach Schleip; vgl. dazu Ammelburg, 1993)

Kardinaltrieb	Beispiele	Übersteigerte Formen	Bei Vernachlässigung
Besitztrieb (haben wollen)	Hunger, Wissensdurst, Gewinnstreben, Streben nach Lebensstandard	Habgier, Geiz, Neid, Genusssucht	Unzufriedenheit, soziale Spannungen
Geltungstrieb (sein wollen)	Streben nach Anerkennung und sozialer Geltung, Ehrgeiz, Bildungsstreben, Schönheitsbedürfnis	Egozentrik, Herrschsucht, Machtstreben, Angeberei	Unzufriedenheit, Minderwertigkeitsgefühl (dadurch übertriebene Ansprüche)
Kontakttrieb (Gemeinschaft wollen)	Geschlechtstrieb, Spieltrieb, Geselligkeitsbedürfnis, Anlehnungsbedürfnis	Vergnügungssucht, Herdentrieb, Vermassung	Unzufriedenheit, Verklemmung (Sonderlinge)

Triebbefriedigung kritisch. Das psychologische „Nullniveau" pendelt sich allmählich auf den Zustand der durchschnittlichen Befriedigung der drei Kardinaltriebe ein. Von dort aus werden die Befriedigung der Triebe und die persönlichen Wünsche „gemessen". Wohlstand führt zu steigenden Ansprüchen, Notzeit zu Anpassung (glücklicherweise). Daher gilt als generelle Lebensregel:

> **9.4 Triebbefriedigung**
> Jeder Mensch sucht seine Triebe zu befriedigen. Dennoch macht Triebbefriedigung auf die Dauer nicht glücklich, sondern schafft nur neue Ansprüche.

9.3 Persönlichkeitstypen

Hintergrund Das Wirtschaftsprüfungs- und Beratungsunternehmen Deloitte hat 2017 ein System für Führungskräfte namens „Business Chemistry" entwickelt. Dieses System ordnet Mitarbeiter einem von vier Persönlichkeitstypen zu und enthält Empfehlungen, wie diese Typen am effektivsten zu führen sind, vgl. dazu Vickberg und Christfort (2017).

Persönlichkeitstypen Jeder Mensch gehört zu einem der folgenden vier Grundtypen:

- *Pioniere* schätzen Möglichkeiten und wecken Kreativität. Sie sind aufgeschlossen, spontan, risikofreudig und anpassungsfähig. Ablehnung, Regeln und vorgegebene Strukturen irritieren sie.

- *Macher* schätzen Herausforderungen und setzen Impulse. Sie sind zahlen- und wettbewerbsorientiert, logisch denkend und experimentierfreudig. Unentschlossenheit, Ineffizienz und mangelnde Zielorientierung irritieren sie.
- *Integratoren* schätzen das Zwischenmenschliche und bringen/halten Teams zusammen. Sie sind diplomatisch, einfühlsam, beziehungsorientiert und nicht konfrontativ. Politisches Taktieren, Konflikte und mangelnde Flexibilität irritieren sie.
- *Wächter* schätzen Stabilität und sorgen für Ordnung und Präzision. Sie sind zurückhaltend, pragmatisch, detailorientiert und methodisch. Unordnung, Zeitdruck und Unklarheit/Ungewissheit irritieren sie.

Bei der Einordnung von Mitarbeitern in einen der vier Grundtypen ist jedoch folgendes zu beachten:

> **9.5 Persönlichkeitstyp**
> Jeder Mensch enthält Elemente aller vier Persönlichkeitstypen, wobei typischerweise ein bis zwei dominant sind.

> **9.6 Reaktionsweise**
> In einer Stresssituation wird sich ein Mensch instinktiv entsprechend des Typs verhalten, welcher am *dominantesten* ausgeprägt ist.

Zum Beispiel ist bei einer drohenden Katastrophe folgendes zu erwarten:

- Pioniere reagieren sofort und tun etwas.
- Macher analysieren zunächst die Situation und werden danach aktiv.
- Integratoren holen andere Menschen zusammen, sammeln Meinungen und besprechen mögliche Maßnahmen.
- Wächter ziehen sich zurück und arbeiten einen Katastrophenplan aus.

Welcher Weg der „richtige" ist, lässt sich allgemein nicht sagen und ist abhängig von der Situation. Das heißt, die Anlage ist grundsätzlich *wertfrei*.

Durchgängigkeit der Wesenseigenschaften Das Gesetz von der „Durchgängigkeit der Wesenseigenschaften" (vgl. Abb. 9.1) ist die Verallgemeinerung des Zusammenhangs zwischen Persönlichkeitstyp und Wesenseigenschaften:

9.7 Durchgängigkeit der Wesenseigenschaften
Wenn es gelingt, den Persönlichkeitstyp eines Menschen auf einer der Schalen des „Zwiebelmodells" nach Abb. 9.1 zu bestimmen, dann lassen sich daraus Rückschlüsse auf Eigenschaften in den anderen Schalen ziehen. Alle diese Eigenschaften sind wertfrei (vgl. Leitregeln 9.6 und 9.8).

9.8 Wertung von Eigenschaften
Alle aus der Typenlehre gewonnenen Aussagen über menschliche Eigenschaften sind grundsätzlich *wertfrei*. Jede Eigenschaft kann sowohl in „positiver" als auch „negativer" Ausprägung auftreten.

Strukturkreis der Persönlichkeitstypen Die vier Persönlichkeitstypen (Pioniere, Macher, Integratoren und Wächter) sind in Abb. 9.2 (grob) eingetragen. Dabei ist erkennbar, dass Pioniere und Wächter sowie Macher und Integratoren gegensätzliche Polpaare bilden. Typischerweise werden Integratoren und Wächter von Pionieren und Machern geführt.

9.9 Selbsterkenntnis
Der Wert der Typenlehre liegt unter anderem auch darin, die *eigene* Wesensstruktur zu erkennen und somit zu verhindern, die eigene Art zu denken, zu handeln usw. unbewusst (!) als die „richtige" anzusehen und den Gegenpol abzuwerten.

9.10 Gegenpol
Führungskräfte sollten sich um eine Annäherung zum gegensätzlichen Arbeitsstil bemühen, um diesen zu verstehen und zu akzeptieren.

9.4 Einflussgrößen zur Menschenführung

Bedeutung Die psychologischen Grundlagen aus den Abschn. 9.2 und 9.3 werden hier zur systematischen Hilfe für die Menschenführung zusammengefasst. Die Voraussetzung für eine sinnvolle Menschenführung ist der Umgang mit folgenden Größen (nach Schleip; vgl. dazu Ammelburg, 1993):

- positive Einstellung,
- relativ richtiges Maß der Einflussnahme,
- Häufigkeit der Einwirkung.

Hinzu kommt die Berücksichtigung der fünf Wesensbereiche und der drei Kardinaltriebe.

Positive Einstellung Ohne sie ist jeder Versuch zur sinnvollen Führung zwecklos. Sie ist beim Geführten nur unter folgenden Voraussetzungen möglich:

- *Vertrauen zur Person* des Führenden (entscheidend). Die wichtigste Grundlage dafür ist das Bemühen um Gerechtigkeit.
- *Interesse an der Sache* (Motivierung).

Beides lässt sich insbesondere erreichen durch die *Transparenz* aller Vorgänge sowie das Erläutern der *Sinnzusammenhänge* der gemeinsamen Tätigkeiten.

Relativ richtiges Maß der Einflussnahme Es ist nur zu erreichen durch *Menschenkenntnis* und *Beobachtung* (Persönlichkeitstypen) im Sinne eines „Regelkreises" (Erfahrungen). „Zu viel" schadet ebenso wie „zu wenig".

Häufigkeit der Einwirkung „Einmal Sagen" haftet nicht. Damit etwas im Bewusstsein bleibt, ist – abgesehen von der Erlebniswirkung – in der Regel eine mehrfache Einwirkung nötig (Wiederholung wichtiger Grundsätze, aber mit dem „relativ richtigen Maß"). Ein rein verstandesmäßiges Aufnehmen und Behalten genügt nicht; erforderlich ist eigenes Verarbeiten (Übung, Erfahrung). Dazu ist Geduld nötig: „Geduld ist der Gradmesser des Erwachsenseins." Aber Vorsicht: Eine Überziehung kann zu Abwehrreaktionen führen.

Wesensbereiche Von den fünf Wesensbereichen (Sinne, Denken, Fühlen, Wollen, Erleben) sollen möglichst viele gleichzeitig angesprochen werden. Zum Beispiel haben bei den Sinnen die Augen die wichtigste Funktion. Aus der Kenntnis der Persönlichkeitstypen ergeben sich das „relativ richtige Maß" und die „Häufigkeit der Einwirkung".

Kardinaltriebe Nur bei einigermaßen gleichmäßiger Befriedigung der drei Kardinaltriebe (Besitztrieb, Geltungstrieb, Kontakttrieb) lassen sich die eigenen Antriebskräfte des Menschen mit den Führungszielen koordinieren (Motivation). Andernfalls entstehen Unzufriedenheit und Widerstand.

9.5   Leistungsbeurteilung

9.5.1   Grundbegriffe

Bedeutung In der Mechanik lässt sich Leistung allgemein als Arbeit pro Zeit definieren und ist damit direkt messbar. Beim Menschen ist die Definition entsprechend, aber die Leistung lässt sich nur selten direkt und eindeutig messen (z. B. Sand schaufeln, Büchsen drehen). Hier ist Leistung allgemein das Ergebnis *zielgerichteter* Aktivität.

Leistungsentlohnung Sie ist notwendig zur Mitarbeitermotivation; daher ist Leistungsbeurteilung erforderlich.

Grundkriterien Sie müssen deutlich unterschieden werden!

- Anforderungen der Arbeitsstelle: Einordnung in die Tarif- oder Gehaltsgruppe. Die Anforderungen sind in der *Stellenbeschreibung* enthalten.
- *Persönliche Leistung des Stelleninhabers:* Daraus ergibt sich eine mögliche *Leistungszulage.* Sie wird daran gemessen, *wie gut* der Stelleninhaber die Anforderungen der Stelle erfüllt.

9.5.2   Stellenbeschreibung

Bedeutung Eine Stellenbeschreibung sollte in jedem Betrieb für jede Stelle selbstverständlich sein! Sie ist die Basis für Organisation, sonst entstehen nur Unklarheiten.

Inhalt Im Allgemeinen enthält die Stellenbeschreibung folgende Angaben:

- Stellenbezeichnung,
- Dienstrang,
- unmittelbarer Vorgesetzter,
- Stellvertreter,
- unmittelbar unterstellte (zugeordnete) Mitarbeiter,
- Grundfunktion (Ziel der Stelle),
- Aufgabenbereich im Einzelnen,
- Selbständigkeit (Entscheidungsbefugnis, Verantwortlichkeit),
- erforderlicher Ausbildungsstand (Ausbildung, Erfahrung, Spezialkenntnisse),
- besondere Befugnisse,
- Stelleninhaber,
- Einverständnis des Stelleninhabers mit der Stellenbeschreibung.

Einflussgrößen auf den Inhalt Der Stelleninhalt ist abhängig von

- objektiven Vorgaben (nach Organisationsschema),
- zeitlicher Veränderung der Organisation sowie
- persönlichen Schwerpunkten und Entwicklung des Inhabers.

Eine Stelle ist nicht statisch; sie wird vom Inhaber mitgeprägt. Die Stellenbeschreibung muss laufend (etwa jährlich) angepasst werden. Damit entsteht eine schwierige Wechselwirkung, denn der Inhalt beeinflusst sowohl das Grundgehalt als auch die Leistungszulage.

9.5.3 Kriterien zur Leistungsbeurteilung

Grundsätzliches Die Leistungsbeurteilung beschreibt, wie gut der Stelleninhaber die Anforderungen der Stelle erfüllt. Die Kriterien dafür sollten für alle Mitarbeiter etwa gleich sein. Es gibt weder ein ideales Beurteilungssystem noch eine objektive Beurteilung!

Kriterien Sie sollten sein:

- schriftlich niedergelegt,
- eindeutig und voneinander unabhängig,
- allen bekannt und verständlich,
- von allen anerkannt.

Beurteilungssysteme Es gibt mehrere bewährte Systeme; sie müssen aber

- auf den einzelnen Betrieb zugeschnitten,
- erprobt und
- nach Erfahrung angepasst werden.

Beispiele für Beurteilungskriterien

- *Auffassungsgabe, Denk- und Urteilsvermögen:* Schnelligkeit, Richtigkeit, Umfang des Erfassens; Sicherheit, Durchdachtheit, Richtigkeit der Stellungnahme (ggf. doppeltes Gewicht für diesen Punkt oder Teilung in zwei Kriterien).
- *Zusammenarbeit:* Aufgeschlossenheit, Sachlichkeit, Zugänglichkeit für Anregungen und Kritik, Selbstvertrauen. Kernfrage: Wirkt er ausgleichend oder muss er ausgeglichen werden?
- *Kreativität bzw. Planung:* Ideenreichtum oder aber vorausschauendes Handeln und Organisationsvermögen; *einer* dieser Punkte muss mindestens erfüllt sein.

Tab. 9.2 Beispielhafte Bewertungsskala in fünf Stufen

Punkte	Bedeutung
1	Erfüllt die Anforderungen häufig nicht
2	Erfüllt die Anforderungen im Großen und Ganzen (Normalleistung)
3	Erfüllt die Anforderungen voll (Durchschnittsleistung)
4	Erfüllt die Anforderungen häufig
5	Erfüllt die Anforderungen bei weitem und dauernd (Spitzenleistung)

- *Belastbarkeit:* Fehler bei erhöhter Belastung, persönliche Reaktionen.

Das *Arbeitsergebnis* wird durch obere Kriterien bestimmt, d. h. es kann nicht nochmals separat gewertet werden. Es sollen nicht mehr als sieben Kriterien sein, sonst wird das System unübersichtlich und bringt wenig Nutzen.

Bewertungsskala Eine beispielhafte Bewertungsskala in fünf Stufen ist in Tab. 9.2 dargestellt. Bei Stufen 2 bis 4 erfolgt die Trennung nach REFA[1].

9.5.4 Durchführung der Leistungsbeurteilung

Vorgehensweise Die Beurteilung erfolgt jährlich erneut, und zwar wie folgt:

1. Vorgesetzter beobachtet seine unmittelbar unterstellten Mitarbeiter, notiert gegebenenfalls sachliche Punkte (keine Vorabwertung, keine Vermutungen o. Ä.).
2. Vorgesetzter erstellt Beurteilungsvorschlag.
3. Vorgesetzter bespricht Vorschlag mit seinem Vorgesetzten (Objektivität, Begründung).
4. Vorgesetzter bespricht Beurteilung mit jedem Beurteilten einzeln (unter vier Augen!).
5. Beurteilter gibt Sichtvermerk (muss kein Einverständnis sein!).

Fehlerquellen Die häufigsten Fehlerquellen sind:

- *Vorurteile:* Sie sind schlimmster Feind! Abhilfe:
  - sorgfältig beobachten,
  - Wertung zurückstellen (Grün-Rot-Prinzip),
  - eigenes Urteil immer wieder infrage stellen,
  - Schulung in Menschenkenntnis.

---

[1] Verband für Arbeitsgestaltung, Betriebsorganisation und Unternehmensentwicklung e. V.

Abb. 9.3 Gefärbte Brillen bei
verschiedenen Vorgesetzten

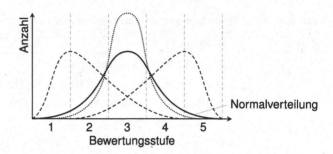

- *Falscher Eigenmaßstab:* Nicht sich selbst zum Maßstab setzen (Persönlichkeitstypen, eigene Position berücksichtigen). Abhilfe:
  - Mitarbeiter untereinander vergleichen,
  - Rangfolge aufstellen,
  - mit Vertrauensperson besprechen.
- *Halo-Effekt:* Eine hervorstechende Eigenschaft überstrahlt die anderen („Einsenperson"; Intelligenz bedeutet zum Beispiel nicht unbedingt, dass jemand fleißig ist). Abhilfe:
  - bewusst machen,
  - Kriterien einzeln betrachten,
  - Vergleich mit anderen Mitarbeitern.
- *„Gefärbte Brillen":* Die Grundhaltung des Vorgesetzten verschiebt die Gesamtheit seiner Urteile, siehe Abb. 9.3.
- *Positionseffekt:* Mitarbeiter in höheren Positionen bekommen mehr Punkte (mangelnde Trennung zwischen Stellenwert und Leistung).

Probleme In der Praxis können zwei Probleme auftreten:

- Scheu vor dem offenen Gespräch (kein Grund!),
- „Festlaufen" des Beurteilungssystems.

Vorgang des „Festlaufens" Dieser kann wie folgt ablaufen:

- Die Leistungsbeurteilung führt zum Beispiel zur Verbesserung der Leistungen im nächsten Jahr. Damit steigt die Gesamtwertung im betrachteten Bereich (z. B. Produktentwicklungsbereich) an.
- Der Tarifvertrag schreibt aber eine *mittlere* Leistungszulage für den *gesamten* Bereich fest. Das Ansteigen der Punktesumme in einem Bereich bedeutet damit eine Abnahme in den anderen Bereichen, auch wenn dort die Leistungen nicht schlechter geworden sind. Es kommt somit zur Konkurrenz zwischen den Bereichen.
- Als Abhilfe kann der Betrieb versuchen, jedem Bereich eine bestimmte Punktesumme vorzugeben, mit folgenden Konsequenzen:

- Die Konkurrenz findet jetzt zwischen den einzelnen Gruppen oder Abteilungen des Betriebs statt.
- Für den Vorgesetzten entsteht eine Diskrepanz zwischen der Anerkennung des Mitarbeiters und der erteilten Punktzahl; die Motivierung wird unglaubwürdig, auch wenn der Vorgesetzte die Ursache erklärt.
- Wenn ein Mitarbeiter (z. B. ein neuer) sich verbessert und mehr Punkte bekommt, muss ein anderer weniger kriegen, auch wenn dieser nicht schlechter geworden ist.
- In Krisenzeiten werden *schwache* Mitarbeiter entlassen; damit bleiben für die anderen noch weniger Punkte übrig.

Möglicher Ausweg Wenn jemand *gut* ist, wird die *Stelle* angehoben, d. h. der Stelleninhaber bekommt mehr Befugnisse und Aufgaben und damit mehr Grundgehalt, aber zunächst weniger Leistungszulage. Trotzdem hat er insgesamt mehr Gehalt. Schwierigkeiten entstehen bei langjährigem Mitarbeiterstamm. Das Ganze ist ein Balanceakt, der Fingerspitzengefühl erfordert.

Literatur

Ammelburg, G. (1993). *Die Unternehmens-Zukunft* (4. Aufl.). Haufe.
Endres, H. (1954). *Ich lerne Umgang mit Menschen*. Fackelverlag.
Vickberg, S. M. J., & Christfort, K. (2017). Pioniere, Macher, Integratoren und Wächter. *Harvard Business Manager, 39*(6), 20–29.

Erfolgreiche Teamarbeit 10

Was der Sport schon lange zeigt, gilt ebenso für den industriellen Alltag. Wirksame Teamarbeit stellt ein wesentliches Kriterium für den unternehmerischen Erfolg dar. Die Arbeit in der Gruppe bzw. im Team ist allerdings nur ein Element aller Bestrebungen und Programme, die Effizienz der Unternehmen zu steigern. Dazu bedarf es neben dem Wissen und der Erfahrung über Teamarbeit vor allem auch der Motivation. Erst durch den Gleichklang vorgenannter Größen lassen sich gruppendynamische Effekte der Teamarbeit gezielt nutzen und die notwendige Harmonie für die Teamarbeit herstellen.

10.1 Grundlagen

Gründe für Teamarbeit Die Arbeit im Team ist heute ein wesentliches Element der innerbetrieblichen Arbeitsstruktur. So haben Wissensbreite und -tiefe in solchem Maße zugenommen und wachsen weiter an, dass niemand mehr auch nur auf einem Spezialgebiet alle Wissenselemente kennt. Daher sind für Problemlösungen in der Regel verschiedene Spezialisten gemeinsam nötig, siehe Abb. 10.1.

Voraussetzungen für ein Team In einer allgemeinen Gruppe stellen sich zunächst folgende Forderungen, vgl. dazu Krehl und Ried (1973):

- Überschaubarkeit (4 bis 8 Personen, siehe Abb. 10.2),
- räumliche Nähe der Personen zueinander,
- unmittelbare Kommunikationsmöglichkeit (ohne technische Hilfsmittel).

© Der/die Autor(en), exklusiv lizenziert an Springer-Verlag GmbH, DE, ein Teil von Springer Nature 2024
J. Schlattmann and A. Seibel, *Produktentwicklungsprojekte - Aufbau, Ablauf und Organisation*, https://doi.org/10.1007/978-3-662-67988-3_10

Abb. 10.1 Synergetischer
Effekt durch Teamarbeit.
(Nach Krehl & Ried, 1973)

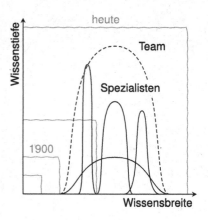

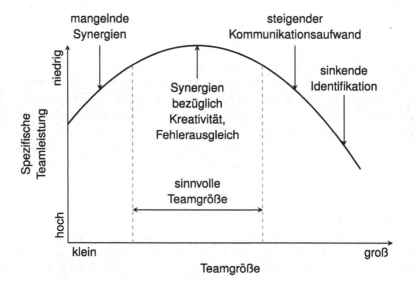

Abb. 10.2 Teamleistung in Abhängigkeit von der Teamgröße. (Nach Lindemann, 2009)

Vorgenannte Gruppe ist noch kein *Team*. Dafür muss noch erfüllt sein, vgl. dazu Krehl und Ried (1973):

- gemeinsame Zielvorstellungen der Mitglieder (Akzeptieren des Ziels, Wille zum Erreichen des Ziels);
- Bejahen von Normen und Regeln des Teams (siehe weiter unten);
- Eingliedern der Mitglieder in das Aufgabengebäude, Übernehmen von Teilaufgaben;
- positive Aktionen zwischen den Mitgliedern (Blicke, Worte, Zettel usw.), bewusst oder unbewusst;

- Höherbewerten des Teamerfolgs als den persönlichen Erfolg.

Teamarten Wesentliche Arten der Teambildung sind, vgl. dazu Krehl und Ried (1973):

- *Intensivteams* sind ausschließlich mit einer (meist umfangreichen, aber begrenzten) Aufgabe beschäftigt. Die Mitglieder sind − sofern es die betrieblichen Gegebenheiten ermöglichen − von allen anderen Aufgaben freigestellt. Sobald die Aufgabe bzw. das Projekt abgeschlossen ist, wird das Intensivteam wieder aufgelöst.
- *Kurzzeitteams* werden zur kurzfristigen Lösung eines Detailproblems eingesetzt. Die Zusammenstellung des Teams erfolgt kurzfristig und spontan. Häufig werden solche Teams zur Unterstützung von Intensivteams herangezogen.
- *Vollzeitteams* sind immer Intensivteams. Es werden umfangreiche Aufgaben bzw. Projekte bearbeitet. Dauernde Teams sind nicht sinnvoll (Gefahr der „eingefahrenen Gleise" o. Ä., vgl. Abschn. 7.3); deswegen sollten die Mitglieder regelmäßig wechseln.
- *Teilzeitteams* sind entweder Intensiv- oder Kurzzeitteams. Die Mitglieder üben neben der Teamarbeit ihre normale Tätigkeit weiter aus. Wesentlich ist hier die Häufigkeit der Zusammenarbeit. Erfolgt sie zu selten, gehen Erinnerung und Einstellung verloren und die Aufgabe schläft ein oder wird meist vernachlässigt. Wird die Teamarbeit zu häufig angesetzt, kann die eigentliche Arbeit darunter zu kurz kommen und dadurch die Motivation für die Teamarbeit insgesamt verloren gehen (Ermüdung).

Rolle des Teamleiters Nähere Analysen zeigen, dass die Kriterienerfüllung zur erfolgreichen Teambildung ganz wesentlich durch den Teamleiter geprägt wird. Seine Kompetenz und Motivation können über Erfolg oder Misserfolg der Teamarbeit entscheiden. Besondere Menschenkenntnis mit Führungsqualitäten sowie fachliche und soziale Kompetenz des Teamleiters sind dazu eine wichtige Voraussetzung. Gleichfalls sollten diese Voraussetzungen im Idealfall auch bei den Teammitgliedern zu finden sein, denn bekanntlich ist die Stärke eines Teams − vergleichbar einer Kette − durch das schwächste Glied mitbestimmt.

Organisatorische Bedingungen Teamerfolg ist eng mit den folgenden organisatorischen Bedingungen und Vorgaben verknüpft:

- *Aufgabenstellung:* Sie muss klar und präzise sein und sollte vor dem Beginn der eigentlichen Arbeit von der Geschäftsleitung o. Ä. gestellt werden.
- *Zielangabe:* Sie muss vom Team überprüft und gegebenenfalls korrigiert bzw. präzisiert werden.
- *Leitung:* Manchmal ist es zweckmäßig, dass ein anderer als der Projektleiter das Team leitet. Der Projektleiter will vor allem „sein Produkt" entwickeln und scheut sich gegebenenfalls, Konflikte im Team anzugehen (siehe weiter unten).

- *Wirtschaftlichkeitsabschätzung*: Bei geplanten Teams sind Abschätzungen des Aufwands für Sitzungen, Arbeiten außerhalb der Sitzungen und gegebenenfalls Realisierung durchzuführen. Die Amortisationsdauer beträgt üblicherweise 5 bis 6 (12) Monate; bei längerer Dauer sollte genauer geprüft werden!
- *Terminplanung und -verfolgung:* Sie ist zwingend notwendig und kann gegebenenfalls durch vernetzte Informationssysteme sichergestellt und vereinfacht werden. Dies gilt auch für den nachfolgenden Punkt unter Einbeziehung entsprechender Datenbanken u. Ä.
- *Information:* Das Team muss alle erforderlichen Informationen rechtzeitig erhalten.

Vorteile der Teamarbeit Sie liegen vor allem in folgenden Bereichen:

- *Synergistischer Effekt:* Ein gutes Team ist stärker als die Summe der Einzelfähigkeiten, vgl. Abb. 10.1. Die Teammitglieder stützen und ergänzen sich gegenseitig [Kenntnisse, Denktypen (vgl. Abschn. 9.2.3) usw]. Oft wirken die Einzelleistungen eher multiplikativ als additiv (dann darf aber bekanntlich kein Faktor klein sein!), was wiederum Einfluss auf die Auswahl der Teammitglieder nimmt.
- *Kommunikation:* Gedanken müssen verbalisiert und ausgesprochen werden. Dies führt im Produktentwicklungsprozess häufig zu größerer Klarheit und zur Ablösung von unbewussten Vorfixierungen, zum Beispiel durch Verlassen „eingefahrener Gleise", vgl. Abschn. 7.3.1.
- *Motivation:* Gute Teamarbeit wirkt motivierend, auch weil der Einzelne die Möglichkeit nutzt, sich positiv hervorzutun oder weil er sich dem Team gegenüber verpflichtet fühlt (Wunsch nach Selbstbestätigung und Nutzung eines gegenseitigen sanften psychologischen Drucks mit gewissem Wohlbehagen).

Nachteile der Teamarbeit Erfolgreiche Teamarbeit setzt zugleich die Kenntnis über mögliche Nachteile der Teamarbeit voraus:

- *Persönliche Reibereien* können bis zur Lähmung der Gruppe führen.
- *Zu große Mitgliederzahl* macht die Gruppe schwerfällig und kann Entscheidungen nivellieren, weil „geniale" Ideen ebenso unterdrückt werden wie „spinnige" (vgl. Abschn. 7.2.2); dann entstehen nur mittelmäßige Ergebnisse.
- *Dominierung durch ein Gruppenmitglied* kann dazu führen, dass andere Meinungen (insb. kreative „Querdenker") unterdrückt werden und dadurch der synergetische Effekt verloren geht.
- *Zu gutes Teamklima:* Ein einseitiges Gruppendenken kann ebenfalls bewirken, dass der Einzelne kritische Vorstellungen zurückhält, um das Klima nicht zu gefährden. Dies kann dazu führen, dass die Gruppe ihre Kompetenz überschätzt und riskante Entscheidungen trifft.

10.2   Verhalten von Teammitgliedern

Gruppendynamische Wirkungen   Neben den menschlichen Verhältnissen im Team spielen gruppendynamische Aspekte ebenfalls eine wichtige Rolle. Sie können unter anderem zu folgenden *positiven Wirkungen* führen:

- *Gegenseitige Hilfe* mit Bekenntnis zum Team: Teammitglieder sehen sich den Teamzielen verpflichtet, die teilweise über ihre persönlichen Ziele hinausgehen. Es entstehen Kontakte und Freundschaften zwischen den Teammitgliedern.
- *Erhöhtes Vertrauen* durch allgemeine Berechenbarkeit und angemessenes Verhalten unter den Teammitgliedern: Trotz aller individueller Verschiedenheit gehen die Teammitglieder partnerschaftlich miteinander um und versuchen, die Stärken der anderen zur Kompensation der eigenen Schwächen zu nutzen. Kommunikation und Kooperation finden auf hohem Niveau statt.
- *Persönliche Entfaltung:* Hineinwachsen in Führungsrollen mit wachsender Beliebtheit, zugleich hohes Zielbewusstsein durch Kenntnis seiner eigenen Rolle im Team. Dadurch steigt auch die leistungsorientierte Einbringung von Methoden als Werkzeuge.
- *Wirksames Kommunizieren*, um notwendige Informationen zu erhalten und zur Unterstützung der Arbeit anderer.
- Aufbau eines fruchtbaren Nährbodens für *kreatives Handeln und Entwickeln*.
- *Verbesserung der sozialen und kommunikativen Kompetenz* der Teammitglieder: Vertieftes Bekenntnis zum Unternehmen und zu sich selbst.

Aber auch die *negativen Wirkungen* sind nicht zu unterschätzen:

- *Entstehung von Spannungen*, Streit über Kleinigkeiten, Solidaritätsverlagerung auf Teamteile mit zunehmender Cliquenbildung.
- *Wachsende Unsicherheit* bis zur Frustration einzelner Mitglieder.
- *Desinteresse*, mangelndes Engagement usw.

Die negativen Einflussgrößen stören das Team, unter Umständen bis zu seiner Arbeitsunfähigkeit. Hier liegt zugleich die wesentliche Aufgabe des Teamleiters.

Ablauf der Teambildung   Die Teambildung vollzieht sich meist in mehreren Schritten:

- *Orientierungsschritt:* Zu Beginn ist das Team noch kein wirkliches Team; es erfolgt der Versuch der Selbstfindung der Teammitglieder mit häufig abwartender Haltung (noch fehlendes Vertrauensfundament) und vorsichtigem gegenseitigen Abtasten. Erste Mitglieder des Teams setzen Impulse und suchen Teamführerschaft. Der Zweck und die Mission des Teams sind zwar deutlich aber noch wenig motivierend, denn teameigene Vorgehensweisen und Methoden sind für viele noch ungewohnt und wenig ausgeprägt.

- *Findungsschritt:* Es entstehen erste Vertrauensfixierungen zu Teammitgliedern, wobei gemeinsame Ziele deutlich werden; häufig sind aber noch Bestätigung und Anleitung von außerhalb des Teams notwendig. Langsam erfolgt eine deutliche Ausprägung der Teamrollen mit Versuchen der Selbstbehauptung im Team und Bestrebungsansätzen, das Team zu „beherrschen". Erstes deutliches Sichtbarwerden synergetischer Effekte.
- *Teamwirkungsschritt:* Es bildet sich ein starker gemeinsamer Wille zur gemeinsamen Aufgabenbewältigung sowie ein hohes gegenseitiges Vertrauen mit hoher persönlicher Einbringung zum Erreichen des Teamziels aus (Vertrauen ist stabiler als Misstrauen). Die Rollenfindung im Team ist meist abgeschlossen und die Teammechanismen sowie die verwendeten Teammethoden verlaufen insgesamt fließend. Die Kommunikation ist vielseitig und es herrscht eine hohe Kooperationsbereitschaft auch nach außen hin zu anderen Teams sowie eine wachsende Identifikation und Bekenntnis zum Unternehmen und zu sich selbst. Zurückhaltende Teammitglieder geben ihre Zurückhaltung weitgehend auf.

Rollenverteilung im Team Nach einer Anlaufzeit von einigen Sitzungen prägen sich häufig folgende Rollen aus (nicht zwingend!), vgl. dazu Krehl und Ried (1973):

- *Informeller Führer:* Das am stärksten akzeptierte Mitglied; entsteht unbewusst und ohne bewusste Manipulation. Stellt sich der informelle Führer außerhalb der Werte und Normen des Teams (z. B. durch Machtansprüche oder Eitelkeit), verliert er seine Rolle. Dies führt dann zu Schwierigkeiten im Team. Der informelle Führer muss nicht unbedingt der Teamleiter sein (wenn es auch günstig ist); letzterer muss sich unter Umständen auch einmal gegen die Gruppennorm stellen. Beispiel: Betriebsrat, der ausgehandelte Kompromisse vertreten muss.
- *Besonnener Ratgeber:* Wird vor allem wegen seiner fachlichen Qualifikation und der ausgestrahlten Ruhe, mit der er auch schwierige Situationen meistert, akzeptiert und geschätzt. Guter Teamleiter.
- *Sündenbock:* Schwächstes Teammitglied und „Prügelknabe" für alle Fehler und Misserfolge des Teams (vgl. „ω-Huhn" in der Hackordnung des Hühnerhofs). Benötigt besonderen Schutz des Teamleiters!
- *Optimist:* Sorgt mit Temperament und Humor für „Leben". Lebensnotwendig fürs Team vor allem bei Schwierigkeiten, unerwarteten Problemen u. Ä. Kann blockierte Situationen lösen und damit neue Ideen vorbereiten.
- *Pessimist:* Ebenfalls sehr wichtig, weil er Fehler, Schwierigkeiten u. Ä. voraussehen kann; darf aber nicht zu sehr dämpfend wirken („Grünphase"!).
- *Normal aktiver Mitarbeiter:* Leistet ruhig und zuverlässig seine Arbeit, ohne besonders hervorzutreten. Wertvoll fürs Team, insbesondere zur Bearbeitung von Aufgaben zwischen den Sitzungen (Realisierung, Ausarbeitung).

- *Passiver Mitarbeiter:* Arbeitet nicht mit; ist offenbar falsch eingesetzt. Der Teamleiter muss klären, ob Probleme vorliegen (persönlich oder fachlich) oder mangelnde Teameignung vorherrscht (das ist keine Disqualifikation, vgl. Persönlichkeitstypen!).

Das ideale Teammitglied Neben der erforderlichen Abdeckung der verschiedenen Wissensgebiete und der fachlichen Qualifikation sind die Wesenseigenschaften der Teammitglieder entscheidend. Ideale Menschen gibt es nicht; daher ist die folgende Liste von Wesenseigenschaften ein Wunschziel; aber ein einziger falsch ausgewählter Mitarbeiter kann unter Umständen das ganze Team sprengen. Das „ideale" Mitglied im Team ist

- anpassungsfähig (nicht unterordnend);
- bereit, andere Menschen und Ideen anzuerkennen;
- abstraktionsfähig, analytisch denkend (ohne die Praxis dabei zu vergessen);
- vorurteilsfrei (nicht unwissend und urteilslos);
- vertraut mit Teamregeln; bereit, sie zu akzeptieren und anzuwenden;
- durchsetzungsfähig (nicht stur);
- humorvoll (nicht albern);
- nicht verletzend und nicht verletzlich;
- ausgleichend (muss selbst nicht ausgeglichen werden);
- charismatisch mit positiver Ausstrahlung auf andere;
- kollegial-natürlich im Verhalten (keine Vorgesetzten-Distanz);
- bereit, Kompromisse voll mitzutragen.

Teamwerte und -normen Mit dem Akzeptieren des Teamziels entstehen − bewusst oder unbewusst − gemeinsame Interessen und Wertvorstellungen („wir" statt „ich"). Daraus entwickeln sich Verhaltensnormen, die das Team dem Einzelnen auferlegt, zum Beispiel

- pünktliche und vollständige Erledigung übernommener Aufgaben;
- pünktliches Erscheinen zur Teamsitzungen, kein Fernbleiben bzw. Beauftragen Dritter für eine Vertretung, kein Hinauslaufen u. Ä.;
- Vermeiden von negativen, emotionell gefärbten Äußerungen über Teammitglieder, andere Mitarbeiter oder den Betrieb und seine Produkte;
- Konsensfindung über gemeinsame gleichmäßige Zuordnung von Erfindungsanteilen an die Teammitglieder (Ausnahme: einvernehmliche Zustimmung aller Teammitglieder über andere Zuteilung);
  - keine persönliche Kritik an Teammitgliedern
  - durch Beauftragen Dritter,
  - in Gegenwart Dritter,
  - über Telefon, E-Mail, Schriftverkehr,
- sondern nur im persönlichen Gespräch. *Kritik* kann nur dann angenommen werden, wenn sie

– unter vier Augen,
– Auge in Auge,
– ernsthaft, bedacht und ruhig,
– mit eigener Überzeugung und
– mit positiver Grundeinstellung (nicht destruktiv!)
vorgetragen wird.

Teamzusammensetzung Ein Beispiel für eine Teamzusammensetzung in einem Produktentwicklungsprojekt zeigt Abb. 10.3. Dabei wird von einem *Kernteam*, einem *erweiterten Team* sowie externen (temporär hinzugezogenen) Parteien (wie Fachexperten, Zulieferern und Kunden) unterschieden. Entsprechend dem Projektfortschritt sollte die Teamzusammensetzung *laufend angepasst* werden (z. B. zu Beginn eines Projekts mehr Produktentwicklungs- und gegen Ende mehr Fertigungsexpertise).

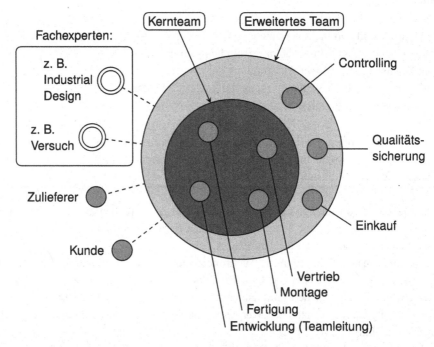

Abb. 10.3 Beispiel für eine Teamzusammensetzung in einem Produktentwicklungsprojekt. (Nach Stuffer & Ehrlenspiel, 1993)

10.3 Besprechungen im Team

10.3.1 Allgemeines

Bedeutung Erfolgt die Teamkoordination bzw. -arbeit im Rahmen von Besprechungen, so sind die notwendigen Bedingungen dafür zu berücksichtigen. Beispiele hierfür sind:

- *Führungsfähigkeit des Besprechungsleiters* (entscheidend);
- *Fähigkeit der Teilnehmer, sachlich* und mit *psychologischem* Einfühlungsvermögen zu diskutieren (hierzu gehören entsprechende Kenntnisse).

Arten von Besprechungen Nach dem Ziel der Besprechung werden unterschieden, vgl. dazu Ammelburg (1993):

- *Problembesprechung* zur Lösung von Problemen, d. h. das Ergebnis ist offen (hier die wichtigste Art);
- *Zielbesprechung* mit vorgegebenem Ziel; Zweck ist die Durchdringung des Lösungswegs; Möglichkeiten sind:
- *Informationsbesprechung* zur Vermittlung von Kenntnissen (Änderung des Bewusstseins),
- *Motivationsbesprechung* zur Beeinflussung des Verhaltens,
- *Lehrbesprechung* (Kombination der beiden).

Nach der *Organisation* lässt sich zudem unterteilen in:

- *geplante Besprechung* (turnusmäßig oder, nach Bedarf, mit schriftlicher Einladung),
- *Ad-hoc-Besprechung* (spontan aus plötzlichem Anlass, z. B. Schadensfall).

Besprechungsraum Der Besprechungsraum ist wichtig für die Atmosphäre der Besprechung. Anforderungen an den Besprechungsraum sind:

- Ruhig, abgeschlossen, *freundlich* gestaltet.
- *Kein Telefon* bzw. Handy, gegebenenfalls Hörer danebenlegen oder Handy abschalten. Im Notfall kann ein Bote kommen.
- *Angemessene Größe* relativ zur Teilnehmerzahl (zu klein bedeutet schlechte Luft und damit Ermüdung, zu groß bewirkt ein Gefühl der Verlorenheit).
- *Tisch,* an dem alle *„gleichberechtigt"* sitzen und sich sehen können. Ideal ist der kreisrunde Tisch; ähnlich ist es bei achteckigen, sechseckigen und quadratischen Tischen. Je mehr es zur Ausbildung von „Tischpolen" kommt, desto eher entstehen Spannungen, vgl. dazu Ammelburg (1993). Beispielsweise sitzen sich bei langen, U-förmigen Tischen

häufig „Präsidium" und „Opposition" bzw. „Kontras" im größtmöglichen Abstand gegenüber.

10.3.2 Organisation und Ablauf

Vorbereitung einer Besprechung Die folgenden Schritte obliegen vor allem dem Besprechungsleiter.

1. *Teilnehmerkreis festlegen*, soweit er nicht bereits feststeht. Eine günstige Teilnehmerzahl ist etwa 5 bis 12; bei über 20 Teilnehmern kommt in der Regel keine echte Besprechung mehr zustande.
2. *Termin abklären*, soweit er nicht turnusmäßig festliegt. Dies sollte delegiert werden (z. B. an Assistenz), gegebenenfalls Umfrage o. Ä.
3. *Teilnehmer einladen*, schriftlich, mindestens fünf Werktage vor der Besprechung. Nach der AEIOU-Methode (sie erlaubt eine leichtere Merkfähigkeit mit Prüfmöglichkeit auf vollständige Information) sollte die Einladung folgendes enthalten:
   – *Was:* Name der Besprechung und Tagesordnung, gegebenenfalls erläuternde Stichworte bzw. Informationen (soweit notwendig), dabei keine Vorwegnahme des Besprechungsergebnisses!
   – *Wer:* Eingeladene Teilnehmer.
   – *Wie:* Unterlagen zu den Tagesordnungspunkten (TOP), soweit nötig.
   – *Wo:* Ort und Raum.
   – *Wann (Wunn):* Datum und Uhrzeit.
4. *Zeitplan erstellen:* Vorgabe von Schätzzeiten für die einzelnen TOPs, insbesondere bei längeren Besprechungen, auf Flipchart o. Ä.; wirkt bei Zeitüberschreitungen beschleunigend. Auch nötig bei Einladung von Gästen zu einzelnen TOPs.
5. *Inhalt vorbereiten:* Der Besprechungsleiter sollte wichtige Punkte jeweils mit dem Hauptreferenten (Antragsteller o. Ä.) kurz besprechen, um über Problematik und Unterpunkte informiert zu sein (dabei keine Vorwegnahme des Besprechungsergebnisses!). Wiederkehrende Besprechungen sollten weder zu häufig (sonst Ermüdung) noch zu selten sein (sonst gehen Erinnerung und Einstellung verloren).

Ablauf einer Besprechung

1. *Begrüßung*, freundlich, zumindest höflich durch den Besprechungsleiter (bzw. den Einladenden). Sonst ist die „positive" Einstellung von vornherein verloren.
2. *Formalien zur Eröffnung:*
   – Festlegung der *Beschlussfähigkeit* (soweit erforderlich);
   – Bestimmung eines *Protokollführers* (soweit nicht schon festgelegt);

– Ergänzungen zur *Tagesordnung* (vom Leiter und von den Teilnehmern; danach fragen!), gegebenenfalls TOPs zusätzlich aufnehmen, dazu Einverständnis der Teilnehmer einholen (ggf. Abstimmung), aber *auf keinen Fall andiskutieren!*

3. *Behandlung des ersten TOP:*
   – *Problem darstellen* durch den, der es eingebracht hat (kurz, prägnant, möglichst unterstützt durch Anschauungsmaterial, Zeichnung o. Ä.).
   – *Ziel nennen* (aber nicht Ergebnis vorwegnehmen!) durch den Sprecher oder Leiter, gegebenenfalls gezielte Frage zur Diskussionseröffnung.
   – *Diskussion* (siehe Abschn. 10.3.3):
       Wortmeldungen (Handzeichen) beachten.
       Erst zuhören, dann verstehen und erst danach gegebenenfalls andere Meinung vertreten.
       Teilnehmer ausreden lassen, aber Dauerreden begrenzen (siehe weiter unten).
       Gegebenenfalls Kernfrage wiederholen, um das Ziel nicht aus den Augen zu verlieren.
       Zusätzlich auftauchende Problempunkte entweder ausklammern (dafür Zustimmung einholen) oder notieren und zur späteren Behandlung zurückstellen.
   – *Ergebnis* aus den Meinungen herausfiltern (soweit möglich), formulieren und notieren. Zustimmung bzw. Änderungsvorschläge einholen; abstimmen, falls nötig.
   – *Beschlüsse* präzise und eindeutig festlegen (ebenfalls nach der AEIOU-Methode):
       Was wird getan?
       Wer tut was?
       Wie geschieht es (Vorgehensweise, Hilfsmittel und Methoden, Kostenrahmen o. Ä.)?
       Wo (wozu, wofür, womit) geschieht es?
       Wann muss es erledigt sein (Termin)?
4. *Behandlung der nächsten TOPs* wie unter Punkt 3.
5. *Pausen:* Eine mehrstündige Besprechung ohne Pausen ist nicht nur eine Zumutung, sondern auch sinnlos. Infolge Ermüdung gehen nämlich Konzentration und positive Einstellung verloren. Deshalb gilt:

10.1 Besprechungspausen

Spätestens nach zwei Stunden sollte eine Pause von ca. *fünf bis zehn Minuten* eingelegt werden, ebenso wenn eine Diskussion festgefahren ist.

Die Besprechung dauert dadurch *nicht* länger (insb. wenn die Pausenzeiten exakt eingehalten werden). Ohne Pausen verlassen nämlich die Teilnehmer einzeln willkürlich die Runde und fehlen jeweils eine Zeit lang. In der Pause lassen Spannungen nach („Dampf ablassen"); oft ergeben sich danach neue Anregungen und Lösungsansätze.

6. *Abschluss: Positives* Schlusswort des Leiters (zumindest Dank für das Engagement o. Ä.), auch wenn das Ziel nicht erreicht worden ist. Andernfalls bleibt eine Negativeinstellung zurück und belastet die nächste Besprechung von vornherein.

Falls TOPs aus Zeitmangel nicht mehr behandelt werden konnten, werden sie in der Regel an den Anfang der nächsten Besprechung gesetzt.

Besonderheiten der Ad-hoc-Besprechung Eine Ad-hoc-Besprechung wird kurzfristig aus plötzlichem Anlass heraus einberufen (z. B. Schadensfall, Fertigungsproblem, Kundenreklamation). Dabei ist folgendes zu beachten:

- *Vorbereitung:* Derjenige, der das Problem einbringt, sollte Termin und Ort mit den betroffenen Teilnehmern abklären und dafür das *Hauptthema* nennen.
- *Begrüßung und Leitung:* Freundliche Begrüßung (wie oben) durch den Einladenden. Wesentlich ist: *Einer muss leiten!* Wenn nichts anderes vereinbart wird, übernimmt das der Einladende.
- *Protokollführer:* Ebenso wichtig: *Einer muss schreiben!* (Stichworte genügen meist, siehe weiter unten.)
- *Tagesordnung:*
  - *Hauptthema* und gegebenenfalls weitere Themen werden vom Leiter genannt.
  - *Weitere Themen* können von Teilnehmern eingebracht werden (wie oben; nur nennen, nicht andiskutieren!).
  - TOPs schriftlich *notieren*, gegebenenfalls Flipchart, Beamer bzw. Whiteboard verwenden (Leiter und Protokollführer).
  - Prioritäten erfragen und Reihenfolge der TOPs festlegen, gegebenenfalls herbeiführen (keine große Diskussion!).
  - Einverständnis einholen.
- *Durchführung* der Besprechung entsprechend oben:
  - Behandlung der einzelnen TOPs,
  - Pausen bei längerer Dauer,
  - positives Schlusswort.

Protokoll Ein Protokoll ist unbedingt erforderlich, sonst war die Besprechung nutzlos. Es dient dazu, dass die gemachten Beschlüsse durchgeführt werden, vor allem aber dazu, dass später nachvollziehbar ist, *was* beschlossen worden ist und *warum*. Es kann sehr kurz sein (Stichworte genügen).

10.2 Protokoll

Das Protokoll muss mindestens folgendes enthalten:

- Daten (Name der Sitzung, Tag, Zeit, Teilnehmer, Tagesordnung),
- Anlass (Stichworte),
- Ergebnis (stichwortartige Zusammenfassung),
- Beschlüsse (was, wer, wie, wo, wann) und
- Name des Protokollführers.

Nicht ins Protokoll gehört der *Verlauf* der Diskussionen. Filmmitschnitte der Sitzung sollten unterbleiben!

10.3 Schreiben des Protokolls

Das Protokoll sollte *unmittelbar nach der Besprechung* geschrieben und mit dem Leiter abgestimmt werden.

Sonst dauert die Erstellung zumindest doppelt so lang. Schon nach einigen Tagen kann der Protokollführer möglicherweise wesentliche Fakten nicht mehr sauber einordnen beziehungsweise diese bereits vergessen haben.

10.4 Verteilung des Protokolls

Das Protokoll sollte den Teilnehmern *umgehend* zugestellt werden. Andernfalls werden die Beschlüsse nicht pünktlich ausgeführt, weil sich jeder auf das Protokoll verlässt.

10.3.3 Verhalten des Besprechungsleiters

Bedeutung Der Besprechungsleiter hat die wichtigste und schwierigste Aufgabe bei der Besprechung. Erfahrungen und möglichst Schulung in Menschenkenntnis und Besprechungstechnik sind notwendig. Aber auch für die anderen Teilnehmer sind diese Kenntnisse zumindest hilfreich.

Leitregeln zur Besprechungstechnik Die folgenden Leitregeln fassen einige wesentliche Aspekte stichwortartig zusammen. Sie mögen als Einstieg zur weiteren Beschäftigung mit der Thematik dienen.

10.5 Gleichwertigkeit
Der Leiter sollte die Teilnehmer als gleichwertige Partner ansehen und ansprechen.

Dazu gehört, taktvoll, höflich, freundlich, aber auch entschieden und konsequent zu sein. Entschiedenheit und Konsequenz (nicht Härte und Sturheit) sind unerlässlich; sie lassen sich aber höflich und freundlich realisieren.

10.6 Moderator
Der Besprechungsleiter ist ein Moderator, d. h. einer, der behutsam steuert, aber nicht dirigiert oder manipuliert. Fragen werden zwar meist an ihn gestellt, gelten aber grundsätzlich der gesamten Gruppe und sind daher an sie weiterzugeben.

Das bedeutet, dass der Besprechungsleiter selbst möglichst wenig redet und seine eigene Meinung zunächst zurückhält, denn das Problem soll von der Gruppe gelöst werden. Der Leiter sollte sich beim Fragensteller versichern, ob er die Frage als beantwortet sieht.

10.7 Redefolge
Reihenfolge der Wortmeldungen beachten (Handzeichen o. Ä.), auch bei kleiner Runde.

Dazu gehört auch, darauf zu achten, dass *alle* Teilnehmer sich beteiligen; gegebenenfalls durch Fragen nachfassen.

10.8 Fragen
Fragen eindeutig formulieren. Bei Frage an einen gezielten Teilnehmer: Erst den Namen nennen, dann die Frage. Bei offener Frage an alle: Warten können!

Im ersteren Fall werden Peinlichkeiten bei geistiger „Abwesenheit" vermieden (das kommt naturgemäß dauernd vor, weil unser Geist Gedanken laufend assoziiert). Im letzteren Fall fühlt sich niemand direkt angesprochen; alle überlegen meist und warten ab, bis einer dann doch das Wort ergreift.

10.9 Formulierungen
Ungeschickte Formulierungen, bei denen nicht sicher ist, ob die anderen sie richtig verstanden haben, sollten nicht „verbessert", sondern mit eigenen Worten taktvoll wiedergegeben werden: „Habe ich das richtig verstanden, …?"

So wird vermieden — sofern es nicht zu oft vorkommt —, dass der andere sich gekränkt fühlt (gerade Techniker tun sich manchmal schwer mit dem Wort).

10.10 „Falsche" Ansichten
Bei Ansichten, die seiner Meinung nach falsch sind, sollte der Besprechungsleiter keinesfalls sofort einsprechen, sondern dazu die Gruppe Stellung nehmen lassen.

Erst wenn dort keine Reaktion erfolgt, kann der Besprechungsleiter seine eigene Meinung darlegen.

10.11 Wechselgespräche
Freie Wechselgespräche zwischen Teilnehmern, d. h. ohne Wortmeldungen, können laufen gelassen werden, solange sie beim Thema bleiben und nicht ausufern sowie keine dringenden Wortmeldungen vorliegen. Das Ergebnis sollte gegebenenfalls kurz zusammengefasst werden.

10.12 Abschweifungen
Gleitet die Diskussion vom Ziel ab, muss der Besprechungsleiter taktvoll eingreifen; eventuell auftauchende neue Themen gegebenenfalls als weiteren Tagesordnungspunkt vorsehen und notieren.

10.13 Dauerreden
Langatmige Dauerreden sollten an einer günstigen Stelle mit Vorsicht und Geschick unterbrochen werden.

Dieser Fall ist schwierig. Wie es auch gemacht wird, der Unterbrochene ist immer verärgert. Wird es aber unterlassen, sind die anderen verärgert. Es kann zum Beispiel die grundsätzliche Richtigkeit betont, gleichzeitig aber auf andere Wortmeldungen oder fortschreitende Zeit verwiesen werden.

Abb. 10.4 Besprechungsteilnehmer aus der Sicht des Besprechungsleiters. (Nach Ammelburg, 1993)

Umgang mit Besprechungsteilnehmern Die Karikatur in Abb. 10.4 zeigt die Besprechungsteilnehmer als Tiere aus der Sicht des Besprechungsleiters:

- *Der Streitsüchtige:* Sachlich und ruhig bleiben, nicht auf Streit einlassen. Durch Besprechung widerlegen lassen, Taktik des „toten Winkels".
- *Der Positive:* Stütze der Besprechung. Ergebnisse zusammenfassen lassen, bewusst in die Diskussion einschalten.
- *Der Alleswisser:* Gruppe zu seinen Behauptungen Stellung nehmen lassen.
- *Der Redselige:* Zwischenredner. Taktisch unterbrechen, Redezeit begrenzen.
- *Der Schüchterne:* Leichte Fragen stellen, Selbstbewusstsein heben durch Lob und Anerkennung.
- *Der Ablehnende:* Ehrgeiz wecken, seine Kenntnisse und Erfahrungen anerkennen und zunutze machen.
- *Der Dickfellige:* Uninteressierter. Nach seiner Arbeit fragen, Beispiel aus seinem Interessensgebiet bringen lassen.
- *Der Erhabene:* „Das hohe Tier". Keine Kritik üben! „Ja, aber"-Technik anwenden.
- *Der Ausfrager:* Der schlaue Fuchs. Will den Besprechungsleiter reinlegen! Seine Fragen zur Stellungnahme an Gruppe weitergeben.

Kaskadeneffekte Sobald sich die Diskussion in einem Team in eine bestimmte Richtung bewegt hat, entsteht eine Eigendynamik, die sich nur schwer umkehren lässt – auch dann, wenn im Team unterschiedliche Ansichten vorherrschen. Die Ursache liegt darin, dass viele Menschen einer bereits von Anfang an von vielen unterstützten Idee aus Konformitätsgründen o. a. nicht widersprechen, vgl. Abschn. 7.3. Vickberg und Christfort (2017) unterscheiden zwei wesentliche Kaskadeneffekte bei der Teamarbeit:

- *Reputationskaskaden* entstehen, wenn jemand aus Angst vor Strafe oder einem negativen Eindruck der Gruppenmeinung nicht widerspricht.
- *Informationskaskaden* entstehen, wenn Teammitglieder davon ausgehen, dass die ersten Redner bei einer Diskussion einen Wissensvorsprung hätten.

Beide Effekte führen unweigerlich zum Gruppendenken und Selbstzensur und können dem Teamerfolg massiv schaden.

> **10.14 Introvertierte**
> Introvertierten oder passiven Besprechungsteilnehmern sollte *zuerst* das Wort erteilt werden, damit eine Vielzahl unterschiedlicher Ideen vorgetragen wird, bevor sich eine bestimmte Gruppenmeinung verfestigt.

Hilfreich ist dabei auch, vor der Teambesprechung ein individuelles Brainstorming abzuhalten und die entsprechenden Ideen zu Beginn der Besprechung der Reihe nach vortragen zu lassen.

Parlamentarische Regeln Für eine sinnvolle und faire Diskussion müssen die Besprechungsteilnehmer – insbesondere der Leiter – die wichtigsten parlamentarischen Regeln kennen und beachten:

- *Abstimmungsmodus:* Ausnahmslos ist wie folgt abzustimmen:

  1. Wer ist *dafür*?
  2. Wer ist *dagegen*?
  3. Wer *enthält* sich?

  Ein Auslassen von Schritt 1 ist unzulässig, weil dann Unaufmerksame als „dafür" gezählt werden.

- *Antrag auf geheime Abstimmung:* Muss immer akzeptiert werden, auch wenn nur einer ihn stellt (ohne Abstimmung).
- *Worterteilung:* Durch den Leiter, in der Reihenfolge der Meldungen (Rednerliste).
- *Wortmeldung „Direkt dazu":* Unmittelbar nach dem augenblicklichen Redner. Darf nur eine kurze Ergänzung enthalten (keinen eigenen Beitrag) und nur *selten* vorkommen.

- *Wortmeldung „Zu einer persönlichen Bemerkung"*: Erst nach der Erledigung der Sachdiskussion eines TOP behandeln. Nur zur Richtigstellung von persönlichen Vorwürfen, unrichtigen Angaben o. Ä.
- *Wortmeldung „Zur Geschäftsordnung"*: Ist unmittelbar nach dem derzeitigen Redner zu berücksichtigen. Dient *ausschließlich* dazu, einen der drei folgenden Anträge zu stellen; dieser wird *sofort* daran anschließend behandelt.
- *Antrag auf „Schluss der Rednerliste"*:

1. Der Leiter nennt den vorgemerkten Redner.
2. *Einer* spricht *für* den Antrag (i. Allg. der Antragsteller).
3. *Einer* spricht *gegen* den Antrag (falls gewünscht), keine weitere Diskussion.
4. *Abstimmung* (siehe oben). Bei Annahme sprechen nur noch die genannten Redner.

- *Antrag auf „Schluss der Debatte"*:

1. *Einer* spricht *dafür* (wie zuvor).
2. *Einer* spricht gegebenenfalls *dagegen*.
3. *Abstimmung*. Bei Annahme keine weitere Diskussion (insb. keine „Leichenreden"!), gegebenenfalls Abstimmung über den behandelten TOP.

- *Antrag auf „Übergang zur Tagesordnung"*:

1. *Einer* spricht *dafür*.
2. *Einer* spricht gegebenenfalls *dagegen*.
3. *Abstimmung*. Bei Annahme Absetzung des TOP und Übergang zum nächsten TOP.

Literatur

Ammelburg, G. (1993). *Die Unternehmens-Zukunft* (4. Aufl.). Haufe.
Krehl, H., & Ried, A. P. (1973). *Teamarbeit und Gruppendynamik*. Krehl +.Ried, Neue Management Methoden Verlag.
Lindemann, U. (2009). *Methodische Entwicklung technischer Produkte. Methoden flexibel und situationsgerecht anwenden* (3. Aufl.). Springer.
Stuffer, R., & Ehrlenspiel, K. (1993). Teamarbeit als Grundlage der integrierten Produktentwicklung. In N. F. M. Roozenburg (Hrsg.), *Proceedings of the International Conference on Engineering Design* (S. 293–300). Heurista.
Vickberg, S. M. J., & Christfort, K. (2017). Pioniere, Macher, Integratoren und Wächter. *Harvard Business Manager, 39*(6), 20–29.

Vorschlags- und Schutzrechtswesen 11

Technische Neuerungen leben von neuen Ideen. Für ein erfolgreiches Produkt sind zahlreiche davon nötig. In diesem Kapitel geht es vor allem um solche Ideen, die von den Mitarbeitern des eigenen Betriebs stammen, und zwar unter folgenden zwei Gesichtspunkten: Gewinnung von Ideen, insbesondere über das betriebliche Vorschlagswesen, sowie Vergütung von Ideen, als Verbesserungsvorschläge oder aber als Erfindungen; zu letzteren gehören die Grundlagen des Patentrechts und der Erfindervergütung.

11.1 Begriffe und Zusammenhänge

Stand der Technik Summe dessen, was zurzeit bekannt ist (d. h. ausgeführt und öffentlich zu sehen, ausgestellt, beschrieben in Fachbüchern oder -aufsätzen, Prospekten, Patentschriften usw.). Eine genaue Definition bzw. Festlegung ist kompliziert, siehe Abschn. 11.3.

Erfindungshöhe Geistiger Sprung von bestimmter Schwellenhöhe gegenüber dem Stand der Technik. Sie ist exakt kaum zu definieren; das Patentrecht definiert eher, was *keine* Erfindungshöhe hat bzw. „nicht erfinderisch" ist. Generell gilt als erfinderisch, was für einen „Durchschnittsmenschen" vom Stand der Technik her „nicht naheliegt" bzw. was eine „Durchschnittsfachperson" überrascht.

Patentfähige Idee Sie überschreitet den Schwellenwert, ist erfinderisch bzw. besitzt Erfindungshöhe. Schutzwürdig darin ist, *was* über dem Schwellenwert liegt. Die Idee ist (und

J. Schlattmann and A. Seibel, *Produktentwicklungsprojekte - Aufbau, Ablauf und Organisation*, https://doi.org/10.1007/978-3-662-67988-3_11

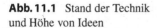
Abb. 11.1 Stand der Technik
und Höhe von Ideen

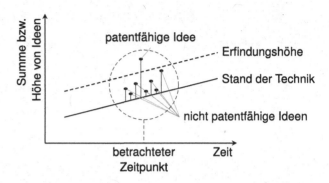

bleibt) geistiges Eigentum des Erfinders; das Schutzrecht hingegen kann verkauft, übertragen u. Ä. werden. Wenn der Schutzrechtsinhaber (z. B. der Betrieb) nicht der Erfinder ist, hat letzterer Anspruch auf Erfindervergütung, ohne Rücksicht darauf, ob die Erfindung genutzt wird oder nicht (siehe Abschn. 11.4).

Nicht patentfähige Ideen Die meisten Ideen haben für ein Schutzrecht zu wenig Erfindungshöhe; ihre Menge aber treibt ebenfalls den Stand der Technik voran. Der nicht schutzfähige Freiraum ist nötig, damit die technische Entwicklung nicht behindert wird. Dabei gibt es zwei Möglichkeiten:

- Die Idee wird *nicht genutzt;* dann ist sie ziemlich wertlos.
- Die Idee wird *genutzt* und ergibt eine Verbesserung gegenüber dem vorhandenen Zustand; dann kann sie gegebenenfalls als Verbesserungsvorschlag vergütet werden (siehe Abschn. 11.2).

Zusammenhänge Abb. 11.1 veranschaulicht qualitativ die Zusammenhänge zwischen den genannten Begriffen.

11.2   Betriebliches Vorschlagswesen

11.2.1 Grundlagen

Beispielfall Ein Unternehmer besitzt einen kleineren Betrieb. Einem seiner Werkzeugmacher fällt auf, dass ein bestimmter Arbeitsablauf besser gestaltet werden könnte. Er behält das aber für sich. Er selbst kann die Verbesserung nicht durchführen, denn was wie getan wird bestimmt seit jeher der Unternehmer. Er schlägt diesem die Verbesserung auch nicht vor. Das hat er früher einmal versucht, mit sehr negativen Folgen:

- Der Unternehmer war aufgebracht, wieso sich der Mitarbeiter in des Unternehmers Angelegenheiten einmische. Das machten sie seit langem so, und nun käme der Mitarbeiter daher und wolle dem Unternehmer weismachen, er habe „Mist gebaut".
- In der nächsten Zeit bekam der Werkzeugmacher von seinem Meister die schlechtesten Arbeiten zugeteilt. Der Unternehmer hatte nämlich diesen zu sich bestellt und ihn angefahren, er solle besser auf seine Leute aufpassen, dass sie keine Flausen in den Kopf kriegten. Außerdem habe der Werkzeugmacher eine Verbesserung vorgeschlagen; darauf hätte er, der Meister, schon längst selbst kommen können. Der Meister hielt den Werkzeugmacher daraufhin für einen „Radfahrer", der ihn beim Chef anschwärzen wollte.

Wesen eines Verbesserungsvorschlags   In dem (bewusst überzeichneten) Beispiel wurde so ziemlich alles falsch gemacht, was möglich war. Es lässt aber folgende richtige Schlüsse zu:

- Es handelt sich um einen wirklichen Verbesserungsvorschlag, denn sonst hätte der Unternehmer dem Meister nicht vorgeworfen, er selbst hätte darauf kommen können.
- Ein Verbesserungsvorschlag greift immer in das Fachgebiet eines anderen hinein. Für das, wofür ein Mitarbeiter selbst zuständig und verantwortlich ist, kann und braucht kein Verbesserungsvorschlag eingereicht zu werden, denn das wird der Mitarbeiter einfach umsetzen. Er sollte seinen Vorgesetzten aber davon in Kenntnis setzen, denn es sollte in seine Leistungsbeurteilung eingehen.
- Mit dem Eingriff in ein fremdes Fachgebiet ist stets *Kritik am vorhandenen Zustand* verbunden. Der dafür zuständige Mitarbeiter missversteht sie oft als persönlichen Angriff, anstatt sie als konstruktiven Hinweis zur Verbesserung aufzugreifen. Niemand kann alles gleichzeitig optimal ausführen, und was heute noch gut ist, kann morgen bereits überholt sein. Wer versucht, seine Sachkompetenz dadurch zu demonstrieren, dass er fremde Anregungen zurückweist, erreicht genau das Gegenteil.
- Mitarbeiter, die im Produktionsverlauf stehen, erkennen mögliche Schwächen und Verbesserungsmöglichkeiten für Produkte und Verfahren häufig schneller und direkter als höherstehende Instanzen. Ein Betrieb, der diese Ideenquellen nicht fördert, sondern durch falsche Reaktionen unterdrückt, *verschenkt ein wesentliches Potenzial*, um seine Marktposition und Überlebensfähigkeit zu sichern und zu verbessern.
- Wer eine Verbesserungsmöglichkeit erkennt, für die sein eigener Vorgesetzter zuständig ist, sollte diesen zumindest informieren, besser noch den Vorschlag mit ihm besprechen, damit er sich nicht hintergangen fühlt. Voraussetzung dafür ist allerdings ein Vertrauen zur Person.

11.2.2 Organisation des Vorschlagswesens

Voraussetzungen Wenn ein Betrieb das kreative Potenzial seiner Mitarbeiter über Verbesserungsvorschläge nutzbar machen will, müssen folgende Voraussetzungen erfüllt sein:

- Vertrauen der Mitarbeiter innerhalb des Betriebs und zum Betrieb, gemeinsamer Wille zur Förderung des Betriebs;
- Organisation des Vorschlagswesens mit klaren Regeln zur Bewertung der Vorschläge;
- Bekanntgabe der Organisation mit Anreizen zum Einreichen von Vorschlägen:
  - Prämierung („Besitztrieb", vgl. Abschn. 10.2.7),
  - Veröffentlichung und Verwirklichung („Geltungstrieb", vgl. Abschn. 10.2.7).

Verbindlichkeit Es gibt keine Verpflichtung zu einem Vorschlagswesen. Wenn ein Betrieb so etwas einrichtet, kann dies zum Beispiel in Form einer Betriebsvereinbarung zwischen Geschäftsleitung und Belegschaft, vertreten durch den Betriebsrat, geschehen.

Vertrauensperson Sie hat eine entscheidende Position mit folgenden Aufgaben:

- Sie nimmt den Vorschlag entgegen,
- bespricht ihn gegebenenfalls mit dem Einreicher und hilft bei der Formulierung,
- nummeriert den Vorschlag und archiviert ihn,
- verteilt ihn (meist ohne Namen) an die Mitglieder der Bewertungskommission,
- sorgt für eine Zusammenarbeit mit der Geschäftsleitung, dem Betriebsrat, der Bewertungskommission und der Belegschaft (insb. bei Einsprüchen gegen Prämienentscheidungen),
- informiert gegebenenfalls den Verantwortlichen für das Schutzrechtswesen, falls der Vorschlag eine Erfindung enthalten könnte.

Bewertungskommission Sie setzt sich (z. B.) zusammen aus

- je einem leitenden Mitglied aus den Bereichen Entwicklung und Fertigung,
- einem oder zwei Mitgliedern des Betriebsrats,
- der Vertrauensperson (als Berater ohne Stimmberechtigung) und
- gegebenenfalls einem Mitglied der Geschäftsleitung.

Eines der Mitglieder wird zum Vorsitzenden der Kommission gewählt.

Regeln zur Bewertung Grundregel ist, so viele Vorschläge wie irgend vertretbar zu prämieren. Jede Ablehnung wirkt negativ und kostet gegebenenfalls mehr als eine zu viel gezahlte Prämie. Um Missbrauch zu verhindern, sind jedoch einige Festlegungen zweckmäßig, die im Zweifelsfall herangezogen werden können (mit Einfühlungsvermögen!). Danach *kann* die Prämierung eines Verbesserungsvorschlags aus folgenden Gründen *abgelehnt* werden:

- Der Vorschlag fällt in das *eigene Aufgabengebiet* des Einreichers (vgl. Abschn. 11.2.1); dann sollte er in geeigneter Weise an den entsprechenden Vorgesetzten für die Leistungsbeurteilung weitergeleitet werden.
- Der Vorschlag ist *im Betrieb* bereits bekannt. (Damit können gegebenenfalls „Trittbrettfahrer" ausgeschaltet werden.) Was allerdings aus der Literatur, einem anderen Bereich o. Ä. entnommen und auf den eigenen Betrieb übertragen wird, fällt nicht darunter und gilt als Verbesserungsvorschlag.
- Der Vorschlag zeigt nur auf, dass eine *Vorschrift*, die richtig ist und im Betrieb vorliegt, *nicht befolgt* wird. (Trotzdem kann im Aufzeigen eines echten Missstands ein prämierbarer Vorschlag liegen.)
- Der Vorschlag wurde *ohne Wissen* der zuständigen Stellen in die Tat *umgesetzt* und erst danach gemeldet. (Diese Regel bezieht sich auf die Sicherheit.)

Bei einer Ablehnung sollte der Einreicher *persönlich* informiert und angehört werden, wenn möglich unmittelbar in der Bewertungssitzung.

Ablauf einer Vorschlagsbewertung Die folgenden Schritte sollten zügig ablaufen, um motivierend zu wirken; andernfalls schläft das Vorschlagswesen ein.

1. *Empfangsbescheid:* Nach Eingang des Vorschlags sendet der Vorsitzende der Bewertungskommission einen Empfangsbescheid über die Vertrauensperson an den Einreicher.
2. *Beurteilung:* Der Vorsitzende gibt den Vorschlag an die zuständige Abteilung im Betrieb weiter und veranlasst die Beurteilung mit Kalkulation oder Schätzung des Nutzens bis zur nächsten Bewertungssitzung.
3. *Bewertungssitzung:* Spätestens alle zwei Monate beruft der Vorsitzende die Bewertungskommission ein (siehe Abschn. 11.2.3).
4. *Auszahlung der Prämie:* Die von der Kommission ermittelte Prämie wird von der Geschäftsleitung bestätigt und sofort ausgezahlt (Vorbehalt bei hohen Prämien, siehe Abschn. 11.2.3).
5. *Veröffentlichung:* Unmittelbar nach der Bewertung wird der Vorschlag mit der Prämie und dem Namen des Einreichers betriebsintern veröffentlicht (es sei denn, der Einreicher möchte das nicht).
6. *Verwirklichung:* Der Vorschlag sollte möglichst bald verwirklicht werden. Wird er nicht realisiert, so wirkt das trotz Prämierung demotivierend.

11.2.3 Ermittlung der Prämie

Vorgehensweise Auf der Bewertungssitzung wird die auszuzahlende Prämie auf Grundlage vorgenannter Regeln in folgenden Schritten ermittelt. Sie sind nicht zwingend, sondern als Beispiel anzusehen. Teilweise lehnen sie sich an die Erfindervergütung an (siehe Abschn. 11.4). Die Vorgehensweise wird anhand des Formulars in Abb. 11.2 demonstriert:

1) Ermittlung der persönlichen Faktoren

1	**Persönliche Faktoren**		
1.1	Aufgabenbereich des Einreichers	$a =$ _____	
1.2	Persönlicher Einsatz des Einreichers	$b =$ _____	
1.3	Stellung des Einreichers	$c =$ _____	
2	**Nutzen**		
2.1	Ersparnis pro Stück	_____	€
2.2	Stückzahl pro Jahr	_____	
2.3	Bruttoersparnis pro Jahr	$B =$ _____	€
2.4	Änderungskosten Konstruktion	_____	€
2.5	Änderungskosten Arbeitsvorbereitung	_____	€
2.6	Änderungskosten Vorrichtungen	_____	€
2.7	Änderungskosten sonstiger Art	_____	€
2.8	Gesamte Änderungskosten	$A =$ _____	€
2.9	Voraussichtliche Nutzungsdauer	_____	Jahre
2.10	Daraus resultierender Kostenanteil	$x =$ _____	€
2.11	Anteilige Änderungskosten $K = x \cdot A$	$K =$ _____	€
2.12	Nicht kalkulierbarer Nutzen	$Z =$ _____	€
2.13	Jahresnettonutzen $N = B - K + Z$	$N =$ _____	€
3	**Prämie**		
3.1	Anteilfaktor	$y =$ _____	
3.2	Rechnerische Prämie $P = y \cdot N \cdot a \cdot b \cdot c$	$P =$ _____	€
3.3	Aufgerundete Prämie	$P =$ _____	€

Abb. 11.2 Beispiel eines Bewertungsformulars für einen Verbesserungsvorschlag

- *Faktor a* bezieht sich auf den *Aufgabenbereich* des Einreichers. Hierzu muss die Vertrauensperson die notwendigen Informationen liefern (Stellung, Stellenbeschreibung, ggfs. Namen):
  - Vorschlag fällt *ganz* in den Aufgabenbereich: $a = 0$
  - Vorschlag fällt *nicht* in den Aufgabenbereich: $a = 1$
  - In Grenzfällen sind Zwischenwerte möglich.
- *Faktor b* berücksichtigt den persönlichen Einsatz des Einreichers bei der Gestaltung des Vorschlags:
  - Wenig durchdacht; nur eine Anregung, die von anderen weiterentwickelt und zu einem verwendbaren Vorschlag gemacht werden muss: $b < 1$ (bis 0,1)
  - Normaler, guter Einsatz: $b = 1$
  - Besonders hoher Einsatz, zum Beispiel eigene private Untersuchung, Modell o. Ä.: $b > 1$ (bis 1,3)
- *Faktor c* ist ein *Sozialfaktor,* der dafür sorgt, dass höher bezahlte Mitarbeiter, von denen allgemein mehr Übersicht erwartet wird, für denselben Vorschlag weniger Prämie bekommen als Mitarbeiter mit niedrigerem Gehalt. Die Zuordnung sollte betriebsintern festgelegt werden, zum Beispiel in Anlehnung an Tab. 11.3 (in Abschn. 11.4.3), indem die dort genannten Faktoren durch 8 dividiert werden:
  - Forschungsleiter, Technischer Leiter: $c = 1/8$
  - Niedrigste Lohngruppen: $c = 1$

2) Ermittlung des Nutzens:

- *Kalkulierbarer Nutzen:* Er berechnet sich aus der jährlichen Einsparung B nach Abzug der anteiligen Änderungskosten $K = x \cdot A$ an den gesamten Änderungskosten A. Der Anteilfaktor x hängt von der voraussehbaren Nutzungsdauer ab; dabei ist eine Schätzung über drei Jahre hinaus wegen der Unsicherheit nicht ratsam:
  - Nutzungsdauer bis ein Jahr: $x = 1$
  - Nutzungsdauer bis zwei Jahre: $x = 1/2$
  - Nutzungsdauer über zwei Jahre: $x = 1/3$
- *Nicht kalkulierbarer Nutzen:* Wenn der Nutzen nicht so einfach zu berechnen ist, bleibt nur eine Schätzung (z. B. bei Verbesserung von Sicherheit, Geräuscharmut, Image usw.). Dann sollte der Betrieb gegebenenfalls Rahmenrichtwerte vorgeben, zum Beispiel:
  - Kleinere Verbesserung: $Z = 200$ €
  - Mittlere Verbesserung: $Z = 500$ €
  - Größere Verbesserung: $Z = 1000$ €
- *Jahresnettonutzen:* Er ist die Basis zur Prämienberechnung:

$$N = B - K + Z. \tag{11.1}$$

3) Berechnung der Prämie Wenn der Nutzen ganz dem Einreicher gegeben würde, ginge der Betrieb leer aus. Der Einreicher wird daher nur mit einem Anteilsfaktor y beteiligt. Seine Höhe ist in der Praxis recht verschieden. Da sich die Prämie nur auf einen Jahresnettonutzen bezieht, der Vorschlag aber gegebenenfalls länger genutzt wird, und bei einem Vergleich mit den Richtsätzen R bei der Erfindervergütung, die im Vergleich dazu jährlich weitergezahlt wird (siehe Abschn. 11.4.2), erscheint ein Anteilfaktor von etwa $y = 1/2$ gerechtfertigt. Die Prämie berechnet sich dann wie folgt:

$$P = y \cdot N \cdot a \cdot b \cdot c. \tag{11.2}$$

Sie kann sinnvoll aufgerundet werden.

4) Auszahlung der Prämie Aus Gründen des kalkulatorischen Risikos ist es ratsam, den über einen bestimmten Betrag (z. B. 1000 €) hinausgehenden Teil der Prämie nur vorläufig festzusetzen und nicht sofort auszuzahlen. Der Betrieb sammelt danach Erfahrungen mit der Verwirklichung des Vorschlags, kalkuliert den tatsächlichen Nutzen und bewertet dann den Vorschlag endgültig. Spätestens nach einem Jahr wird die Restprämie dann einschließlich Verzinsung ausgezahlt. Eine zu viel gezahlte Prämie kann jedoch nicht zurückgefordert werden (außer bei Betrug o. Ä.).

11.3 Grundzüge der Schutzrechte

11.3.1 Deutsche Patente

Bedeutung Ein Patent schützt eine Erfindung. Es soll dem Inhaber seinen Vorsprung gegenüber dem Wettbewerb sichern; d. h. es enthält kein Recht der Benutzung, sondern des *Verbots* (sprich: der Inhaber kann dem Wettbewerber verbieten, den Gegenstand der Erfindung herzustellen, zum Verkauf anzubieten, zu verkaufen, zu gebrauchen, zu importieren und zu besitzen; jeweils nur auf gewerblichem Sektor). Die Rechtsgrundlage bildet das Patentgesetz (PatG).

Freie und Diensterfindung Die Erfindung ist und bleibt *geistiges Eigentum* des Erfinders. Ist sie aber auf dem Nährboden des Arbeitgebers entstanden, so steht letzterem die *gewerbliche Nutzung* der Erfindung zu (sog. „Diensterfindung"). Daher ist *jede* Erfindung zunächst dem Arbeitgeber anzuzeigen. Danach wird entschieden, ob es sich um eine „freie" oder eine „Diensterfindung" handelt. Nimmt der Arbeitgeber die Diensterfindung in Anspruch, so hat er zwei Pflichten:

- Er muss sie *„unverzüglich"* (d. h. nicht unbedingt sofort, aber nach den notwendigen Vorarbeiten ohne Verzögerung) zum *Schutzrecht* (Patent oder Gebrauchsmuster) anmelden; er ist „Anmelder". Der „Erfinder" wird in der Anmeldung namentlich genannt (außer beim Gebrauchsmuster, siehe Abschn. 11.3.4).
- Der Erfinder hat bereits mit der Anmeldung, besonders aber mit der Nutzung des Schutzrechts, Anspruch auf *Erfindervergütung* (siehe Abschn. 11.4).

Voraussetzungen für die Patentfähigkeit einer Erfindung

a) *Neuheit:* Die Erfindung muss objektiv *neu* sein, d. h. sie darf zum Anmeldetag nicht zum Stand der Technik gehören. Zu diesem zählt, was der Weltöffentlichkeit vor dem Tag der Anmeldung bekannt geworden ist, im Wesentlichen ohne Rücksicht darauf, wo und in welcher Form dies geschehen ist. Dazu gehört zum Beispiel, was in der Literatur dargestellt, mündlich beschrieben (Nachweis!) oder öffentlich benutzt (ausgeführt, angeboten) worden ist; auch sind noch nicht offengelegte Patentanmeldungen neuheitsschädlich.

b) *Erfindungshöhe:* Die Erfindung muss „Erfindungshöhe" (vgl. Abb. 11.1) besitzen bzw. auf „erfinderisches Handeln" zurückgehen; d. h. sie muss den Raum der normalen technischen Entwicklung deutlich überragen (letztere bleibt als schutzfreie Zone für die allgemeine Weiterentwicklung frei). *Nicht erfinderisch* ist zum Beispiel, was für eine Durchschnittsfachperson auf betreffendem Gebiet vom *Stand der Technik* her als Aufgabenlösung *naheliegt.* Dazu zählt zum Beispiel die einfache Übertragung einer Lösung auf ein verwandtes Gebiet oder der Ersatz eines Elements durch ein technisch gleichwertiges. Auch ein Zusammenführen bekannter Elemente ist an sich nicht erfinderisch, es sei denn, dass im Zusammenwirken der Elemente ein neuartiger, eine Durchschnittsfachperson überraschender Effekt liegt.

c) *Technisches Gebiet:* Die Erfindung muss auf *technischem* Gebiet liegen und *ausführbar* sein. Sie muss eine *Aufgabe,* den *Lösungsweg* sowie die *Lösung* enthalten und so dargestellt sein, dass sich daraus eine „neue Lehre zum technischen Handeln" ergibt. Sie kann folgendes betreffen:
   - einen Gegenstand (Vorrichtung),
   - eine neuartige Anwendung eines Gegenstands,
   - ein Verfahren,
   - einen Stoff,
   - eine Schaltung,

   d. h. alles, was unter *Hardware* (materielle Dinge) fällt. *Nicht* schutzfähig ist aber *Software* (geistige Manipulationen).

d) *Nützlichkeit:* Die Erfindung muss etwas für die Allgemeinheit *Brauchbares* und *Nützliches* (gewerblich Nutzbares) darstellen; sie darf nicht den Gesetzen oder den „guten Sitten" widersprechen.

e) *Fortschrittlichkeit:* Die Erfindung muss gegenüber dem Stand der Technik *fortschrittlich* sein.

f) *Einheitlichkeit:* Die Erfindung muss *einheitlich* sein, d. h. alle ihre Teile müssen insgesamt zu einer einzigen Problemlösung notwendig sein.

Häufigste Ursachen für die Abweisung einer Patentanmeldung sind mangelnde *Neuheit* und mangelnde *Erfindungshöhe.* Bei mangelnder Einheitlichkeit ist die Anmeldung gegebenenfalls in mehrere aufzuspalten.

Beispiel für Neuheitsschädlichkeit In einem Zeitungsartikel unbekannten Autors war einmal folgendes zu lesen: „Die kuwaitischen Behörden waren vor Jahren in höchster Not: Ein Frachter mit 600 Schafen war im Hafen gesunken, die Kadaver drohten das Wasser zu verseuchen. Der dänische Erfinder Karl Kryer schlug vor, Styroporkügelchen in den Schiffsrumpf zu pumpen, um das eingedrungene Wasser zu verdrängen. Das Experiment gelang, und Kryer konnte sich als der Pionier einer äußerst schnellen Bergungsmethode fühlen. Ein Patent bekam er für die Erfindung trotzdem nicht. Denn in einem Walt-Disney-Heft hatte lange vorher die Comic-Figur Donald Duck gezeigt, wie ein Schiffswrack mit Tischtennisbällen zu heben ist", siehe Abb. 11.3. Die Geschichte zeigt, dass selbst die skurrilsten Ideen schon vorher jemand gehabt haben kann.

Beispiel für den Verstoß gegen die „guten Sitten" Abb. 11.4 zeigt das Gebrauchsmuster für eine „Trage, insbesondere zum Transport lebender Tiere" (DE000008204815U1) als Ersatz für eine Leine. Die Trage besteht aus einem U-förmigen Rahmen mit Griff, „wobei der eine Schenkel eine maulkorbähnliche Aufnahme, beispielsweise für eine Hundeschnauze od. dgl., aufweist, während der gegenüberliegende Schenkel von einem Schraubbolzen zum Einführen in eine Öffnung des Tieres durchsetzt ist". Kurz nach seiner Veröffentlichung wurde das Gebrauchsmuster wieder zurückgezogen – die Autoren vermuten, dass der Anmelder sich der tierquälerischen Funktion ihrer Idee bewusst geworden ist. Dennoch hätte dieses Konzept in der Form niemals als Gebrauchsmuster akzeptiert werden dürfen!

Computerimplementierte Erfindungen Software hat heutzutage in vielen Produkten Einzug gehalten und ist kaum noch wegzudenken, sei es in Autos oder Handys. Etwa zehn Prozent der Patente, die jedes Jahr beim Deutschen Patent- und Markenamt angemeldet werden, beziehen sich auf sogenannte computerimplementierte Erfindungen, also Erfindungen, die zur Ausführung einen Computer, ein Computernetz oder eine programmierbare Vorrichtung benötigen und die mindestens ein Merkmal aufweisen, das ganz oder teilweise durch ein Computerprogramm realisiert wird, vgl. dazu „DPMA" (2017). Das Patentgesetz schließt jedoch Computerprogramme „als solche" vom Patentschutz aus, da sie rein sprachliche Funktionen haben und vom Urheberrecht geschützt werden, vgl. Abschn. 11.3.5. Im Gegensatz dazu können computerimplementierte Erfindungen patentiert werden, sofern sie einen technischen Charakter aufweisen.

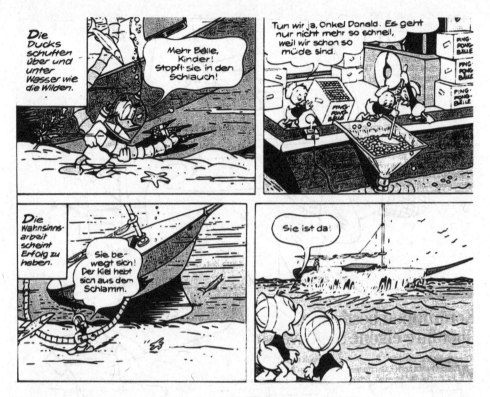

Abb. 11.3 Donald Ducks Methode, ein versunkenes Schiff mithilfe von Tischtennisbällen zu heben. (Ehapa/© Disney)

Beispiel Parallelkinematik Es wurde ein Algorithmus zur eindeutigen Lösung der Vorwärtskinematik von parallelen Mechanismen entwickelt. Dieser basiert auf den Daten von (mindestens) drei Winkelsensoren, die auf Lineareinheiten befestigt sind. Der Algorithmus selbst ließ sich zwar nicht patentieren, aber die Parallelkinematik, die damit geregelt werden kann, siehe Abb. 11.5. Hauptanspruch war die physische Maschine inklusive eines Computers und der Algorithmus gehörte zu einem der Unteransprüche.

11.3.2 Ablauf der Erteilung eines deutschen Patents

Vorbereitung Die Erfindung ist so weit auszuarbeiten und zu erproben, bis das Wesentliche wirklich klar erkannt ist. Zweckmäßig ist eine eigene Patentrecherche (über Patentanwalt o. Ä.) zur Ermittlung des Stands der Technik.

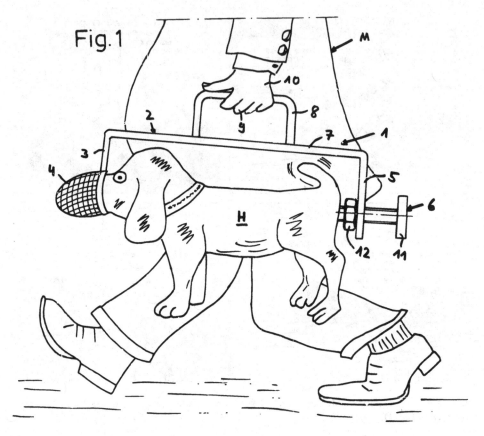

Abb. 11.4 „Trage, insbesondere zum Transport lebender Tiere" (DE000008204815U1)

Anmeldung Sie erfolgt beim Deutschen Patent- und Markenamt in München, zweckmäßig über einen Patentanwalt oder einen Patentingenieur. Sie umfasst folgende Punkte:

- Antragsformular,
- Erfinderbenennung,
- Kurzfassung,
- Patentansprüche,
- Beschreibung (siehe unten),
- Zeichnung(en) (soweit es der Erfindungsgegenstand erfordert).

Die *Beschreibung* muss folgendes enthalten:

- Definition und Anwendungsgebiet der Erfindung;
- Stand der Technik, einschließlich Mängeln und Bedürfnissen;

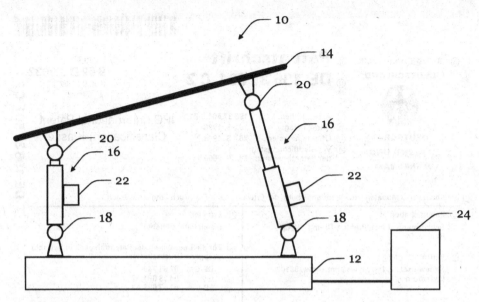

Abb. 11.5 Parallelkinematik   (10)   kombiniert   mit   einer   Computereinrichtung   (24) (DE102017104189A1)

- Aufgabenstellung;
- Lösung mittels der Erfindung, Vorzüge gegenüber dem Stand der Technik;
- eingehende Beschreibung und Erläuterung der Erfindung und ihrer Ausführungsformen.

Ein Beispiel für den Aufbau einer Patentanmeldung/eines Patents ist in Abb. 11.6–11.7 dargestellt.

Schutzumfang Entscheidend für den Schutzumfang eines Patents ist der erste Patentanspruch (Hauptanspruch). Er besteht aus zwei Teilen, die in einem einzigen Satz formuliert werden:

- *Oberbegriff:* Er kennzeichnet und umreißt kurz und exakt den Gegenstand der Erfindung in ihren dem Stand der Technik angehörenden Eigenschaften. Nur was hier beschrieben ist, fällt unter den Patentschutz.
- *Kennzeichnender Teil:* Er beginnt meist mit „dadurch gekennzeichnet, dass" oder „gekennzeichnet durch" und umfasst alle wesentlichen Züge der Erfindung, die geschützt werden (sollen).

Der Schutzumfang ergibt sich in erster Linie aus der Gesamtheit von Oberbegriff und kennzeichnendem Teil des Hauptanspruchs. Bei ihrer Formulierung ist größte Aufmerksamkeit und Sachkenntnis vonnöten (ohne Patentanwalt kaum zu erreichen). Weitere Ansprüche

(19) BUNDESREPUBLIK DEUTSCHLAND

DEUTSCHES PATENT- UND MARKENAMT

(12) **Patentschrift**

(10) **DE 196 37 501 C 2**

(51) Int. Cl.[7]:
B 62 D 57/032
B 62 D 57/02

IPC (International Patent Classification)-Klasse

(21) Aktenzeichen: 196 37 501.0-21
(22) Anmeldetag: 13. 9. 1996
(43) Offenlegungstag: 26. 3. 1998
(45) Veröffentlichungstag der Patenterteilung: 13. 7. 2000

DE 196 37 501 C 2

Innerhalb von 3 Monaten nach Veröffentlichung der Erteilung kann Einspruch erhoben werden

(73) Patentinhaber:
Schlattmann, Josef, Prof.h.c. Dr.-Ing., 48431 Rheine, DE

(74) Vertreter:
Hanewinkel, L., Dipl.-Phys., Pat.-Anw., 33102 Paderborn

(72) Erfinder:
gleich Patentinhaber

(56) Für die Beurteilung der Patentfähigkeit in Betracht gezogene Druckschriften:

DE-GM	67 51 749
EP	04 33 091 A2
EP	01 57 633 A2

Bezeichnung der Erfindung

Aussagekräftige Figur, entnommen aus den Ausführungsbeispielen

(54) Laufmaschine und Verfahren zur Steuerung einer Laufmaschine

Kurzfassung

(57) Laufmaschine (1) mit einem Maschinenkörper (2) und mindestens zwei den Maschinenkörper (2) tragenden Ein- oder Mehrbeinen (3A, 3B) mit jeweils einem bezüglich des Maschinenkörpers (2) in sechs Freiheitsgraden verstellbaren Fuß (4A, 4B; 4E, 4F), wobei die Füße (4A, 4B; 4E, 4F) derart ausgestaltet sind, daß im abgesetzten Zustand Standpunkte der Fußunterseite (41) (Sohle) auf dem Boden eine Standfläche (9A, 9B; 9E, 9F) aufspannen, welche nur zu einem Teil vom Fuß (4A, 4B, 4E, 4F) überdeckt ist, und wobei die Ein- oder Mehrbeine (3A, 3B) derart an dem Maschinenkörper (2) angeordnet sind, daß jeweils ein Fuß (4A, 4B; 4E, 4F) zumindest teilweise in der Standfläche (9A, 9B; 9E, 9F) des anderen Fußes (4A, 4B; 4E, 4F) am Boden aufsetzbar ist, wobei sich bei der Lastumsetzung von einem Bein auf ein anderes Bein die von den Standpunkten der Füße (4A, 4B; 4E, 4F) aufgespannten Standflächen (9A, 9B; 9E, 9F) partiell überdecken.

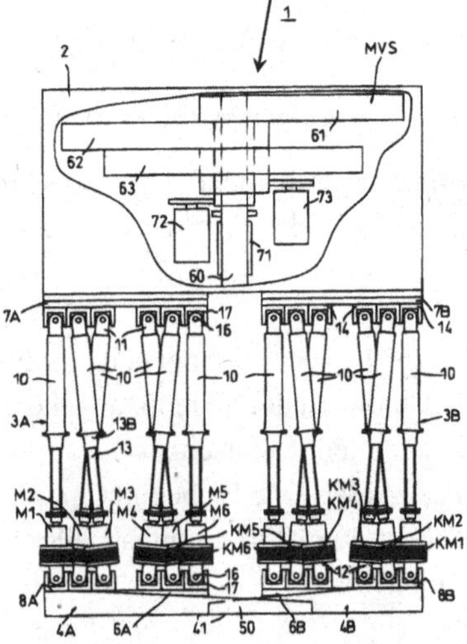

BUNDESDRUCKEREI 05.00 002 128/146/9 11

Abb. 11.6 Erste Seite der Patentschrift DE000019637501C2 (Schlattmann, 1996)

DE 196 37 501 C 2

Stand der Technik

1

Beschreibung

Die Erfindung betrifft eine Laufmaschine mit einem Maschinenkörper und mindestens zwei den Maschinenkörper tragenden Beinen.

Die DE-Gbm 67 51 749 zeigt ein Schreitwerk mit einer an drei Stellen aufgeständerten Last, unter der sich eine Bodenplatte befindet, die über längenveränderliche Hub- und Schreitstützen mit der Last verbunden ist. Zwei Beine mit jeweils einem in sechs Freiheitsgraden motorisch verstellbaren Fuß weist diese Konstruktion nicht auf. Dieses Schreitwerk ist für schwere Lasten konzipiert und daher zwar sehr stabil aufgebaut aber auch relativ schwerfällig und langsam in der Bewegung, da der Aktionsradius der Bodenplatte auf die unter der Last befindliche Standfläche begrenzt ist. Die Standfläche der Bodenplatte wird somit niemals partiell, sondern konstruktionsgemäß immer vollständig von der von den Ständern der Last gebildeten Standfläche abgedeckt.

Die EP 0 157 633 A2 zeigt eine Laufmaschine mit zwei gegeneinander drehbar und verschiebbar übereinander angeordneten Maschinenkörperteilen mit jeweils vier Beinen, welche jeweils einen Fuß tragen. Die Füße sind hierbei jedoch nicht gemäß der vorliegenden Erfindung ausgestaltet. Es findet hierbei auch niemals eine Lastumsetzung von einem Bein auf ein anderes statt, da nämlich die Last grundsätzlich immer auf mindestens vier Beinen steht. D. h. jeder der Maschinenkörperteile spannt eine eigene Standfläche auf, wobei wechselweise entweder die Last auf den Beinen des oberen oder des unteren Maschinenkörperteils steht. Auch hier ist zwangsläufig durch die Anordnung der Maschinenkörperteile bedingt, daß der Aktionsradius des unteren Maschinenkörperteils immer durch die Standfläche des oberen Maschinenkörperteils stark eingeschränkt ist, wodurch auch diese Laufmaschine sicherlich stabil, aber ebenso schwerfällig und langsam in der Bewegung ist.

Stabile mobile Laufmaschinen (sogenannte Schreitroboter) haben üblicherweise mindestens vier Beine, welche bei der Fortbewegung eines nach dem anderen in einem bestimmten Rhythmus abgehoben und an einer neuen Position in der Bewegungsrichtung abgesetzt werden. Um jedoch eine stabile Lage während der Fortbewegung zu gewährleisten, ist durch eine entsprechende Steuerung darauf zu achten, daß sich immer mindestens drei Beine am Boden befinden und so ein stabiles Dreibein bilden, auf welchem der Roboter steht. Es ist somit eine sehr komplexe Steuerung zur Koordination der Beine, d. h. zur Vermeidung von Kollisionen der Beine und zur Berechnung der optimalen Schrittfolge zur Einhaltung des gewünschten Kurses notwendig. Eine Drehung des Schreitroboters um eine raumfeste Achse ist nur bedingt möglich. Eine beliebige räumliche Orientierung des Roboters ist daher meist nur durch entsprechendes Rangieren zu erreichen. Weitere Nachteile vier- und mehrbeiniger Roboter sind die statische Unbestimmtheit des Beinsystems beim Stillstand sowie die drohende Instabilität bei der Überwindung von Hindernissen durch die Verlagerung des Schwerpunktes außerhalb der durch die drei stützenden Beine aufgespannten Fläche.

Eine wesentliche Vereinfachung des Aufwandes zur Koordinierung der Beine besteht darin, die Anzahl der Beine zu reduzieren. Mit sinkender Beinzahl steigt gleichzeitig das Vermögen, Hindernisse zu überwinden. Ein derartiger Schreitroboter mit zwei parallel nebeneinander angeordneten Beinen wird z. B. in der EP 0 433 091 A1 beschrieben. Der dort offenbarte Schreitroboter weist an seinen Beinen jeweils einen dem menschlichen Fuß nachempfundenen gekrümmten Fuß auf. Hiermit soll eine möglichst große Anpassung an den Untergrund und eine Dämpfung beim Auftreten erreicht werden, so daß die menschliche Gangart bei

2

Stand der Technik

einem zweibeinigen Roboter realisierbar ist. Bei einer derartigen zweibeinigen Laufmaschine liegt jedoch nur ein sehr kleiner statisch stabiler Arbeitsbereich vor. Insbesondere bereitet diese Art von Gehmaschinen Probleme bei der Stabilisierung beim Übergang von der Schwing- in die Stützphase, d. h. beim Loslaufen bzw. Auftreten während der Fortbewegung. Durch den zwangsläufig hohen Schwerpunkt ist auch die Stabilität während des Stillstands relativ gering. Aufgrund der ständigen Stabilitätsregelung liegt daher auch während der Stillstandsphase ein hoher Energieverbrauch vor. Da die Füße nicht für statische Stabilität sondern für dynamisches Gehen ausgelegt sind, ist außerdem der Gang recht unruhig. Um die Stabilitätsprobleme bei zweibeinigen Robotern zu lösen, wurden sogenannte dynamische Lageregelungen entwickelt, durch die die Roboter während der Stillstands- und Laufphase dynamisch, d. h. durch Verlagerung des Schwerpunkts, stabilisiert werden. Die Wendigkeit eines Zweibeiners steigt dabei mit wachsender Instabilität, gleichzeitig sinkt die Präzision mit welcher Bewegungen relativ zur Umgebung ausgeführt werden können. Außerdem sind derartige dynamische Lageregelungen sehr aufwendig.

Aufgabe der Erfindung

Aufgabe der Erfindung ist es daher eine Laufmaschine der eingangs genannten Art zu schaffen, welche bei kostengünstigem Aufbau und eine komplizierte Steuerungen eine große Wendigkeit aufweist und dabei in jedem Zustand des Bewegungsablaufes sich in einer statisch stabilen, genau definierten Position befindet und daher in der Lage ist, Handhabungsbewegungen während der Fortbewegung auch über größere Entfernungen präzise auszuführen.

Diese Aufgabe wird gelöst durch eine Laufmaschine mit einem Maschinenkörper und mindestens zwei den Maschinenkörper tragenden Ein- oder Mehrbeinen mit jeweils einem bezüglich des Maschinenkörpers in sechs Freiheitsgraden verstellbaren Fuß, wobei die Füße derart ausgestaltet sind, daß im abgesetzten Zustand Standpunkte der Fußunterseite (Sohle) auf dem Boden eine Standfläche aufspannen, welche nur zu einem Teil vom Fuß überdeckt ist, und wobei die Ein- oder Mehrbeine derart an dem Maschinenkörper angeordnet sind, daß jeweils ein Fuß zumindest teilweise in der Standfläche des anderen Fußes am Boden aufsetzbar ist, wobei sich bei der Lastumsetzung von einem Bein auf ein anderes Bein die von den Standpunkten der Füße aufgespannten Standflächen partiell überdecken.

Ein Verfahren zur Steuerung ist in den Ansprüchen 22 und ff. angegeben.

Grundzüge des Lösungswegs, Vorteile gegenüber dem Stand der Technik

Da jedes der beiden Ein- oder Mehrbeine derart ausgelegt sind, daß sie eine eigene Standfläche am Boden aufspannen, kann die Laufmaschine immer stabil auf einem Ein- oder Mehrbein stehen, während das andere Ein- oder Mehrbein fortbewegt wird. Der Schwerpunkt der Laufmaschine, d. h. auch der Maschinenkörper kann hierbei innerhalb gewisser Grenzen bewegt werden, wobei nur darauf zu achten ist, daß sich der Schwerpunkt lotrecht über der jeweils aufgespannten Standfläche befindet. Durch den möglichen Überlapp der von den beiden Ein- oder Mehrbeinen bzw. den Füßen aufgespannten Standflächen und die Verstellbarkeit des Fußes in sechs Freiheitsgraden ist die Laufmaschine beim Anheben eines beliebigen Fußes in der Ruhelage statisch stabil. Es ist auch eine kontinuierliche Bewegung in jeder Richtung, sogar eine Drehung am Platz, ohne Rangieren möglich. Die Standfläche kann sowohl von einzelnen Standpunkten des Mehrbeines, z. B. eines Dreibeins oder vorzugsweise durch einen entsprechend geformten großen Fuß mit einer breiten Fußunterfläche (Sohle) aufgespannt werden. Wichtig ist nur, daß die Standfläche zu einem großen Teil nicht durch den Fuß selber abgedeckt, d. h. nach oben frei zugänglich ist, damit das jeweilige andere Ein- oder Mehrbein bzw. der andere Fuß ungehindert, zumindest teil-

Abb. 11.7 Zweite Seite der Patentschrift DE000019637501C2 (Schlattmann, 1996)

(Unteransprüche, mit arabischen Ziffern nummeriert) können zusätzliche Einzelheiten oder Varianten bringen, aber immer nur in Bezug auf den Hauptanspruch.

Ein Beispiel für die Formulierung der Ansprüche einer Patentanmeldung/eines Patents ist in Abb. 11.8 gezeigt.

Offenlegung Nach der Einreichung wird die Anmeldung vom Patentamt nur in den technisch-formellen Voraussetzungen [Punkte c) und d) aus Abschn. 11.3.1] geprüft. 18 Monate nach dem Anmeldetag (bzw. Prioritätstag, siehe weiter unten) wird sie veröffentlicht, um die Öffentlichkeit zu informieren und die Rechtsunsicherheit zu vermindern, die durch unbekannte Patentanmeldungen entstehen kann. Die Offenlegungsschrift (gelb) ist ein Fotodruck der Anmeldeunterlagen.

Patentansprüche

Hauptanspruch

1. Laufmaschine (**1**) mit einem Maschinenkörper (**2**) und mindestens zwei den Maschinenkörper (**2**) tragenden Ein- oder Mehrbeinen (**3A**, **3B**) mit jeweils einem bezüglich des Maschinenkörpers (**2**) in sechs Freiheitsgraden verstellbaren Fuß (**4A**, **4B**; **4E**, **4F**), wobei die Füße (**4A**, **4B**; **4E**, **4F**) derart ausgestaltet sind, daß im abgesetzten Zustand Standpunkte der Fußunterseite (**41**) (Sohle) auf dem Boden eine Standfläche (**9A**, **9B**; **9E**, **9F**) aufspannen, welche nur zu einem Teil vom Fuß (**4A**, **4B**, **4E**, **4F**) überdeckt ist, und wobei die Ein- oder Mehrbeine (**3A**, **3B**) derart an dem Maschinenkörper (**2**) angeordnet sind, daß jeweils ein Fuß (**4A**, **4B**; **4E**, **4F**) zumindest teilweise in der Standfläche (**9A**, **9B**; **9E**, **9F**) des anderen Fußes (**4A**, **4B**; **4E**, **4F**) am Boden aufsetzbar ist, wobei sich bei der Lastumsetzung von einem Bein auf ein anderes Bein die von den Standpunkten der Füße (**4A**, **4B**; **4E**, **4F**) aufgespannten Standflächen (**9A**, **9B**; **9E**, **9F**) partiell überdecken.

Unteranspruch

2. Laufmaschine nach Anspruch 1, dadurch gekennzeichnet, daß mindestens ein Mehrbein (**3A**, **3B**) aus einer am Maschinenkörper (**2**) festgelegten Maschinenkörperplattform (**7A**, **7B**), einer bodenseitigen, mit dem Fuß verbundenen Fußplattform (**8A**, **8B**) und mehreren einzelnen, die Maschinenkörperplattform (**7A**, **7B**) mit der Fußplattform (**8A**, **8B**) verbindenden, jeweils an der Maschinenkörperplattform (**7A**, **7B**) und der Fußplattform (**8A**, **8B**) gelenkig festgelegten, längenverstellbaren Beinen (**10**), wie Teleskopbeinen (**10**), besteht.

(Zeilennummern: 40, 45, 50, 55, 60, 65)

Abb. 11.8 Auszug aus den Ansprüchen der Patentschrift DE000019637501C2 (Schlattmann, 1996)

Prüfung Auf Antrag des Anmelders oder eines beliebigen Dritten führt das Patentamt die Prüfung auf Patentfähigkeit gemäß den Voraussetzungen durch (insb. auf Neuheit und Erfindungshöhe, vgl. Abschn. 11.3.1) und sendet dem Anmelder einen Prüfbericht. Solange nicht alle Voraussetzungen erfüllt bzw. nachgewiesen sind, müssen die Anmeldeunterlagen entsprechend neu begründet, erläutert und (soweit möglich) überarbeitet werden; sonst wird die Anmeldung zurückgewiesen. Wird innerhalb von sieben Jahren ab Anmeldetag kein Prüfungsantrag gestellt, so verfällt die Anmeldung.

Auf Wunsch kann schon vor dem Prüfungsantrag beim Patentamt eine *Recherche* beantragt werden. Sie liefert den Stand der Technik in Form von Druckschriften (meist Patentschriften), zugeordnet zu den beantragten Patentansprüchen, aber ohne Bewertung. Die Gebühr dafür wird bei der späteren Prüfung großenteils verrechnet.

Erteilung Liegen keine Einwände mehr vor, so wird das Patent rechtsgültig erteilt (weiße Patentschrift). Die Laufzeit ab Anmeldetag beträgt maximal 20 Jahre.

Einspruch Innerhalb von neun Monaten nach Veröffentlichung der Patenterteilung kann gegen die Erteilung begründeter Einspruch erhoben werden (z. B. mangelnde Neuheit, nicht erfinderisch). Damit wird die Öffentlichkeit an der Prüfung beteiligt, denn die Recherchen des Patentamts beziehen vornehmlich *Patentschriften* ein, nicht aber auf dem *Markt* vorhandene oder in der *Literatur* beschriebene Produkte. Im Einspruchsverfahren kann die Patentschrift geändert, eingeschränkt oder ganz widerrufen werden. (Entsprechende Argumente können auch bereits nach Offenlegung dem Patentamt mitgeteilt werden; dieses ist dann aber nicht zur Berücksichtigung verpflichtet und bezieht den Urheber nicht ins Verfahren ein.)

Nichtigkeitsklage Nach Ablauf der Einspruchsfrist kann beim Bundespatentamt Nichtigkeitsklage erhoben werden; sie kann zur Nichtigkeit des Patents führen (d. h. es gilt dann als niemals gültig gewesen).

Zurückziehung Das Patent kann vom Anwender jederzeit durch Erklärung oder Nichtzahlung der fälligen Gebühr zurückgezogen werden. (Meist ist zwischen dem Nutzen des Patents und den aufzuwendenden Gebühren abzuwägen.) Ist der Anmelder nicht der Erfinder, muss er das Patent vor Zurückziehung dem Erfinder zur Übernahme auf dessen Kosten anbieten (Freigabe).

Schutzwirkungen eines Patents Je nach Stadium der Erteilung gewährt die Anmeldung bzw. das Patent unterschiedlichen Schutz:

- *Patentschrift:* Sie gibt dem Inhaber das Recht, von anderen Personen oder Firmen für jede gewerbliche Nutzung der geschützten Erfindung *Lizenzgebühren* sowie bei widerrechtlicher Benutzung (herstellen, anbieten, verkaufen, gebrauchen, importieren, besitzen) *Unterlassung* und/oder *Schadenersatz* zu verlangen.
- *Offenlegungsschrift:* Verlangt werden können *Lizenzgebühren* und *Schadenersatz* (im Allgemeinen weniger als beim Patent), nicht aber Unterlassung. Vorsicht: Wird kein Patent erteilt, so ist mit Rückforderung und Schadenersatz zu rechnen!
- *Nach Anmeldung:* Ohne Patentschrift bzw. Offenlegungsschrift besteht zunächst noch kein Rechtsschutz. Nach Offenlegung bzw. Erteilung gilt er jedoch rückwirkend ab Anmeldetag.
- *Ende der Schutzwirkung:* Beim *Erlöschen* (wegen Zurückziehung, Ablauf oder Nichtzahlung) endet die Schutzwirkung mit dem Tag des Erlöschens. Bei *Nichtigkeit* aber gilt die Schutzwirkung als nie vorhanden gewesen (Konsequenzen!).

Innere Priorität Oft tauchen nach der Anmeldung eines Patents neue Erkenntnisse auf, die den Erfindungsgedanken allgemeiner, umfassender bzw. treffender erscheinen lassen. Dann können *Zusatzanmeldungen* (sie gestalten nur die ursprüngliche Erfindung weiter aus und sind nicht selbständig) oder *selbständige Patentanmeldungen* (die Erfindungshöhe ist kritisch, da der Grundgedanke bereits angemeldet ist) eingereicht werden. Seit 1981 können solche Anmeldungen innerhalb von 12 Monaten mit der ersten (prioritätsbegründenden) Anmeldung zu einer neuen Anmeldung zusammengefasst werden, wenn

- sie denselben Erfindungsgegenstand betreffen,
- der Erfindungsgedanke aus der ersten Anmeldung hinreichend hervorgeht (offenbart ist),
- die neue Anmeldung einheitlich ist.

Damit ist ein erweiterter Schutz möglich. Mit der neuen Anmeldung erlöschen die vorausgegangenen Anmeldungen (dadurch späterer Beginn von Laufzeit, Gebühren, aber auch des Schutzes).

11.3.3 Auslandspatente

Bedeutung Heute bietet eine nur national eingereichte Patentanmeldung meist keinen ausreichenden Schutz. Im Folgenden werden die wichtigsten Möglichkeiten für internationale Patentanmeldungen entsprechend dem derzeitigen Stand zusammengestellt.

PVÜ (Pariser Verbandsübereinkunft) Sind die Länder, in denen das Patent – neben Deutschland – verwertet werden soll, bereits früh bekannt, so können innerhalb von 12 Monaten ab Anmeldetag des deutschen Patents (= Prioritätsdatum) unter Beanspruchung der

„Unionspriorität" einzelne nationale Patente in anderen Ländern angemeldet werden. Die Rechtsgrundlage dafür bildet die Pariser Verbandsübereinkunft (PVÜ), die am 20. März 1883 geschlossen und von den meisten Ländern der Welt ratifiziert wurde. Die Offenlegung erfolgt – wie auch beim deutschen Patent – 18 Monate ab Prioritätsdatum.

EPÜ (Europäisches Patentübereinkommen) Möchte man ausschließlich in Europa verwerten, so bietet sich hier eine europäische Patentanmeldung an. Die rechtliche Grundlage dafür liefert das Europäische Patentübereinkommen (EPÜ). Dabei erfolgt *ein* Anmelde-, Prüf- und Erteilungsverfahren für ganz Europa, soweit die Staaten das EPÜ ratifiziert haben. Wie beim PVÜ erfolgt die Offenlegung 18 Monate nach dem Anmelde- bzw. Prioritätstag. Nach Erteilung muss das Patent jedoch innerhalb von drei Monaten in den Bestimmungsländern „validiert" werden (d. h. ab Erteilung separate Gebühren, Löschung, Nichtigkeitsklage usw.). Die Laufzeit beträgt bis 20 Jahre ab Anmelde- bzw. Prioritätstag. Wegen der internationalen Vereinheitlichung liegt die erforderliche Erfindungshöhe meist etwas niedriger als in Deutschland. Aus diesem Grund kann es auch eine sinnvolle (jedoch teurere) Strategie sein, das deutsche Verfahren durch wiederholte Fristverlängerung in die Länge zu ziehen und das deutsche Patent über den europäischen Umweg zu bekommen. Danach kann man das deutsche Verfahren einfach fallen lassen.

PCT (Patent Cooperation Treaty = Patentzusammenarbeitsvertrag) Ist eine Verwertung auch außerhalb von Europa geplant, so bietet sich hier die internationale Anmeldung nach dem Patentzusammenarbeitsvertrag (PCT) an. Wie beim EPÜ erfolgt *eine* Anmeldung für die gesamte Welt, soweit die Staaten den PCT ratifiziert haben. Nach 18 Monaten ab Anmeldetag muss man sich jedoch für die einzelnen Bestimmungsländer entscheiden (dazu gehört auch eine potenzielle EPÜ-Anmeldung). Diese Tatsache kann man sich strategisch zunutze machen und die PCT-Anmeldung als eine Art Fristverlängerung für die Entscheidung für einzelne Bestimmungsländer nutzen.

Anmeldeablauf Wie oben beschrieben, können Einzel-, EPÜ- und PCT-Anmeldungen im Sinne der PVÜ gegenseitig in der Priorität beansprucht werden. Häufig erfolgt zunächst eine nationale Einzelanmeldung; anschließend hat der Anmelder 12 Monate Zeit für eventuelle weitere internationale Anmeldungen. Kostenfrage: Bei maximal drei Bestimmungsländern sind oft Einzelanmeldungen (PVÜ) und bei mehr als drei Bestimmungsländern EPÜ- bzw. PCT-Anmeldungen kostengünstiger. Abb. 11.9 illustriert den typischen (aktuellen) Anmeldeablauf.

Einheitspatent (EU-Patent) Seit dem 1. Juni 2023 ist es möglich, beim Europäischen Patentamt in München ein „Europäisches Patent mit einheitlicher Wirkung" zu beantragen, vgl. dazu Kuschel und Nißl (2023). Bisher haben 17 EU-Staaten den entsprechenden Vertrag ratifiziert. Hat das Amt festgestellt, dass die Patentanmeldung erteilungsfähig ist, wird der Antragsteller in Zukunft zwischen einem Einheitspatent und einem Bündelpatent nach

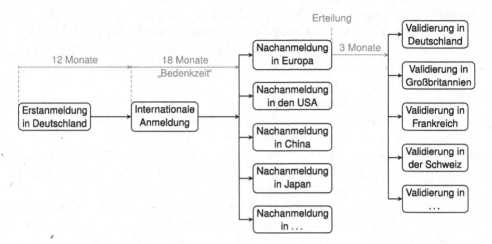

Abb. 11.9 Typischer (aktueller) Anmeldeablauf bei Auslandspatenten

EPÜ wählen müssen. Die Kosten für das Einheitspatent und das Bündelpatent während des gemeinsamen Erteilungsverfahrens sind vor der Erteilung annähernd gleich. Nach der Erteilung entfallen jedoch beim Einheitspatent die Validierungskosten, die beim Bündelpatent notwendig sind, um einzelne nationale Patente in den gewünschten europäischen Staaten zu erhalten. Beim Einheitspatent ist zudem nur eine jährliche Aufrechterhaltungsgebühr nötig. Der Betrag entspricht der Summe der Aufrechterhaltungsgebühren eines Bündelpatents, das nur in vier Staaten als nationales Patent gültig ist. Das Einheitspatent ist daher die kostengünstigere Option, wenn Schutz in mehr als vier EU-Staaten gewünscht ist, bietet aber gleichzeitig einen deutlich größeren territorialen Schutzbereich. Im Gegensatz dazu kann das Bündelpatent auch für Länder außerhalb der Europäischen Union wie Großbritannien oder die Schweiz validiert werden.

11.3.4 Gebrauchsmuster

Bedeutung Das Gebrauchsmuster gilt als „kleines Patent" (die meisten Staaten kennen jedoch kein Gebrauchsmuster). Es schützt *Gegenstände* (Raumformen) und seit 1987 auch *Schaltungen* als Teile von Gegenständen (jedoch nicht als Prinzip), nicht aber Verfahren, Anwendungen und Stoffe. Die Voraussetzungen sind wie beim Patent (vgl. Abschn. 11.3.1); unter Umständen kann die Erfindungshöhe etwas niedriger liegen. Das Gebrauchsmuster wird nur formal geprüft (siehe weiter unten). Seit 1987 ist auch eine Recherche beim Patentamt möglich (vgl. Abschn. 11.3.2). Innerhalb einer Frist von 12 Monaten nach der Anmeldung kann eine Patentanmeldung eingereicht werden.

Ablauf und Kosten Die Anmeldung ist wie eine Patentanmeldung aufgebaut, jedoch ohne Erfindernennung und Kurzfassung. Die amtlichen Gebühren sind deutlich geringer als bei einer Patentanmeldung. Die Prüfung umfasst nur die technisch-formalen Voraussetzungen [Punkte c) und d) in Abschn. 11.3.1]. Das Gebrauchsmuster wird vom Patentamt in die „Gebrauchsmusterrolle" eingetragen und ist damit bereits einige Wochen nach Anmeldung rechtsgültig (Hauptvorteil). Die Schutzdauer beträgt maximal zehn Jahre.

Neuheitsschonfrist Der Gegenstand des Gebrauchsmusters darf innerhalb der letzten *sechs Monate* vor der Anmeldung der Öffentlichkeit bereits zugänglich gemacht worden sein.

Schutzwirkung Wie beim Patent, aber wegen der fehlenden Prüfung auf Neuheit bzw. Erfindungshöhe ist Vorsicht geboten. Eine umfassende Prüfung findet erst dann statt, wenn ein Dritter die *Löschung* des Gebrauchsmusters beantragt.

Gebrauchsmuster aus Patentanmeldung Zum Gegenstand einer Patentanmeldung kann jederzeit ein Gebrauchsmusterantrag gestellt werden (rasche Veröffentlichung, schnellerer Schutz); gleichzeitig sichert man sich auch das Datum der Patentanmeldung. Wird ein Patent bzw. eine Patentanmeldung unwirksam (zurückgezogen, gescheitert), kann innerhalb von *zwei Monaten* nach diesem Zeitpunkt ein Gebrauchsmusterantrag mit dem gleichen Inhalt gestellt werden.

11.3.5 Sonstige Schutzrechte

Design Schützt eine ästhetische Gestaltung (grafische Gestaltung; Formgestaltung, z. B. Karosserieform). Die Laufzeit beträgt maximal 25 Jahre; es fallen nur geringe Gebühren an.

Urheberrecht Schützt eine *künstlerische Schöpfung*. Es entsteht automatisch ohne Anmeldung und erlischt 70 Jahre nach dem Tod des Schöpfers. Computerprogramme (Software) „als solche" fallen unter das Urheberrecht (nicht jedoch die Algorithmen dahinter!).

Marke Das Symbol ® („Registered Trademark") schützt eine *Kennzeichnung* von Waren und/oder Dienstleistungen in *Name* (z. B. „4711") und/oder *Gestaltung* (Logo). Eine Neuheit ist nicht nötig; der Name darf jedoch keinen beschreibenden Charakter aufweisen. Eine Marke ist beliebig oft verlängerbar (jeweils für 10 Jahre), muss aber laufend verwendet werden (Nachweis!). Es fallen nur geringe Gebühren an. Es existiert eine *Benutzungsschonfrist* von *fünf Jahren*.

11.4   Erfindervergütung

11.4.1 Grundlagen

Gesetzgebung Der Vergütungsanspruch für vom Arbeitgeber in Anspruch genommene Diensterfindungen (vgl. Abschn. 11.3.1) ist im „Gesetz über Arbeitnehmererfindungen" oder kurz „Arbeitnehmererfindungsgesetz" (ArbErfG) gesetzlich geregelt. Es wird ergänzt durch die „Richtlinien für die Vergütung von Arbeitnehmererfindungen im privaten Dienst". In den folgenden Ausführungen bezieht sich „§" auf das ArbErfG und „RL" auf die Richtlinien.

Arbeitnehmererfindung Als „Erfindung" gilt nur, was patent- oder gebrauchsmusterfähig ist (§ 2). „Arbeitnehmererfindung" ist,

- was aus der *Tätigkeit* des Arbeitnehmers im Betrieb heraus entstanden ist,
- was maßgeblich auf den *Erfahrungen des Betriebs* beruht (beides „Diensterfindung", § 4),
- was im betreffenden *Betrieb genutzt* werden kann (§§ 18 u. 19).

Alle diese Erfindungen müssen dem Betrieb zur Kenntnis gebracht werden (§§ 5 u. 18). Die Dienstleistung schafft zweifaches Recht:

- Erfinder – Persönlichkeitsrecht – Vergütungsanspruch,
- Arbeitgeber – Vermögensrecht – Nutzungsanspruch.

Der Arbeitgeber kann die Erfindung innerhalb von vier Monaten offiziell in Anspruch nehmen (§§ 6 u. 7); dadurch entsteht ein Vergütungsanspruch des Arbeitnehmers (§ 9). Die Vergütung ist abhängig von der Verwertbarkeit und der Verwertung der Erfindung (Grenzfall = 0, RL 22). Die in Anspruch genommene Erfindung muss dann „unverzüglich" (d. h. nach Erledigung der notwendigen Vorarbeiten, aber ohne Verzögerung) zum Schutzrecht angemeldet werden (§ 13).

Nutzung und Verwertung Nach ihrer Nutzung lassen sich Schutzrechte einteilen in:

- *Genutzte Schutzrechte:* Die entsprechenden Produkte werden hergestellt bzw. vertrieben oder in Lizenz vergeben, bzw. die Verfahren werden angewendet.
- *Nicht genutzte Schutzrechte* sind solche,
    - die zurzeit noch nicht genutzt werden, aber nutzbar sind (Vorratsschutzrechte, RL 21),
    - die nur zur Absicherung gegenüber dem Wettbewerb dienen (Sperrschutzrechte, RL 18),
    - die nicht verwertbar und damit wertlos sind (RL 22); sie sollten dem Erfinder freigegeben werden.

Prinzip der Vergütungsermittlung Sie geschieht (RL 2) in drei Schritten:

1. Ermittlung des Erfindungswerts E (RL 3 bis 29).
2. Ermittlung der Anteilsfaktoren A und p (RL 30 bis 38).
3. Ermittlung der Vergütung V (RL 39 bis 43).

Ihnen entsprechen die folgenden Abschnitte.

11.4.2 Erfindungswert

Bedeutung Der *Erfindungswert E* ist der Betrag, den ein Betrieb aufwenden müsste, um die Rechte zur Nutzung von einem *betriebsfremden* Erfinder zu erwerben. Er lässt sich ermitteln (RL 3) nach drei verschiedenen Methoden:

- Lizenzanalogie (RL 6 bis 11),
- Erfassbarer betrieblicher Nutzen (RL 12),
- Schätzung (RL 13).

Lizenzanalogie Sie ist üblich bei einem genutzten Schutzrecht, das ein Produkt mit dem Jahresumsatz U schützt:

$$E = U \cdot L. \tag{11.3}$$

Der Parameter L ist ein „freier Lizenzsatz", d. h. einer, den ein *betriebsfremder* Erfinder für die Erfindung bekäme, wenn er diese dem Betrieb zur Verfügung stellen würde. (Ein Betriebsangehöriger hingegen bekommt etwas *weniger* mittels des Anteilsfaktors A, siehe Abschn. 11.4.3.) Nach RL 10 liegt L etwa zwischen 30 und 10 %, abhängig vom jeweiligen Industriezweig. Erfahrungswerte aus mittleren bis größeren Maschinenbaubetrieben enthält Tab. 11.1.

Wesentlich ist, ob der Umsatz U auf ein ganzes Produkt (z. B. Pkw) oder nur ein Bauteil (z. B. Vergaser) bezogen wird; dies hat Auswirkungen auf den freien Lizenzsatz L. Gelten für ein Produkt mehrere Schutzrechte, dann wird es durch die *Summe* aller Lizenzsätze belastet; die einzelnen Lizenzsätze sind daher entsprechend aufzuteilen (RL 19). Übersteigt der kumulierte Umsatz eine Million Euro, dann wird L gestaffelt vermindert (RL 11).

Erfassbarer betrieblicher Nutzen Diese Methode ist sinnvoll, wenn bei einem genutzten Schutzrecht die Erfindung keinen direkten Einfluss auf den Umsatz hat (z. B. bei einem Verfahrenspatent). Der erfassbare Nutzen N ist die erzielte Einsparung abzüglich der durch die Erfindung verursachten Kosten (vgl. Abschn. 11.2.3). Der Erfindungswert E ist kleiner

Tab. 11.1 Richtwerte für den freien Lizenzsatz L

Produktgruppe	Schutzumfang	L (%)
Teilverbesserung (z. B. Qualitätsverbesserung, Halten des Marktanteils)	Gering	0,3 … 1
Wesentliche Produktverbesserung (z. B. Erweiterung des Umsatzes bzw. des Marktanteils)	Beschränkt	0,5 … 3
Produkt mit Neuheitscharakter (bereits in verwandter Form auf dem Markt)	Etwas eingeschränkt	1 … 3
Völlig neues Produkt auf dem Markt	Groß	2 … 5

als N; es gilt:

$$E = N \cdot R. \tag{11.4}$$

Der Parameter R ist ein Richtsatz zur Abminderung; Erfahrungswerte liegen bei $R = 5$ … 50 %, im Mittel vielleicht bei $R = 15$ % (bzw. 0,15).

Schätzung Sie ist bei nicht genutzten Schutzrechten nötig. Es existieren zwei Fälle:

- *(Noch) nicht genutzte Schutzrechte:* Der Erfindungswert E ist mindestens gleich der Summe der bisher aufgewendeten Kosten (Anmeldekosten, Gebühren).
- *Sperrschutzrechte:* Gegebenenfalls kann abgeschätzt werden, welche Umsatzeinbußen einträten, wenn die Erfindung vom Wettbewerb bzw. vom eigenen Betrieb neben dem vorhandenen Produkt produziert würde, und danach die *Lizenzanalogie* (siehe oben) mit einem verminderten freien Lizenzsatz $L' = 0{,}8\,L$ anwenden.

11.4.3 Anteilsfaktoren

Bedeutung Der *Anteilsfaktor A* berücksichtigt, dass auch der Arbeitgeber einen Anteil an der Erfindung hat (RL 30); A ist immer kleiner als 100 % (bzw. 1). Er wird über die drei Wertzahlen a, b und c ermittelt. Der *persönliche Anteil p* bewirkt die Aufteilung der Vergütung, wenn mehrere Erfinder beteiligt sind.

Wertzahl a Sie berücksichtigt, wie konkret der Betrieb bei der *Stellung der Aufgabe* mitgewirkt hat, die zur Erfindung führte. Richtwerte für a sind in Tab. 11.2 zusammengestellt. Im Zweifelsfall sollte zunächst von $a = 3{,}5$ ausgegangen werden.

Wertzahl b Sie berücksichtigt die *Lösung der Aufgabe* und besteht aus drei Anteilen, die unterschiedliches Gewicht haben können. Oft ist b schwierig zu erfassen; dann sollte etwa

Tab. 11.2 Richtwerte für die Wertzahl *a* (RL 31)

Umfang der Initiative des Arbeitnehmers	*a*
Die Aufgabe wurde dem Arbeitnehmer unter unmittelbarer (d. h. technisch konkreter) Angabe des Lösungswegs *vom Betrieb* gestellt	1
Die Aufgabe wurde dem Arbeitnehmer *ohne* unmittelbare (d. h. technisch konkrete) Angabe des von ihm beschrittenen Lösungswegs *vom Betrieb* gestellt	2
Der Betrieb hat *keine* Aufgabe gestellt. Durch seine Betriebszugehörigkeit hat der Arbeitnehmer jedoch von Mängeln und Bedürfnissen, die er *nicht* selbst festgestellt hat, Kenntnis erlangt und ist hierdurch zu einer Erfindung veranlasst worden Hat der Betrieb beim Finden des Lösungswegs mitgewirkt, so ist die Wertzahl *a* geringer als 3 anzunehmen. Liegt die Aufgabe außerhalb des Aufgabenbereichs des Arbeitnehmers, so ist die Wertzahl *a* höher als 3 anzusetzen	3
Der Betrieb hat *keine* Aufgabe gestellt. Durch seine Betriebszugehörigkeit hat der Arbeitnehmer jedoch *selbst* Mängel und Bedürfnisse festgestellt, die ihn zu seiner Erfindung veranlasst haben Hat der Betrieb beim Finden des Lösungswegs mitgewirkt, so ist die Wertzahl *a* geringer als 4 anzunehmen. Liegt die Aufgabe außerhalb des Aufgabenbereichs des Arbeitnehmers, so ist die Wertzahl *a* höher als 4 anzusetzen	4
Der Arbeitnehmer hat sich *innerhalb* seines betrieblichen Aufgabenbereichs die Aufgabe *selbst* gestellt	5
Der Arbeitnehmer hat sich *außerhalb* seines betrieblichen Aufgabenbereichs die Aufgabe *selbst* gestellt	6

$b = 3{,}5$ angesetzt werden. Sonst sind beliebige Werte zwischen 1 und 6 möglich. Die Festlegung der Werte erfolgt anhand folgender Merkmale (RL 32):

1. Die Lösung wurde mithilfe der dem Erfinder *beruflich geläufigen Überlegungen* gefunden.
2. Die Lösung wurde aufgrund *betrieblicher Arbeiten und Kenntnisse* gefunden.
3. Der Betrieb unterstützte den Erfinder mit *technischen Hilfsmitteln.*

Sind alle diese Merkmale gegeben, so gilt $b = 1$. Ist keines dieser Merkmale gegeben, gilt $b = 6$.

Wertzahl *c* Sie (RL 33 und 34) berücksichtigt die *Stellung des Arbeitnehmers*, siehe Tab. 11.3. Auch hier sind Zwischenwerte möglich.

Anteilsfaktor *A* Er ergibt sich aus der Summe der Wertzahlen $(a + b + c)$ anhand von Tab. 11.4.

Tab. 11.3 Richtwerte für die Wertzahl c (RL 34)

Stellung des Arbeitnehmers	c
Arbeitnehmer ohne Vorbildung für ihre ausgeübte Tätigkeit im Betrieb (z. B. ungelernte Arbeiter, Hilfsarbeiter, Angelernte, Auszubildende)	8
a) Arbeitnehmer mit handwerklich-technischer Ausbildung (z. B. Facharbeiter, Monteure, einfache Zeichner) b) Arbeitnehmer mit kleineren Aufsichtspflichten (z. B. Vorarbeiter, Untermeister, Schichtmeister, Kolonnenführer)	7
a) Arbeitnehmer, die als untere betriebliche Führungskräfte eingesetzt sind (z. B. Meister, Obermeister, Werkmeister) b) Arbeitnehmer, die eine etwas gründlichere technische Ausbildung erhalten haben (z. B. Techniker)	6
In der Fertigung tätige Arbeitnehmer mit gehobener technischer Ausbildung (z. B. Fachhochschule, Technische Hochschule, Universität u. Ä.)	5
a) In der Fertigung leitend tätige Arbeitnehmer (z. B. Gruppenleiter, d. h. Ingenieure, denen andere Ingenieure unterstellt sind) b) In der Entwicklung tätige Ingenieure	4
a) In der Fertigung als Leiter einer ganzen Fertigungsgruppe tätige Arbeitnehmer (z. B. Technische Abteilungsleiter, Werksleiter) b) In der Entwicklung als Gruppenleiter tätige Arbeitnehmer c) In der Forschung tätige Ingenieure	3
a) Leiter von Entwicklungsabteilungen b) Gruppenleiter in der Forschung	2
a) Leiter der gesamten Forschungsabteilung eines Unternehmens b) Technische Leiter größerer Betriebe	1

Tab. 11.4 Ermittlung des Anteilsfaktors A (RL 37)

$a+b+c$	3	4	5	6	7	8	9	10	11	12	13	14	15	16	17	18	19	(20)
A (%)	2	4	7	10	13	15	18	21	25	32	39	47	55	63	72	81	90	(100)

Persönlicher Anteil p Wenn *mehrere* Erfinder beteiligt sind, wird die Vergütung danach aufgeteilt, wie viel der Einzelne zur Erfindung beigetragen hat. Kriterien sind dabei:

- Wer hatte die *grundlegende* Idee (das zählt meist höher), wer hat sie nur *ausgestaltet*?
- Welchen Anteil am Wert der Gesamterfindung hat die Einzelidee?

Wenn das nicht genauer feststellbar ist, sollte die Vergütung *gleichmäßig* aufgeteilt werden. Bei *Gruppenerfindungen* (Kreativitäts- oder Wertanalysegruppen) sollten stets gleiche Anteile angesetzt werden (außer bei zwingend anderen Gründen).

11.4.4 Vergütung

Grundlage Die *Vergütung V* ergibt sich aus dem Erfindungswert *E* (vgl. Abschn. 11.4.2) sowie den Anteilsfaktoren *A* und *p* (vgl. Abschn. 11.4.3):

$$V = E \cdot A \cdot p. \qquad (11.5)$$

Anwendung In der Praxis gestaltet sich die Berechnung und Auszahlung der Vergütung schwieriger. Zum Beispiel sind Nutzung und Umsatz jährlich zu überprüfen und abzurechnen; wegen der Staffelung ist der Umsatz zu kumulieren. Oft ist dies Aufgabe eines Sachbearbeiters.

Pauschalierung Bei geringen Summen ist es häufig einfacher und billiger, die Erfindervergütung pauschal abzugelten. Dabei gilt aber:

- Wenn die Pauschale *geringer* ist als die im Einzelfall errechnete Vergütung, dann hat der Arbeitnehmer gegenüber seinem Betrieb *immer* das Recht, die Differenz nachzufordern. Ein Ausschluss dieser Bedingungen, selbst wenn er vereinbart wird, ist rechtlich unwirksam (nach ArbErfG und RL). Ein *freier* Erfinder, der sein Schutzrecht verkauft, hat dieses Recht jedoch *nicht.*
- Ist die Pauschale aber *höher* als die berechnete Vergütung, so kann der Arbeitgeber die Differenz *nicht* zurückfordern (außer bei Betrug o. Ä.).

Literatur

Deutsches Patent- und Markenamt (DPMA) (Hrsg.). (2017). *Patente – Eine Informationsbroschüre zum Patentschutz.* DPMA.

Gesetz über Arbeitnehmererfindungen (ArbErfG) vom 25. Juli 1957, zuletzt geändert durch Artikel 25 des Gesetzes vom 7. Juli 2021 (BGBl. I S. 2363).

Kuschel, M., & Nißl, A. (2023). Europas neues Patentsystem. *Konstruktion, 75*(4), 60–62.

Patentgesetz (PatG) in der Fassung der Bekanntmachung vom 16. Dezember 1980 (BGBl. 1981 I S. 1), zuletzt geändert durch Artikel 1 des Gesetzes vom 30. August 2021 (BGBl. I S. 4074).

Richtlinien für die Vergütung von Arbeitnehmererfindungen im privaten Dienst vom 20. Juli 1959, Nr. 11 der Richtlinie neu gefasst am 1. September 1983.

Schlattmann, J. (1996). *Laufmaschine und Verfahren zur Steuerung einer Laufmaschine.* Deutsches Patent Nr. DE000019637501C2.

Grundlagen der Produkthaftung 12

Neben den organisatorischen und methodischen Aspekten muss der Produktentwickler sich bei seiner Arbeit auch mit möglichen Folgen eines Produktfehlers auseinandersetzen. Die Produkthaftung stellt dabei grundsätzlich keine völlig neuen Anforderungen; sie erweitert jedoch den Verantwortungsbereich des Herstellers. Wesentlich sind die Umkehrung der Beweislast bei schuldhaften Vorgängen sowie die Verschuldensunabhängigkeit beim Produkthaftungsgesetz.

12.1 Einführung

12.1.1 Allgemeines

Bedeutung Produkthaftung heißt, dass der Hersteller eines Produkts (ggf. auch der Vertreiber) für Schäden haftet, die bei der Benutzung des Produkts aufgrund von *Produktfehlern* auftreten.

Abgrenzung zur Gewährleistung Die *Produkthaftung* bezieht sich auf Schäden, die das Produkt *verursacht,* nicht aber auf Schäden am Produkt selbst. Sie erstreckt sich auf alle geschädigten Personen sowie auf Sachen. Die *Gewährleistung* dagegen bezieht sich nur auf das gelieferte Produkt; sie ist eine Verpflichtung des Verkäufers nur gegenüber dem Käufer.

Vorgeschichte mit Umkehrung der Beweislast Der Gesetzgeber des Bürgerlichen Gesetzbuchs (BGB) von 1900 hat den Hersteller (bzw. Vertreiber) *nicht* für Schäden haftbar gemacht, die sein Produkt verursachte; das Risiko trug der Benutzer. Die Entwicklung

J. Schlattmann and A. Seibel, *Produktentwicklungsprojekte - Aufbau, Ablauf und Organisation*, https://doi.org/10.1007/978-3-662-67988-3_12

der „industriellen Revolution" sollte damals nicht gestört werden; dafür sollten gegebenenfalls gewisse Opfer in Kauf genommen werden. Der Wandel vom Benutzer- zum Produzentenrisiko wurde 1968 mit dem sogenannten „Hühnerpest-Urteil" (BGHZ 51, 91) vollzogen:

Der Betreiber einer Hühnerfarm ließ seine Hühner durch einen Tierarzt gegen die Hühnerpest impfen. Kurz danach brach diese jedoch aus. Mehr als 4000 Hühner starben, weil die Impfstoffcharge noch nicht immunisierte Erreger enthielt. Die Ursache lag darin, dass der Impfstoffhersteller die Ampullen von Hand statt maschinell abfüllen ließ.

Der anschließende Prozess brachte die richtungsweisende *Umkehrung der Beweislast.* Vorher hatte der Anspruchsteller das Verschulden desjenigen nachzuweisen, in dessen Verantwortungsbereich der Fehler auftrat. Seit diesem Urteil aber muss der industrielle *Hersteller beweisen,* dass ihn bei der Entwicklung und Herstellung *kein Verschulden* trifft und er seiner Sorgfaltspflicht vollständig nachgekommen ist (soweit es überhaupt um eine Schuldfrage geht).

12.1.2 Rechtsgrundlagen

EG-Richtlinie 1985 beschloss der Rat der Europäischen Gemeinschaft (EG) eine Richtlinie zur Haftung bei fehlerhaften Produkten. Sie ist kein verbindliches Recht, sondern verpflichtet die Mitgliedstaaten zur Umsetzung in nationales Recht.

Produkthaftungsgesetz und BGB Die entsprechende Gesetzesvorlage wurde vom deutschen Bundestag zum 01.01.1990 in Kraft gesetzt als „Gesetz über die Haftung für fehlerhafte Produkte" oder kurz „Produkthaftungsgesetz" (ProdHaftG). Es wurde nicht nur aus der EG-Richtlinie abgeleitet, sondern auch aus der Erfahrung des Bundesgerichtshofs. Es basiert auf § 823 Abs. 1 BGB:

> **12.1 Haftung**
> Wer vorsätzlich oder fahrlässig das Leben, den Körper, die Gesundheit, die Freiheit, das Eigentum oder sonstiges Recht eines anderen widerrechtlich verletzt, ist dem anderen zum Ersatz des daraus entstehenden Schadens verpflichtet (§ 823 Abs. 1 BGB).

Dementsprechend heißt es im Produkthaftungsgesetz (Hervorhebungen durch Kursivschrift von den Verfassern):

> **12.2 Produkthaftung**
> Wird durch den Fehler eines Produkts jemand getötet, sein Körper oder seine Gesundheit verletzt oder eine Sache beschädigt, so ist der Hersteller des Produkts

verpflichtet, dem Geschädigten den daraus entstehenden Schaden zu ersetzen. Im Falle der *Sachbeschädigung* gilt dies nur, wenn eine *andere Sache* als das fehlerhafte Produkt beschädigt wird und diese andere Sache ihrer Art nach gewöhnlich *für den privaten Ge- oder Verbrauch bestimmt* und hierzu von dem Geschädigten *hauptsächlich verwendet* worden ist (§ 1 Abs. 1 ProdHaftG).

Wie fast jedes Gesetz lässt das Produkthaftungsgesetz Raum für richterliche Interpretationen, die dem jeweiligen Einzelfall sowie den sich ständig ändernden Bedürfnissen der Gesellschaft gerecht werden können.

Haftungsgrundlagen Auslöser ist ein *Schaden,* der nachweislich durch einen *Fehler* eines Produkts verursacht wurde. Das muss der *Geschädigte* nachweisen. Die Haftung kann sowohl auf dem *Vertragsrecht* (gegenüber dem Vertragspartner) als auch auf dem *Deliktsrecht* („Jedermannshaftung") beruhen, siehe Tab. 12.1. Das Produkthaftungsgesetz deckt nur einen Teil der Deliktshaftung ab; der andere Teil gehört zur allgemeinen Produzentenhaftung bei unerlaubten (schuldhaften) Handlungen.

Wesentliche Punkte des Produkthaftungsgesetzes

- *Verschulden:* Die Haftung für einen Schaden, der durch einen Produktfehler verursacht wurde, ist *unabhängig vom Verschulden* (für einige wenige Ausnahmen siehe § 1 Abs. 2). Die Haftung ist *unabdingbar* (d. h. sie kann nicht durch Vertrag ausgeschlossen werden, § 14).
- *Produkte:* Als Produkt gilt jede *bewegliche Sache* sowie Elektrizität (ausgenommen sind unbehandelte Naturprodukte, § 2).
- *Fehler:* Sie sind folgendermaßen definiert (Kursiv-Hervorhebungen wie oben):

12.3 Produktfehler
Ein Produkt hat einen *Fehler,* wenn es *nicht die Sicherheit bietet,* die unter Berücksichtigung aller Umstände, insbesondere

a) seiner *Darbietung,*
b) des *Gebrauchs,* mit dem billigerweise *gerechnet* werden kann,
c) des *Zeitpunkts,* in dem es in den Verkehr gebracht wurde,

berechtigterweise *erwartet* werden kann (§ 3 Abs. 1 ProdHaftG).

Tab. 12.1 Rechtsgrundlagen für die Produkt- bzw. Produzentenhaftung. (Nach Bauer, 1989)

Wonach?	Vertragsrecht		Deliktsrecht	Produkthaftungsgesetz	
Woraus?	Vertrag		Unerlaubte Handlung	Produkthaftungsgesetz	
Wofür?	Personen-, Sach- und Vermögensschäden		Personen- und Sachschäden (bedingt Vermögensschäden)	Personenschäden	Sachschäden
Gegenüber wem?	Vertragspartner		Jedermann	Jedermann	Private Ge- oder Verbraucher
Weshalb?	Fehlen von zugesicherten Eigenschaften	Verletzung von Vertragspflichten	Nichterfüllung von Sorgfaltspflichten	Fehlerhaftigkeit des Produkts	
Schuldabhängigkeit?	Verschuldensunabhängig (Kaufvertrag)	Bei Verschulden	Bei Verschulden	Verschuldensunabhängig	

- *Haftbare Personen:* Haftbar ist der *Hersteller* von Endprodukten, Teilprodukten und Grundstoffen, auch wer sich durch sein Markenzeichen o. Ä. als Hersteller ausgibt (z. B. Versandhäuser), ferner *Importeure* (bei Nicht-EU-Waren) und *Lieferanten,* unter bestimmten Bedingungen (§ 4).
- *Schadensarten:* Schadenersatz muss geleistet werden bei

  a) *Personenschäden* (gegenüber *jedermann*),
  b) *Sachschäden* (nur im *privaten* Bereich, § 1 Abs. 1).

- *Leistungsbegrenzung:* Die Schadenersatzleistungen sind begrenzt:

  a) *Personenschäden:* Haftungshöchstgrenze 85 Mio. € (§ 10 Abs. 1).
  b) *Sachschäden* werden ersetzt, wenn sie über eine Selbstbeteiligung von 500 € hinausgehen (§ 11).

12.2 Pflichten und Verantwortung des Herstellers

12.2.1 Allgemeines

Produkt- und Produzentenhaftung Die *Produkthaftung* nach dem Produkthaftungsgesetz lässt einige wichtige Schadensarten aus (z. B. immaterielle Personenschäden). Generell bleiben dem Geschädigten aber Ansprüche aus der allgemeinen *Produzentenhaftung* nach dem *Deliktsrecht* (vgl. Tab. 12.1), d. h. bei *Verschulden* des Herstellers. Aus der Umkehrung der Beweislast (vgl. Abschn. 12.1.1) ergeben sich für den Hersteller erweiterte Verkehrssicherungs- und Sorgfaltspflichten, vgl. dazu Hoppmann (1990):

> **12.4 Beweislast**
> Wird jemand bei bestimmungsgemäßer Verwendung eines Industrieerzeugnisses an einem der in § 823 Abs. 1 BGB geschützten Rechtsgüter (Leben, Körper usw.) dadurch geschädigt, dass dieses Produkt fehlerhaft war, so ist es *Sache des Herstellers,* die Vorgänge *aufzuklären,* die den Fehler verursacht haben, und dabei darzulegen, dass ihn hieran *kein Verschulden* trifft. Allerdings hat der *Geschädigte nachzuweisen,* dass der Schaden durch einen *Fehler des Produkts* verursacht worden ist.

Verkehrspflichten Die Pflichten des Herstellers beziehen sich auf die vier Gruppen nach Tab. 12.2.

Tab. 12.2 Verkehrspflichten (Verhaltenspflichten) des Herstellers

Pflicht zu	Ordnungsgemäßer Planung und Entwicklung des Produkts	Ordnungsgemäßer Fertigung	Information und Beratung	Organisation (ordentliche Betriebsführung), Produktbeobachtung und Reaktion
Fehlerarten	Entwicklungsfehler	Fertigungsfehler	Informationsfehler	Organisationsfehler

12.2.2 Entwicklungsverantwortung

Entwicklungsfehler Von einem Entwicklungsfehler wird gesprochen, wenn zu dem Zeitpunkt, in dem das Produkt hergestellt bzw. in den Verkehr gebracht wird, ein *Verstoß gegen die technische Erkenntnis* vorliegt. Das Produkt muss die nach dem *Stand der Wissenschaft und Technik* maßgeblichen Mindestsicherheitserfordernisse erfüllen. Ein Entwicklungsfehler kann zum Beispiel in folgenden Punkten liegen:

- Mangelhafte Berücksichtigung des *Stands der Technik,*
- unzureichendes Erfassen technischer und sonstiger *Anforderungen,*
- mangelndes Durchdenken von *Funktionen,*
- nicht ausreichende *Dimensionierung,* etwa ohne Verwendung moderner *Berechnungsverfahren.*

Erfüllung der Sorgfaltspflicht Um der Sorgfaltspflicht zu genügen und der Produzentenhaftung zu entgehen, ist der Produktentwicklungsbereich verpflichtet,

- *methodische Produktentwicklung* zu betreiben und diese zu dokumentieren (Anforderungsliste, Funktionsliste/-struktur usw.),
- Konstruktions- und Berechnungsmethoden dem *Stand der Technik* anzupassen,
- geeignete *Herstellungs- und Montageverfahren* festzulegen (der größte Teil wird bereits in der Produktentwicklung bestimmt!),
- Konstruktionsmerkmale *prüfgerecht* festzulegen (z. B. funktions- und prüfgerechte Form- und Lagetolerierung).

Die Funktionsgestalt eines Produkts entsteht in der Produktentwicklung; damit wird hier auch die größte Zahl von späteren Fehlern bzw. Fehlermöglichkeiten festgelegt, vgl. dazu auch „DIN EN 60812" (2015). Die Entwicklungsverantwortung bildet damit den größten Bereich der Produktverantwortung.

Beispiele für Entwicklungsfehler

- Rückrufaktion eines Automobilherstellers aufgrund von klemmenden Gaspedalen,
- zu schwach dimensionierter elektrischer Schalter,
- Einsturz einer Brücke unter Normalbelastung.

12.2.3 Fertigungsverantwortung

Fertigungsfehler Sie können trotz einwandfreier Entwicklung auftreten, d. h. sie treten meist nur bei einzelnen Produkten bzw. Fertigungslosen auf. Der Hersteller haftet auch, wenn er zum Beispiel von einem Zulieferer ein fehlerhaftes Teil bezieht, einbaut und mit dem Produkt ausliefert. Er kann aber seinerseits wiederum den Zulieferer haftbar machen.

Sorgfaltspflicht Sie verlangt eine

- Herstellung mit Verfahren, die dem *Stand der Technik* entsprechen, sowie ein
- umfassendes *Qualitätsmanagement* von der Entwicklung und dem Wareneingang bis zur Endkontrolle mit vorgegebenen bzw. vereinbarten Prüfverfahren, vgl. dazu auch Pfeifer und Schmitt (2021).

Erkennbare Lücken müssen geschlossen werden, wenn sie gegen anerkannte Regeln der Technik oder den Stand der Technik verstoßen.

Beispiele für Fertigungsfehler

- Bruch einer Fahrradgabel aufgrund eines Materialfehlers,
- fehlerhafte Montage einer Pkw-Lenkung,
- Hühnerpest-Serum (vgl. Abschn. 12.1.1).

12.2.4 Informationsverantwortung

Informationsfehler Ein Informationsfehler liegt vor, wenn für den Gebrauch von Produkten ein Schaden nicht ausgeschlossen werden kann und der Hersteller seiner Verkehrspflicht, den Produktbenutzer in einer ordnungsgemäßen Gebrauchsanleitung anzuweisen, nicht nachgekommen ist. Das Fehlen von Information kann zu einem Mangel an Sachkenntnis in der Produktnutzung führen und Schadenersatzansprüche des Käufers gegenüber dem Produzenten auslösen.

Informationsverpflichtung Zu ihrer Wahrnehmung gehören insbesondere

- *Bedienungsanleitung* und
- *Produktbeobachtung*.

Wesentlich sind *Warnungen*

- vor unsachgemäßem Gebrauch (dabei sind die möglichen Folgen der Missachtung zu nennen) sowie
- vor Gefahren und Risiken, die mit dem Produktgebrauch verbunden sein können.

Eine Folge davon ist zum Beispiel die manchmal groteske Liste von möglichen Nebenwirkungen bei Medikamenten, da eine nicht genannte Nebenwirkung als Verletzung der Informationsverpflichtung ausgelegt werden kann.

Bedienungsanleitung Sie ist entscheidend für die Erfüllung der Informationspflicht und muss so abgefasst sein, dass ein Benutzer mit *voraussichtlich durchschnittlichem Kenntnisstand* (lieber zu niedrig ansetzen!) sie einwandfrei verstehen kann, d. h. sie muss sein

- *kurz* (sonst wird sie nicht gelesen),
- *vollständig und schlüssig* (z. B. darf bei Bedienungsfolgen kein Schritt fehlen und auch kein noch nicht beschriebener Schritt als bekannt vorausgesetzt werden),
- *verständlich* (z. B. bleibt eine Warnung ohne Angabe von Folgen unverständlich und wird daher oft nicht befolgt).

Die Anforderungen widersprechen sich teilweise.

Die Erstellung einer guten Bedienungsanleitung ist eine ebenso schwierige wie verantwortungsvolle Aufgabe (niemals an Mitarbeiter delegieren, für die sonst keine Aufgaben vorhanden sind!).

Bedienungsanleitungen sollen auch Hinweise für die *Instandhaltung* (d. h. Wartung, Inspektion, Reparatur) enthalten.

Produktbeobachtung Der Hersteller ist verpflichtet,

- das Produkt im Gebrauch auf bisher unbekannte Eigenschaften zu beobachten und
- sich über Verwendungsfolgen zu informieren, die Gefahren schaffen.

Die daraus gewonnenen Erkenntnisse verpflichten ihn zu

- *Änderungen* oder Ergänzungen am Produkt,
- *Hinweisen* oder zusätzlichen Erläuterungen zur Anwendung,
- *Warnungen* hinsichtlich gefährlicher Anwendungsweisen,
- *Rückrufaktionen,* wenn erkennbar von dem Produkt erhebliche Gefahren ausgehen.

Beispiele

- Der Hersteller eines Schädlingsbekämpfungsmittels muss die Verbraucher warnen, wenn Resistenzbildung zu befürchten ist.
- Ein Fahrzeughersteller musste eine Pkw-Serie zurückrufen, als er entdeckte, dass Benzol durch die Kraftstoffleitung hindurch diffundierte (Krebsrisiko).

12.2.5   Organisationsverantwortung

Bedeutung Ein allgemeiner (übergeordneter) Aspekt verpflichtet den Hersteller, seinen Betrieb so einzurichten, dass Entwicklungs-, Fertigungs- und Informationsfehler nicht auftreten. Die dazu notwendigen Maßnahmen sollen sich bewegen im Rahmen des

- *technisch Möglichen* und
- *wirtschaftlich Zumutbaren.*

Organisationspflicht Sie greift, wenn die Fehlerursache keiner anderen Verkehrspflicht eindeutig zugeordnet werden kann, zur Begründung einer Produzentenhaftung. Sie obliegt den *rechtlichen Vertretern* des Unternehmens (Inhaber, Geschäftsführer, Vorstand). Entsprechende Einweisung und Kontrolle vorausgesetzt, kann sie auf weitere Führungskräfte *delegiert* werden.

12.3   Praxisbeispiel „Schraubenverbindungen"

Bedeutung Schraubenverbindungen gehören zu den am häufigsten verwendeten Verbindungen im Maschinenbau. Entsprechend kann ein Versagen weitreichende Folgen haben. Da Aufgaben der Verbindungstechnik sowohl die Entwicklung als auch die Fertigung (Montage) betreffen, handelt es sich dabei um Querschnittsaufgaben. Ihre Organisation ist somit Teil der Organisationsverantwortung.

Verantwortungsumfänge bei Schraubenschäden Tab. 12.3 fasst die verschiedenen Verantwortungsumfänge bei Schraubenschäden in den verschiedenen Stadien der Entwicklung/ des Einsatzes einer Schraubenverbindung zusammen.

Tab. 12.3 Verantwortungsumfänge bei Schraubenschäden. (Nach Bauer, 1989, 1990)

Verantwortlicher	Stadium der Schraubenverbindung	Verantwortungsumfang
Anwender (Besteller)	Aufgabe Funktionsbestimmung	Gesamtverantwortung
Anwender	Funktions-, belastungs- und einsatzgerechte Gestaltung Formen Maße Werkstoffe Festigkeitsklassen Zusammenbau- und Prüfverfahren Merkmalklassifikation	Entwicklungsverantwortung einschließlich Zusammenbaubedingungen und aussagefähiger Prüfverfahren (Teil-)Informationsverantwortung vom Schraubenhersteller Auswerten von deren zusätzlichen Hinweisen
Schraubenhersteller	Fertigung und Prüfung der Schrauben/Zeichnungsteile nach technischen Lieferbedingungen (Normen) und zusätzlichen Vorgaben des Anwenders	(Teil-)Informationspflicht an Anwender nach Anforderung und bei erkennbarem oder vermutetem Abweichen von oder Verstößen gegen anerkannte Regeln der Technik und dem Stand der Technik Hinweispflicht, abhängig vom Informationsstand und Wissen um Funktionen, Betriebslasten und Einsatzbedingungen (Teil-)Fertigungsverantwortung (Herstellung)
Anwender	Eingangsprüfung nach genormten technischen Liefer- oder vereinbarten Prüfbedingungen (§ 377 HGB) Sorgfaltspflicht, gewichtet nach Aufgabe und Funktion Zusammenbau Funktionsprüfung der Funktionspaare nach Anforderungen aus Betriebslasten und Einsatzbedingungen	(Teil-)Fertigungsverantwortung (Zusammenbau) Prüfpflicht, einsatzbezogen aussagefähig Produktbeobachtung Organisationsverantwortung Informationsverantwortung
Benutzer	Annahmeprüfung nach vereinbarten Liefer-/ Bestellbedingungen Einhalten der Betriebs-/ Einsatzbedingungen Beachten der Umwelteinflüsse	Verantwortung für vertrags-/ bestimmungsgemäßen Gebrauch Verkehrssicherungspflicht Abweichungen erkennen und entsprechende Vorsorgemaßnahmen treffen

Literatur

Bauer, C.-O. (1989). Produkthaftung in der Verbindungstechnik. *VDI Berichte Nr. 770*, 251–273.

Bauer, C.-O. (1990). Anforderungen aus der Produkthaftung an den Konstrukteur. Beispiel: Verbindungstechnik. *Konstruktion, 42*(9), 261–265.

DIN EN 60812. (2015). *Fehlzustandsart- und -auswirkungsanalyse (FMEA)*. Beuth.

Hoppmann, H.-D. (1990). *Neues Produkthaftungsgesetz und herkömmliche Produzentenhaftung.* Forkel.

Gesetz über die Haftung für fehlerhafte Produkte (ProdHaftG) vom 15. Dezember 1989, zuletzt geändert durch Artikel 5 des Gesetzes vom 17. Juli 2017 (BGBl. I S. 2421).

Pfeifer, T., & Schmitt, R. (Hrsg.). (2021). *Masing Handbuch Qualitätsmanagement* (7. Aufl.). Hanser.

Aspekte der Nachhaltigkeit 13

Durch Technik wird bekanntlich nicht nur unsere Gegenwart, sondern auch und vor allem die Zukunft geprägt. Wenn technisch hergestellte Produkte oder Systeme genutzt werden, setzen sich meist Stoffströme in Bewegung, werden Informationen geleitet, gespeichert und/oder gewandelt, Energie verbraucht sowie Abfälle und Emissionen generiert. Auf diese Weise verändert der Mensch die natürliche Umwelt durch Technik und parallel wandelt sich dazu die Gesellschaft. Dieses Kapitel versucht, einige Aspekte der Nachhaltigkeit punktuell zu beleuchten und deren verstärkte Einbindung in die Produktentwicklung zu untermauern.

13.1 Einführung

Bedeutung der Nachhaltigkeit Die Natur hat für den Menschen in gewisser Weise eine Vorbildfunktion, gelingt es ihr doch, einen geschlossenen, stets wiederkehrenden Kreislauf zu führen. Natürliche Systeme zeigen häufig eine fast verlustlose Zirkulation von Stoffen. Nur der Mensch betreibt technische Systeme, in denen Stoffe „verbraucht" werden, d. h. nach dem Gebrauch ausscheiden. Dort, wo sich der Mensch also einbringt, werden Stoffe verbraucht bzw. gewandelt, sodass sie – zumindest vorläufig – nicht rückholbar sind. Dies nimmt mit dem Anstieg der Menschheit sogar rapide zu. Daher erscheint es umso notwendiger, eine nachhaltige Produktentwicklung anzustreben.

Kreislaufführung Für den Menschen in seinem technischen Umfeld gilt es, Kreisläufe zu entwickeln, die der Natur angeglichen sind und nicht in einer Sackgasse enden. Diese Vorgehensweise ist insbesondere dann besonders überschaubar, wenn es sich um klar abgrenzbare

J. Schlattmann and A. Seibel, *Produktentwicklungsprojekte - Aufbau, Ablauf und Organisation*, https://doi.org/10.1007/978-3-662-67988-3_13

und zeitlich verfolgbare Systeme handelt. Sehr viel schwieriger wird es jedoch, wenn es sich um komplexere, zeitlich nicht überschaubare technische Systeme handelt, bei denen im Sinne der Natur eine Kreislaufführung zunächst nicht erkennbar ist. Generell ist jedoch stets von einer Kreislaufführung auszugehen.

Recyclinggerechte (bzw. kreislaufgerechte) Produktentwicklung Gestaltung eines Produkts von vornherein darauf, dass es im Gebrauch wiederverwendet werden kann und nach Gebrauchsende seine Werkstoffe zurückgewonnen werden können, um unter anderem Deponien zu entlasten, Umweltverschmutzung zu reduzieren und Rohstoffressourcen zu schonen, vgl. dazu „VDI 2243" (2002). Die recyclingorientierte Produktentwicklung ist Teil der „Systematik der Gestaltung", vgl. Abschn. 6.5.4.

Herausforderung Nachhaltige Produktentwicklung hat heutzutage eine wichtige Bedeutung. Allerdings wird das – teils aus Unkenntnis, teils aus kurzsichtigem Wirtschaftlichkeitsdenken – in Unternehmen noch nicht genügend berücksichtigt, denn es macht das Produkt für den Hersteller nicht unbedingt preisgünstiger (wohl aber für die Allgemeinheit). Zum Tragen kommt sie vor allem dort, wo die Gesetzgebung sie erzwingt.

Gesetzliche Grundlage Diese umfasst das Gesetz über die Umweltverträglichkeitprüfung (UVPG) und die EMAS-Verordnung (Eco-Management and Audit Scheme), auch bekannt als EU-Öko-Audit oder kurz: Öko-Audit. In Deutschland werden wesentliche Teile der EMAS-Verordnung durch das Umweltauditgesetz (UAG) umgesetzt.

Hilfsmittel Zur Erfassung und Bewertung von Umweltauswirkungen existiert eine Reihe von Methoden. Die zu erfassenden Wirkungen sind jedoch äußerst komplex und vielfaltig. Im Folgenden werden zwei wesentliche Methoden zur Unterstützung einer nachhaltigen Produktentwicklung betrachtet.

13.2 Ökobilanzierung

Bedeutung Unter „Ökobilanzierung" versteht man Methoden zur systematischen und umfassenden Analyse der Umweltauswirkungen eines

- Unternehmens,
- Verfahrens/Prozesses,
- Produkts.

Im engeren Sinne kann es auch ein ökologisch orientierter Vergleich funktional gleichwertiger Produkte o. Ä. sein.

Vorgehensweise Eine Ökobilanz wird generell in folgenden Schritten erstellt:

1 Bilanzziel festlegen:

- Gegenstand (Zweck, Art),
- Bilanzgebiet (räumliche Eingrenzung),
- Bilanztiefe (Datenumfang).

2 Sachbilanz erstellen: Flüsse von

- **St**off,
- **E**nergie,
- **Ab**fall,
- **Emis**sion

(„Stenabemis"-Flüsse) entlang des gesamtem Produktlebensweges.

3 Wirkungsbilanz erstellen: Qualitative und quantitative Abschätzung der Auswirkungen aller Stufen der Sachbilanz:

- Beeinflussungen (Gefahren, Risiken),
- Abschätzung durch Indikatoren (z. B. Giftwirkung) bzw. Wirkungspotenzial (z. B. CO_2-Reduktion),
- gegebenenfalls Beschränkung auf *wesentliche* Umweltwirkungen (aus praktischen Gründen).

4 Bilanzbewertung:

- Bestimmung der Anteile an der Gesamtbelastung,
- Ermittlung der ökologischen Bedeutung der Wirkungsbereiche,
- Gesamtwirkung („kritische Belastungen").

5 Bilanzoptimierung: Gehört nicht unbedingt zur Bilanz hinzu.

- Umsetzung der Ergebnisse in Produkt- und Verfahrensverbesserungen,
- Verbesserung von Regeln, Richtlinien, Gesetzen.

Einschränkungen Eine umfassende Durchführung einer Ökobilanzierung ist häufig schwierig, insbesondere aus folgenden Gründen:

- fehlende Daten,
- mangelnde Kenntnis der unmittelbaren Auswirkungen,
- mangelnde Kenntnis der Überlagerung und Langzeitwirkung von Einflussgrößen.

Daher sind (zunächst!) *Vereinfachungen* nötig:

- nur Einwirkungen auf die *un*belebte Welt (Tiere, Pflanzen werden nur indirekt erfasst),
- nur Erfassung von Einflussgrößen mit *erheblicher* Wirkung (Großräumigkeit, Persistenz u. a.),
- Zusammenfassung (Aggregation) von Stoffgruppen mit ähnlicher Wirkung (z. B. NO_x-Emissionen),
- Ausklammern von sozialen und ökonomischen Wirkungen.

13.3   Öko-Audit

Bedeutung Der Begriff Öko-Audit (oder Umwelt-Audit) wird am besten mit *Umweltbetriebsprüfung* umschrieben (audit [engl.] = Buchprüfung). Das Audit ist der Abgleich eines Unternehmens mit den umweltgesetzlichen Anforderungen und/oder den Umweltanforderungen, die sich das Unternehmen selbst als Ziel gesetzt hat. Das vollständige Audit umfasst alle Bereiche eines Unternehmens und stellt deshalb ein professionelles Managementinstrument zur systematischen und objektiven Beurteilung dar.

Ein komplettes Öko-Audit bietet die Möglichkeit, *Risiken* in Bezug auf die Umwelt abzuschätzen, und gibt Verbesserungsvorschläge zur Minimierung der Umweltbelastungen. Daher ist eine ganzheitliche Betrachtung nötig:

- *Technische Aspekte:* Untersuchung der Umweltmedien Wasser, Luft und Abfall sowie von Gefahrstoffen und Arbeitsschutz;
- *Brandschutz;*
- *Umweltmanagement:* organisatorische Verankerung im Betriebsalltag;
- *Arbeitssicherheit.*

Wie eine Bilanzprüfung ist ein Umwelt-Audit somit eine betriebsinterne Rechenschaft über die verschiedenen Umweltleistungen.

Zielsetzung

- Existenz einer ausgearbeiteten Datengrundlage in Bezug auf die Wasser-, Luft- und Abfallströme (= Dokumentation des Ist-Zustandes);
- Identifizierung und Beschreibung der Umwelt- und Sicherheitsrisiken;
- Erhöhung der Rechtssicherheit in Bezug auf die Umweltgesetzgebung;
- Abschätzung des umweltbezogenen Haftungsrisikos;
- Vorschläge für Maßnahmen zur Einsparung von Umweltmedien und zur Risikominimierung (Maßnahmenkatalog);
- Mitarbeiterinformation und Weiterbildung;

- Information der Öffentlichkeit über umweltorientierte Leistungen.

Um diese Ziele zu erreichen, wird zweckmäßig ein Audit-Team gebildet, vgl. dazu Kap. 10.

Literatur

Gesetz über die Umweltverträglichkeitsprüfung (UVPG) vom 12. Februar 1990, zuletzt geändert durch Artikel 4 des Gesetzes vom 4. Januar 2023 (BGBl. I Nr. 6).
Gesetz zur Ausführung der Verordnung (EG) Nr. 1221/2009 des Europäischen Parlaments und des Rates vom 25. November 2009 […] (Umweltauditgesetz – UAG), zuletzt geändert durch Artikel 17 des Gesetzes vom 10. August 2021 (BGBl. I S. 3436–3449).
VDI-Richtlinie 2243. (2002). *Recyclingorientierte Produktentwicklung*. Beuth.

Nachwort

Das Entstehen eines neuen Produkts unterliegt vielfältigen Einflüssen. Dabei wird sichtbar, dass die Firmenkultur genauso wichtig ist wie die Firmenstrategie. Bei allem jedoch ist der Mensch stets der wesentliche Faktor. So liegt bekanntlich dem menschlichen Verhalten ein äußerst komplexer Mechanismus zugrunde. Wahrnehmen, Denken und Entscheiden sind als Elemente der Verhaltenssteuerung individuell und unterliegen keinem direkten Zugriff durch Dritte. Sie lassen sich folglich nur bedingt beeinflussen, weil sie vom individuellen Wissen, aktuellen Gefühlen und Motivationen sowie von den jeweiligen Fähigkeiten, Fertigkeiten und Kenntnissen gesteuert werden. Akzeptierte Regeln, Gebote und Untersagungen bzw. Verbote spielen darüber hinaus genauso eine Rolle wie die Persönlichkeit, Erziehung (Sozialisierung) und Erfahrungen im bisherigen Leben. Veränderungen können diese Faktoren deshalb nur über Schulung und Führung, aber auch in gruppendynamischen Prozessen erfahren.

> Wesentlich für den gezielten Aufbau und Ablauf sowie eine effiziente Organisation von Produktentwicklungsprojekten ist eine Bewusstmachung der Wirkzusammenhänge, kombiniert mit Wissen und Fähigkeiten (= Können) sowie entsprechender Motivation auf passendem Niveau, vgl. Abb. 2.1.

Eine Bewusstheit um die Wirkzusammenhänge verhilft zu einem effizienteren Handeln im Produktentwicklungsprozess, denn bekanntlich die Tatsachen und Zusammenhänge, die einem auch bewusst sind, können entsprechend gezielt bearbeitet und – sofern Mittel und Wege, sprich Strategien und Methoden bekannt sind – durch eine effektivere Handlungsweise eher zum Erfolg geführt werden.

Stichwortverzeichnis

A

ABC-Analyse, 73, 74
Absatzpyramide, 67
Abstraktion, 86–88, 91, 92
Abweicherlaubnis, 60, 63
AEIOU-Methode, 42, 192, 193
Analogie, 129, 130
Analogiemethode, 127, 129
Analyse natürlicher Systeme, 131
Analyse von Formeln, 131
Anforderung, 14, 15, 82, 83, 85, 105, 130, 138,
    234, 236
  Funktions-, 54, 83
  Gebrauchs-, 83
  Herstellungs-, 83
Anforderungsliste, 54, 78, 81–86, 101, 154,
    155, 234
  Gliederung, 83
Angebotskonstruktion, 112
Anpassungskonstruktion, 89, 112, 114
Arbeitnehmererfindung, 222
Arbeitnehmererfindungsgesetz, 222
Assoziation, 6, 122, 125, 147
Aufbau eines Betriebs, 23
Aufgabe(nstellung), 5, 6, 8, 14, 15, 42, 47, 54,
    70, 72, 77–79, 81, 82, 85–87, 92, 95,
    96, 112–115, 125, 238
  Klärung, 81, 85
  Wesenskern, 86
Auftragskonstruktion, 25, 27, 112
Ausarbeitungsphase, 15, 39, 54–57, 60, 65, 78,
    79, 81, 85, 112, 154

Auswahl, 15, 42, 46, 65, 78, 101, 124, 125,
    128, 133, 153, 157
Autoritätshörigkeit, 143–145

B

Baukastenbauweise, 102, 156
Baukastenkonstruktion, 112, 114
Bedienungsanleitung, 235, 236
Benchmarking, 67
Besitztrieb, 172, 173, 176, 204
Besprechung, 44, 53, 55, 58, 85, 145, 147,
    191–195, 198, 199
  Ablauf, 192
  Arten, 191
  Vorbereitung, 192
Besprechungsraum, 191
Besprechungsteilnehmer, 198
Betriebsmittelkonstruktion, 26, 112
Bewertung, 15, 44–47, 77, 78, 82, 101, 105,
    120, 123–125, 128, 153–158,
    160–162
  Gewichtung, 154, 155, 157–161
  Gewichtungsmatrix, 155, 158, 159
  Punkteskala, 46, 154, 155, 160
  verbale, 153, 154
Bewertungsmethoden, 153, 154
Bildmethode, 127–129
Bionik, 131
Bisoziationsmethode, 127, 128
Black Box, 17, 18, 87, 89, 91, 93
Brainstorming, 124–126, 129, 130, 199
Brainwriting, 126

D

Deliktsrecht, 231–233
Denkbereich, 169
Denken
  intuitives, 122
  logisches, 122, 123, 167
Denktyp, 169, 170
Design, 221
Dienstweg, 28–30
Differentialbauweise, 104
Dimensionierung, 93, 234
Diversifikation, 43, 70, 72
Dokumentation, 6, 44, 54, 60, 78, 82, 85

E

Effekt, physikalischer, 93, 94, 131
Egozentrik, 146, 173
Eindeutig, 103, 104
Einfach, 103
Eingefahrene Gleise, 8, 141, 143, 144, 147, 185
Emotionale Unsicherheit, 145, 146
Energie, 83, 87–89, 91, 92, 103, 106, 134, 241, 243
Entwicklungskonstruktion, 25, 27, 28, 50, 112
Entwicklungsverantwortung, 234, 238
Entwurfsphase, 15, 39, 47, 54, 65, 78, 79, 81, 85, 154
Erfindervergütung, 201, 202, 206, 208, 209, 222, 227
Erfindung, 10, 45, 201, 202, 204, 208–213, 218, 222–226
  computerimplementierte, 210
  Dienst-, 208, 222
  freie, 208
Erfindungshöhe, 201, 202, 209, 210, 217–221
Erfindungswert, 223, 224, 227
Erlebnisbereich, 172

F

Fertigungsverantwortung, 235, 238
Freigabe, 57, 60, 62, 64
Führung, 9–11, 27, 31, 149, 165–168, 172, 176, 185, 187, 191, 226, 237
Führungsstil, 166
Funktion, 15, 17–19, 47, 54, 69, 70, 72, 73, 75, 76, 78, 79, 81, 86, 87, 89, 91–94, 99,

102–104, 106, 112, 114, 115, 133, 135, 137, 139, 159, 160, 234, 238
  allgemeine, 87–89
  Gesamt-, 15, 70, 72, 86, 87, 89, 93
  Haupt-, 72, 76, 81
  Neben-, 72, 76
  Teil-, 15, 72, 89–91, 93, 94, 133
  unerwünschte, 72, 76
Funktions-Kosten-Matrix, 74–76
Funktionsliste, 18, 78, 92, 102, 234
Funktionsstruktur, 15, 78, 89–94, 102, 234
Funktionsträger, 74–76, 103, 135

G

GALFMOS, 135, 136, 140
Gantt-Diagramm, 48
Gebrauchsmuster, 209, 210, 220–222
Gefühlsbereich, 171
Geltungstrieb, 172, 173, 176, 204
Gerechtheit, 105
Gesamtfunktion, 87
Gesamtkonstruktion, 15, 18, 78, 79, 81, 96, 102, 105, 106, 112–115
Gestaltung, 5, 78, 93, 98, 101, 103, 104, 106, 108, 109, 112, 165, 238, 242
  Systematik, 105, 242
Gewährleistung, 229
Grünphase, 78, 124, 188
Grün-Rot-Prinzip, 124, 135, 146, 147, 179

H

Herstellkosten, 14, 47, 51, 73, 74, 157

I

Ideenentstehung, Orte der, 8, 9
Information, 83, 87–89, 91, 103, 106
Informationsverantwortung, 235, 238
Innovationszeit, 10, 12
Instanzenweg
  abgekürzter, 30, 31
  direkter, 30
Integralbauweise, 103, 137
Integrator, 170, 174, 175

K

Kardinaltrieb, 172, 173, 176
Kaskadeneffekt, 198, 199
Kennzahlmethode, 153, 154
Kommunikationsweg, 29, 30
Konformität, 144–146, 199
Konstruktionsart, 112–114
Konstruktionselement, 15, 16, 18, 78, 79, 81,
    92, 94, 96, 98, 99, 101, 103, 106,
    108, 112, 114, 115, 131
Konstruktionskatalog, 93–96, 98
Kontakttrieb, 172, 173, 176
Kreativer Prozess, 119, 148
    Phasen, 120
Kreativität, 6, 8, 43, 117–119, 122, 123, 131,
    141, 143, 144, 146, 149, 173, 178,
    226
    Blockaden, 141
    Erscheinungsformen, 118, 119
Kreativitätsmethode, 8, 43, 51, 93, 117, 123,
    124, 146
    intuitiv betonte, 124
    logisch betonte, 129
Kreislaufführung, 241, 242
Kritische Grundeinstellung, 146, 147

L

Lastenheft, 14
Lean Production, 32, 33
Leistungsbeurteilung, 28, 177, 179, 180, 203,
    205
    Bewertungsskala, 179
    Kriterien, 178
Leistungsfähigkeit des Produktentwicklers, 6, 7
Linienorganisation, 27, 28
Lizenzanalogie, 223, 224
Lösungsprinzip, 93, 138

M

Macher, 170, 174, 175
Marke, 221
Marktanalyse, 67
Marktprognose, 67
Matrixorganisation, 28, 29, 31
Meilensteinplan, 48, 49, 54
Menschenführung, 165, 166, 172, 175
    Einflussgrößen, 175

Merkmalvariation, 18, 20, 135, 136, 139, 140
Methode, 123
Methode 6-3-5, 126, 127
Methodikplan, 113, 115
Modularisierung, 15, 78, 102
Morphologischer Kasten, 94, 132–134
Motivation, 7, 128, 166, 172, 176, 177, 181,
    186
Musterbau, 25, 27, 56, 79
Musterbildung, 121, 122

N

Nachhaltigkeit, 82, 241
Netzplan, 48–50, 54
Neuheitsschädlichkeit, 209, 210
Neukonstruktion, 112–114
Nutzeranspruch, 66
Nutzeransprüche, 67
Nutzwertanalyse, 58, 157, 158, 160, 161

O

Offenlegungsschrift, 216, 218
Öko-Audit, 242, 244
Ökobilanzierung, 242, 243
Organigramm, 24, 25, 27, 31
Organisationsform, 27, 28
Organisationsstruktur, 23, 26, 62, 71
Organisationsverantwortung, 237, 238
Organisationszustand, 9

P

Patent, 36, 138, 208–210, 213, 216–220, 222
    deutsches, 208, 211, 218, 219
    europäisches, 219
    internationales, 218, 220
Patentanmeldung, 209, 210, 213, 216, 218–221
Patentfähigkeit, 209, 217
Patentrecherche, 50, 55, 211
Patentschrift, 69, 201, 214–218
Persönlichkeitsentwicklung, 118, 143, 146,
    167, 172
Persönlichkeitstyp, 170, 173–176, 180, 189
Pflichtenheft, 14
Pionier, 170, 173–175, 210
Planungsphase, 9, 14, 39, 42, 47, 65, 78, 79,
    81, 154

Poolbildung, 28
Portfolioanalyse, 67, 68
Prinziplösung, 15, 78, 91, 92, 94, 102, 133, 135
Priorität, 216, 218, 219
Problemlösungsprozess, 77, 78, 153
Problemumformulierung, 125, 126, 130
Produktbeobachtung, 234–236, 238
Produktentwicklung, 5, 8, 9, 14, 60, 67, 77, 78,
      81, 82, 105, 113, 117, 153, 160, 234,
      241, 242
    Aktivitäten, 78–81, 95, 96, 102, 112–114
    methodische, 6, 8, 15, 51, 72, 77, 79, 95,
      113, 133, 234
    Phasen, 78–81, 85, 105, 112, 154
Produktentwicklungsbereich, 9, 10, 14, 23–26,
      28, 42, 51, 56, 59, 65, 78, 180, 234
Produktentwicklungsprojekt, 8, 9, 39–41, 59,
      61, 190
Produktentwicklungsprozess, 5, 6, 32, 78, 79,
      94, 102, 112, 113, 186
Produkterneuerung, 13
Produktfehler, 229, 231
Produkthaftung, 5, 6, 39, 60, 82, 229, 230, 232,
      233
Produkthaftungsgesetz, 229–233
Produktlebensdauer, 13
Produktlebensdauerkurve, 10, 12, 13
Produktleistung, 66
Produktplanung, 14, 42, 45, 65, 81
Produktprogramm, 43, 70
Produktzyklus, 10, 12
Produzentenhaftung, 231–234, 237
Punktbewertung, einfache, 58, 124, 154–156,
      158
Punktwertmethode, 153, 154

Q
Qualitätsmanagement, 11, 56, 235
Qualitätssicherung, 5, 25, 56, 82, 83

R
Recycling, 83, 102, 242
Rotphase, 78, 124, 125

S
Schutzrecht, 71, 202, 208, 209, 221–224, 227

Schutzrechtswesen, 201, 204
Sicher, 103, 104
Simultaneous Engineering, 32, 33
Sinnesbereich, 168
Stabslinienorganisation, 28
Stand der Technik, 6, 42, 67, 69, 82, 201, 202,
      209, 212, 213, 217, 234, 235, 238
Stärkediagramm, 157
Stellenbeschreibung, 177, 178, 207
Stoff, 83, 87–89, 91, 103, 106, 241, 243
Suchfeld, 69, 70
Synektik, 129, 130
System, 173, 179
System, technisches, 86, 87

T
Team, 6, 28, 34, 36, 78, 117, 124, 129, 174,
      183–191, 198, 245
Teamarbeit, 8, 36, 150, 183, 185, 186, 199
Teamarten, 185
Teambildung, 28, 31, 48, 185, 187
Teamleiter, 28, 34, 124, 128, 129, 185,
      187–189
Teamzusammensetzung, 190
Triebbereich, 168, 172

U
Umwelt-Audit, 244
Urheberrecht, 210, 221

V
Variantenkonstruktion, 112, 114
Verbesserungsvorschlag, 36, 45, 81, 201–206
Vertragsrecht, 231, 232
Vier-Felder-Matrix, 68
Vorschlagsbewertung, 205
Vorschlagswesen, 43, 201, 202, 204, 205

W
Wächter, 170, 174, 175
Wertanalyse, 72, 73, 226
Wertigkeit, 46, 47, 155–157, 161
    technische, 157
    wirtschaftliche, 157
Wertigkeitsdiagramm, 157, 158

Wesensaufbau, menschlicher, 167, 168
Wesensbereich, 167, 168, 176
Willensbereich, 171
Wirkfläche, 98, 99, 101, 106, 137
Wirkflächenanalyse, 137
Wirkprinzip, 10, 15, 18, 19, 70, 78, 79, 81,
        91–94, 96, 98, 101, 112, 114, 115,
        131, 133

Wissensmanagement, 35–37

Z
Zeichnungsänderung, 56, 57, 60, 62, 63
Zeichnungsänderungssystem, 62

Printed in the United States
by Baker & Taylor Publisher Services